JN221885

動物園・水族館の

子づくり大作戦

希少動物の命をつなぐ飼育員・獣医師たちの奮闘記

編著 成島悦雄

緑書房

まえがき

みなさんにとって、動物園や水族館はどんなところでしょうか？ 最近１年間の日本動物園水族館協会（JAZA）加盟の動物園 89 施設、水族館 50 施設の入園館者総数は、6,920 万人ほどです。大雑把にいうと、日本人の半数以上が１年に１度は動物園や水族館に訪れていることになります。ただし、6,920 万人という数字は、JAZA に加盟している 139 施設の総計です。JAZA に加盟していない施設もたくさんありますので、実際はもっと多くの方が訪れていることになります。総入園館者数の多さに、動物園・水族館人気の高さが表れています。

みなさんが動物園や水族館に行く第一の目的は、いろいろな動物を見て楽しい一日を過ごすことだと思います。赤ちゃんが生まれると、「こんなかわいい動物を見ることができますよ」とニュースで伝えてくれます。「面白い仕草がみられる」「寝相がかわいい」といったニュースも、足を運ぶきっかけになるでしょう。楽しくなければ、行こうとは思いませんよね。特に保育園、幼稚園、小学校などに通う子どもたちには大人気の施設です。しかし、小学校高学年ごろから、さらに楽しい場所が増えてきて、動物園・水族館の人気が急速に落ちていきます。これはとても残念なことです。動物園や水族館には、それぞれの年齢に応じた楽しみ方があるからです。

みなさんを楽しませてくれる動物たちですが、現在、数がどんどん減っていることをご存じでしょうか。地球が誕生してから現在までに、たくさんの生物種が誕生しては絶滅してきました。第１章でも述べていますが、地球上で特にたくさんの生物種が絶滅した出来事が５回あったことがわかっています。一番新しい大量絶滅は、6600 万年前のことです。メキシコのユカタン半島沖に直径 10 ～ 15km の小惑星が落ちて地球規模の環境変化が起き、恐竜など生物種の 70％が絶滅したと考えられています。絶滅してしまうと、生きている姿を見ることは二度とできません。肉食恐竜のティラノサウルスが獲物を襲う姿や、全長 22m もある大型草食恐竜のブラキオサウルスが高木の枝葉を食べている姿を見ようと思っても、観察することはできないのです。

そして現在、６回目の大量絶滅が進行中だといわれています。これまでの大量絶滅は、地球規模の寒冷化や大規模な火山活動、小惑星の衝突などの自然現象が原因でした。しかし、６回目の大量絶滅は、私たち人間（ホモ・サピエンス）の行動が原因と考えられています。国際自然保護連合（IUCN）によると、４万 5,300 種以上の生物に絶滅のおそれがあり、これは調査を行った種の 28%以上に相当するそうです。調査の及んでいない生物種を加えれば、絶滅のおそれのある種はもっと多くなるかもしれません。

人間は、様々な動植物とかかわりをもって生きています。野生生物との共存なしに、人が命をつないでいくことはできません。第２章で紹介するように、動物園・水族館では希少動物を絶滅させないよう、様々な努力を行っています。もちろん、１つの施設でできることには限りがあります。国内の動物園・水族館はもとより、世界の動物園・水族館との協力も欠かせません。大学などの研究施設との連携も必要です。そして、来園者に野生動物の生息状況を紹介し、彼らと共存するためにできることは何かを考えてもらうことも、動物園・水族館の大切な役割です。

本書は３章立てとなっています。第１章「動物園・水族館は何をするところ？」では、動物園・水族館の仕事についてまとめています。また、第２章への導入として、動物の繁殖学についても簡潔に紹介しています。専門用語をやさしく解説していますので、こちらを読んでから第２章に進むと、内容が理解しやすくなるでしょう。そして、第２章「赤ちゃんの誕生と成長の裏話」は、本書のメインとなる章です。希少動物 24 種の飼育・繁殖の取り組みについて、動物に直接かかわる人にしか撮影できない迫力のある写真を交えて紹介しています。こんなに努力しないと繁殖に成功しないのかと、気づかされることがたくさんあるのではないでしょうか。そして、第１章と第２章を踏まえて、動物園・水族館の未来について考えてみるのが第３章「これからの動物園・水族館」です。

本書が、動物たちの命の大切さや動物園・水族館の存在意義、そしてそれらの未来について考えるきっかけになることを願います。

編著者

目次

カバーイラスト…タカギ ノネ
本文内イラスト（60、61、94、146、174、189、195、244、263ページ）…ヨギ トモコ

第1章

動物園・水族館は何をするところ？

動物園・水族館の役割

動物園はどんなところ？

みなさんは、動物園をどんなところだと思いますか。「いろいろな動物を見ることができるところ」「遠足で行くところ」「家族で遊びに行くところ」「小さいときは喜んで行ったけど、最近は足が向かないところ」といった印象でしょうか。大方の感想をまとめれば、「世界中のいろいろな動物が集められた、友達や家族と楽しみながら見るところ」となるでしょうか。「動物園」をいくつかの国語辞典で調べてみたところ、「世界各地の動物を収集・飼育して広く一般に公開する施設」（大修館書店『明鏡国語辞典』）、「捕えて来た動物を、人工的環境と規則的な給餌とにより野生から遊離し、動く標本として一般に見せる、啓蒙を兼ねた娯楽施設」（三省堂『新明解国語辞典』）、「世界中の動物を集め、飼っておいて、増やして保護し、研究したり、人々に見せたりする所」（小学館『はじめての国語辞典』）とありました。同じ「動物園」ですが、辞書によって説明のニュアンスが異なっています。『新明解国語辞典』を書いた人は、動物園をあまり好きではないようです。一方、『はじめての国語辞典』では、動物園を単に娯楽の場所としてとらえるだけでなく、動物園で行われている保護や研究にも触れています。

では、実際の動物園では、どんなことが行われているのでしょうか。日本の動物園・水族館を束ねる組織として、「日本動物園水族館協会」があります。この組織により各施設が力を合わせ、個々の施設ではできないことに取り組んでいます。ちょっと長いので、ここでは省略して「JAZA」と呼ぶことにします。JAZAのホームページをみると、動物園・水族館には「①レクリエーション」「②教育・環境教育」「③調査・研究」「④種の保存」の４つの役割があると書かれています。動物園は主に陸の動物を、水族館は主に水の動物を飼育・展示する施設ですが、ここでは両者を合わせて「動物園」として話を進めていきます。

動物園の４つの役割

①レクリエーション

子どものころ、家族と一緒に動物園に行きませんでしたか？ 最近、学校の遠足で動物園に行った方もいるでしょう。人は一生の間に４～５回、動物園を訪れるという都市伝説があります。「小さいときに親に連れられて」「小学校の遠足で」「デートの場所として」「親になっ

左：サル山、右：ヤギとのふれあい（上野動物園）

て自分の子どもと」、そして「おじいさん・おばあさんになって孫と一緒に」です。天気のよい日に家族や気の合う仲間と一緒に動物園で楽しい時間を過ごすことは、人生のなかで素敵な思い出になります。実際に、年間 7,000 万人ほどが動物園に行っています。日本の人口が１億 2,500 万人ほどですので、単純計算で国民の２人に１人以上が年に１回、動物園に行っていることになります。動物園がいかに身近なレクリエーション施設として利用されているかがわかります。

動物園はいろいろな動物に出合える楽しい施設ですが、見るだけでおしまいにしてしまうのはもったいないと思います。次は、レクリエーション以外の動物園の活動について述べていきます。

②教育・環境教育

動物園のよいところのひとつは、実物に会えることです。もちろん、本や映像で動物のすばらしさを知ることはできます。しかし、「鳴き声」「におい」「大きさ」を知るには、実物と接することが一番です。

こんなエピソードがあります。絵本でゾウを大好きになった子どもが、はじめて動物園に行くことになりました。子どもはゾウに会いたくて会いたくてしょうがありません。動物園に着いて、まっすぐにゾウ舎に向かいました。生まれてはじめてのゾウとの対面です。大喜びするのかと思いきや、ゾウを見た途端、泣きだしてしまいました。実際のゾウがこれほどまでに大きいとは思っていなかったのでしょう。あまりの大きさにびっくりしてしまったようです。

本や映像は、動物のこれぞという貴重な場面を紹介してくれます。動物園の動物を見ていても、このような場面に出合えることは、まずありません。だからといって、本物に出合う体験は何物にもまして代えがたいものです。本物を見ることで、におい、大きさ、動きを知るだけでなく、どんな環境にすんでいるのか、

左：講演会、中：飼育員による動物の説明、右：サマースクールでの体験（井の頭自然文化園）

野生のイモリの調査

どんなものを食べているのかといった疑問もわいてくることでしょう。動物園は「出合い」と「気づき」の場所なのです。

動物の基本的なことは、動物舎の前にある「解説プレート」で知ることができます。動物園によっては、飼育員が動物舎の前で動物の説明をする「キーパーズトーク」を行っています。その動物の世話を毎日している人のお話ですので、面白くないわけがありません。動物を観察するうえでの、いろいろなヒントがもらえます。そのほかにも、テーマに沿った解説を聞きながら園内を巡るツアーや、動物講演会、野外観察会などが行われています。夏休みには、動物の世話を体験できるサマースクールを開催する動物園もあります。動物園のホームページに案内が出ていることがありますので、ホームページをのぞいてみるのもおすすめです。

③調査・研究

野生動物を飼育するには、その動物のことを知らなければなりません。飼うためにはどのくらいの広さが必要なのか、床の材質はどのようなものがよいのか、放飼場にはどんな植物を植えればよいの

トラの親子
（多摩動物公園）

か、暑さ·寒さ対策はどうするのかなど、飼育施設が備えるべきことを調べる必要があります。動物に与える食べ物も重要な問題です。食べ物の種類・量・与える間隔をどのようにすればよいのか、成長段階にあった栄養とはどんなものなのかなど、事前に調べておくべきことはたくさんあります。

野生動物を飼育するにあたり、今まではその多くを経験に頼ってきました。もちろん、経験は大切です。しかし、経験を重んじるあまり、動物園では調査・研究の比重が軽く扱われてきました。予算も十分ではありません。動物園職員の個人的な努力に負う調査・研究が多かったといってよいと思います。動物園で動物が快適に過ごせる環境を整えるために、動物にかかわる調査・研究を欠かすことはできません。また、調査·研究により、今までわからなかったことが新たに解明されます。得られた成果を取り入れて、動物が幸せに暮らせるように心がけること、これが動物を飼う人間の責任だと思います。調査・研究には終わりがないのです。

動物園は研究材料の宝庫といってよいくらい、まだわかっていない動物の秘密が隠されています。動物園で飼われている動物は、自分たちの秘密を知ってもらいたいと待っているのです。しかし、残念ながら、動物の秘密を探る動物園の体制は十分ではありません。大学などの研究者も、動物園を利用して研究を進めていますが、自分の専門分野に限られているため、動物園として必要な野生動物を守る総合的な研究がなされているわけではありません。今後、動物園は自前の調査・研究を充実させるとともに、動物園外の研究者と連携して、野生動物と私たちがこれからも共に生きていくための調

モウコノウマの親子
（多摩動物公園）

査・研究を進めていくことが大切だと思います。

④種の保存

ここでいう「種」とは、「たね」のことではありません。「しゅ」と読みます。「種」とは、生物を分類する場合の基本となる単位です。姿や暮らし方が共通で、繁殖して子どもができ、命をつないでいくことができる生きものの一群です。オオサンショウウオ、アオダイショウ、ウグイス、ジャイアントパンダ、ライオン、ヒトなどが「種」にあたります。地球上にどのくらいの生物種がいるのか、正確なところはわかっていません。科学者によって推定値に幅がありますが、10～60億種はいるだろうといわれています。一方で、現在、地球上に生息している生物種の数は、今まで地球に登場したすべての生物種の１％にすぎないとの推定があります。つまり、この地球の生物種の1,000～6,000億は、現れては消えていったことになります。ものすごい数ですね。私たち人間も、その１種にすぎません。しかし、地球を取りまく現在の状況を知り、対応策を考えることができるのは人間だけです。

多くの生物種が絶滅の危機にある現在、今まで培ってきた知識と経験を種の保存に活かしていくのは、動物園の使命だと考えます。詳しくは、次の項で解説いたします。

文・写真：成島悦雄

Check　飼育係、飼育員、飼育技師

動物園や水族館で動物の世話をする人の呼び方には、いろいろあります。今から半世紀ほど前、私が動物園で働きはじめたころは、サイの飼育係、ツルの飼育係のように「飼育係」と呼ぶのが普通でした。しかし、最近では「飼育員」が広く使われているようです。本書でも、基本的に「飼育員」という呼び方を採用しています。私と同年代の方は、「昔の名前で出ています」ではありませんが、「飼育係」と言う人がほとんどで、「飼育員」とは言いません。いつの間にか「飼育員」という呼び名が広まったようです。

動物の飼育には熱意と経験に加えて、野生での生態、繁殖生理、栄養生理、疾病管理などの科学的知見が必要です。日本動物園水族館協会（JAZA）は、加盟施設の飼育系職員の能力開発と飼育技術向上を目的に、「飼育技師資格認定試験」を実施しています。飼育係や飼育員ではなく、「飼育技師」とうたっていることに注目してください。試験を企画した方々の思いが伝わってきます。受験資格として、加盟施設で２年以上、飼育に関する実務経験があることが必要とされます。試験は繁殖、飼料、病気、輸送、展示、教育、研究、関連法規等々、幅広い範囲から出題されます。教科書として、JAZA から『改訂版 新・飼育ハンドブック』の動物園編、水族館編が発行されています。動物園や水族館で働く職員にとって、腰を据えて動物園学や水族館学を学ぶよい機会となっています。

昭和 46 年（1971 年）度に最初の試験を実施して以来、半世紀以上の歴史があります。私も昭和 49 年(1973 年)度に試験を受け、無事合格しました。令和４年(2022 年）度からは、飼育に関する実務経験または管理経験が 10 年以上ある方を対象に、「飼育技師上級資格認定試験」がはじまりました。

動物の世話とは、単に動物の排泄物を掃除し、エサを与えるといった単純作業ではありません。その動物に関する最新情報を収集して咀嚼し、その成果を動物の飼育管理に活かすことが大切です。動物に快適な環境を与えるために日々努力を続ける技術者であるという自負が、「飼育技師」には込められています。近い将来、「飼育技師」が野生動物の飼育にかかわる人たちの呼び名として広く認知されることを願っています。

『改訂版 新・飼育ハンドブック 動物園編５～危機管理／感染対策／トレーニング／ 環境エンリッチメント～』

文：成島悦雄

繁殖への取り組み

大量絶滅の時代

138億年前に宇宙が、46億年前に地球が生まれたと考えられています。そして、地球に生命が生まれたのは38～40億年前と考えられています。その後、たくさんの種が生まれては消えていったお話は、前の「動物園・水族館の役割」で触れました。恐竜の絶滅をはじめとして、種が絶滅するのは自然なことです。これまでに5回、大量絶滅がありました。大量絶滅の定義は「280万年以内に75%以上の絶滅」がみられることです。その5回とは、オルドビス紀末（4億4500万年前）、デボン紀後期（3億7400万年前）、ペルム紀末（2億5200万年前）、三畳紀末（2億100万年前）、白亜紀末（6600万年前）で、これらは「ビッグファイブ」とも呼ばれています。大量絶滅は、地上の温度が上がりすぎたり下がりすぎたりしたことが原因で起きました。生物が生きにくい環境が生まれたことが原因なのです。

そして、現在が6度目の大量絶滅の時代にあると警鐘を鳴らす研究者がいます。今までの大量絶滅は人が関与しない自然現象でしたが、第6の絶滅は人の経済活動が原因と考えられています。その主なものとして、「汚染や開発」「大量捕獲」「本来その場所に生息していない動物（外来種）の持ちこみ」「石油や石炭などの化石燃料による地球温暖化」の4つが挙げられています。

本稿では便宜上、動物園・水族館を合わせて「動物園」としています。

レッドリスト

絶滅のおそれがある動物は、どれくらいいるのでしょうか。国際的には、国際自然保護連合（IUCN）が出している「レッドリスト」が参考になります。国内では環境省や都道府県がレッドリストを出しています。レッドリストでは生息状況に応じてカテゴリーが分けられています。それによると、絶滅する可能性が高い種から「絶滅危惧IA類（CR）」「絶滅危惧IB類（EN）」「絶滅危惧II類（VU）」に分類されます。また、絶滅した種は「絶滅（EX）」、野生で絶滅した種は「野生絶滅（EW）」となります。

絶滅危惧種の割合を動物のグループ別に、日本と外国の状況をくらべてみましょう（p.18の上図）。鳥類と哺乳類では、日本と外国の絶滅危惧種の割合は同じようですが、爬虫類、両生類では日本の方が絶滅危惧種の割合が高くなってい

【環境省のレッドリストカテゴリー】

カテゴリー			説明	補足
EX	Extinct	絶滅	日本ではすでに絶滅したと考えられる種	
EW	Extinct in the Wild	野生絶滅	飼育・栽培下、あるいは自然分布域の明らかに外側で、野生化した状態でのみ存続している種	
CR	Critically Endangered	絶滅危惧IA類	絶滅の危機に瀕している種	ごく近い将来、野生での絶滅の危険性がきわめて高い種
EN	Endangered	絶滅危惧IB類	現在の状態をもたらした圧迫要因が引き続き作用する場合、野生での存続が困難な種	IA類ほどではないが、近い将来、野生での絶滅の危険性が高い種
VU	Vulnerable	絶滅危惧II類	絶滅の危険が増大している種	現在の状態をもたらした圧迫要因が引き続き作用する場合、近い将来「絶滅危惧I類」のカテゴリーに移行することが確実と考えられる種

絶滅危惧種（CR・EN・VU）

ます。特に両生類は、日本に生息する種の半分以上が絶滅危惧種に分類されています。両生類の生息地である水辺環境が悪化していることが予想されます。

動物園での繁殖が必要な理由

絶滅の渦巻き

野生動物が少なくなると、ある時点を境として渦に巻きこまれるように、一気に絶滅に向かって突き進んでいくと考えられています。これを「絶滅の渦巻き」といいます。汚染や開発により生息地がなくなったり、外来種の影響ですむ場所が限られ、ほかの場所で暮らす個体と行き来ができなくなったりすると、繁殖するためのペアが限られてきます。その結果、近親交配が増えます。

遺伝的な多様性を保つためには、できるだけ血縁のない個体同士での交配が望まれます。しかし、近親交配が増えると、同じ遺伝子を共有する親から子どもが生まれるため、子どもの遺伝的多様性が小さくなります。遺伝的多様性が小さくなると、繁殖率や子どもの生存率が低くなることが知られています。子どもが生まれても病気にかかりやすく、成長の途中で亡くなったり、親になっても繁殖がうまくできなかったりすると、世代を交代するごとに個体数が少なくなってしまいます。オスとメスが生まれる確率は

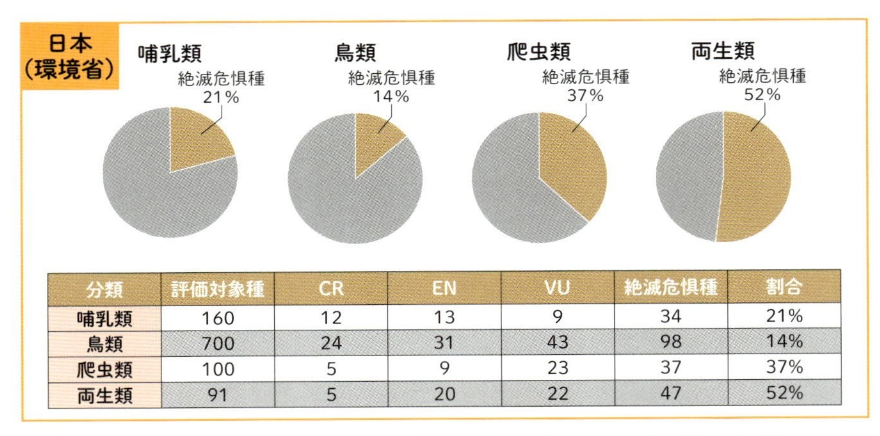

分類	評価対象種	CR	EN	VU	絶滅危惧種	割合
哺乳類	160	12	13	9	34	21%
鳥類	700	24	31	43	98	14%
爬虫類	100	5	9	23	37	37%
両生類	91	5	20	22	47	52%

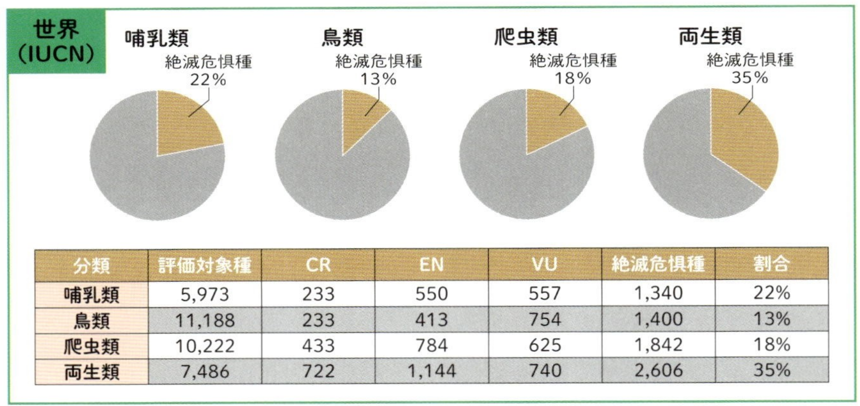

分類	評価対象種	CR	EN	VU	絶滅危惧種	割合
哺乳類	5,973	233	550	557	1,340	22%
鳥類	11,188	233	413	754	1,400	13%
爬虫類	10,222	433	784	625	1,842	18%
両生類	7,486	722	1,144	740	2,606	35%

【分類群別の生息状況（環境省 2020 年、IUCN 2022 年）】

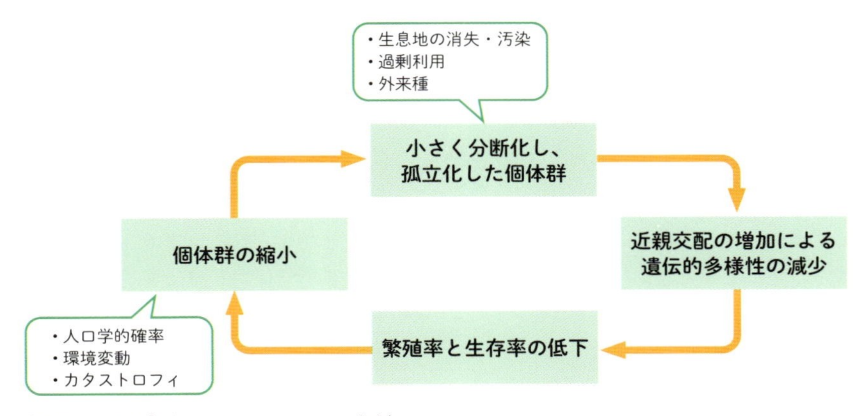

【絶滅の渦巻き】（Seal US, 1990 より改変）

１：１ですが、みなさんの身近に男の子が多い家族や女の子が多い家族がいるように、小さな個体群では、性比がどちらかに偏る可能性があります。その結果、個体数が少ないにもかかわらず、繁殖に携われる個体が限られてしまいます。また、個体数が少ないと、感染症が流行した場合に、全個体に感染して亡くなってしまうこともあるでしょう。台風や干ばつの影響をもろに受けることもあるでしょう。ますます個体数は減っていきます。このように、いったん個体数が減りはじめると、小さな個体群では負の連鎖が重なって、絶滅の渦に巻きこまれてしまう可能性が大きくなります。

生息域外保全と生息域内保全

野生動物は、誰のものでもありません。私たちは、今いる野生動物を次の世代に引き継ぐ責任があります。そのためには、動物や植物が暮らしやすい環境をとりもどす必要があります。暮らしやすい環境が戻れば、動物も植物も繁殖して命をつないでいくことができます。しかし、動物や植物が暮らしやすい環境に戻すことは、簡単ではありません。大変な努力と時間がかかります。

ここで、動物園の出番です。動物園が長年培ってきた野生動物の飼育に関する知識や経験を、絶滅のおそれのある動物の繁殖に活かすのです。動物が長い時間をかけて自然環境のなかで進化してきたことを考えれば、本来の生息地で繁殖を図っていくことがよいのですが、飼育下にくらべると野生下の環境は不安定です。確実に食べ物を得られるわけではなく、天敵もいます。交通事故にあうかもしれませんし、病気になっても治療は望めません。その点、動物園は安全です。飼育の専門家による世話が受けられ、病気になれば獣医師の治療が受けられます。本来の生息地の環境がよくなるまで、命をつないで動物園で暮らすことができれば、絶滅を避けられる可能性が大きくなります。

このように、動物園など本来の生息地外で保全を図ることを「生息域外保全」、略して「域外保全」と呼びます。一方、本来の生息地中で保全を図ることを「生息域内保全」、略して「域内保全」と呼びます。個体数が急激に減少している場合には、緊急避難的に、絶滅しそうな動物に生息地の外でも生きていける場を増やしてあげます。このような域外保全を行って種の保存に貢献することは、動物園の大切な役割のひとつであるといえます。

文：成島悦雄

動物園・水族館の繁殖の基本的な流れ

本稿では、動物園や水族館で飼育されている多くの動物が、どのように繁殖しているのか、具体例を交えて解説します。まずは、繁殖に至るまでの様々な取り組みについて、総論的に触れてみたいと思います。なお、本稿では便宜上、動物園・水族館を合わせて「動物園」としています。

動物を繁殖しなければならないワケ

動物園では、みなさんがよく知っている種から、はじめて見るような種まで、多種多様な動物が飼育されています。遠い外国の動物も、たくさん飼育されています。しかし現在、野生動物を輸入することが難しくなってきています。たとえば、ワシントン条約（CITES、絶滅のおそれのある野生動植物の種の国際取引に関する条約）によって、国際的な動物の取引が規制されています。また、海外から病気が入ってこないように、動物検疫も強化されています。このような規制だけでなく、自然保護の考え方が世界中に浸透するに従って、本来の生息地の外に野生動物を持ち出すことへの反対の声も強くなってきています。そういったこともあり、野生動物を守る立場の動物園が、野生に暮らす動物を生息地から持ってくるのではなく、すでに動物園で暮らしている動物を繁殖させることで、野生動物に負担をかけずに飼育展示を維持していく考え方が強くなってきています。

現在では、特に動物園の役割として、「生息域内保全」と連携した「生息域外保全」の役割が重要視されるようになってきています（詳細は本章「繁殖への取り組み」参照）。野生動物の絶滅を回避するためには、その種の本来の生息域内において保存することが原則です。しかし、危機的な状況にある種において、生息域内保全の補完のための生息域外保全として、それらの種を増やして戻すことで、生息域内の個体群を補強したり、生息域内での存続が困難な状況にある種を一時的に保存したりすることは、有効な手段と考えられます（環境省、絶滅のおそれのある野生動植物種の生息域外保全に関する基本方針 2009年1月より引用）。そのためにも動物園は、生息域内の動物に影響を与えず、あくまで動物園にすでに暮らす動物が、いざというときに野生に戻れるように、遺伝的多様性を確保しながら繁殖させ、種を維持していくことが必要です。

繁殖させるためのステップ

動物園で動物を繁殖させるのは、当然のことのように感じるかもしれませんが、繁殖させるにあたっては、飼育技術を語る前に、実は様々なハードルがあります。動物園での繁殖は下図のようなステップを踏んでいきますが、それぞれにおいて、どのような課題があり、それを解決するためにどうすべきなのかを紹介していきます。

ステップ0

● 日本動物園水族館協会（JAZA）の管理計画等に沿った繁殖かどうかを確認する

JAZAには生物多様性委員会という組織があり、その中で、日本の動物園として将来的に維持していく種を決めています。これを「コレクションプラン」といい、JCP（JAZA Collection Plan）として、加盟園館で協力して飼育や繁殖に取り組んでいます。2024年9月時点で、コアラやアジアゾウなど、みなさんがよくご存じの種から、コサンケイやアユモドキなど、知る人ぞ知る種まで幅広く指定されています。これらは管理種、登録種、維持種、調査種のカテゴリーに分類されています。そのうち、血統登録を実施し、将来にわたって維持管理していく管理種と登録種の対象は160種であり、担当者が設置されています。担当者は対象種の遺伝的多様性を確保するための統計的

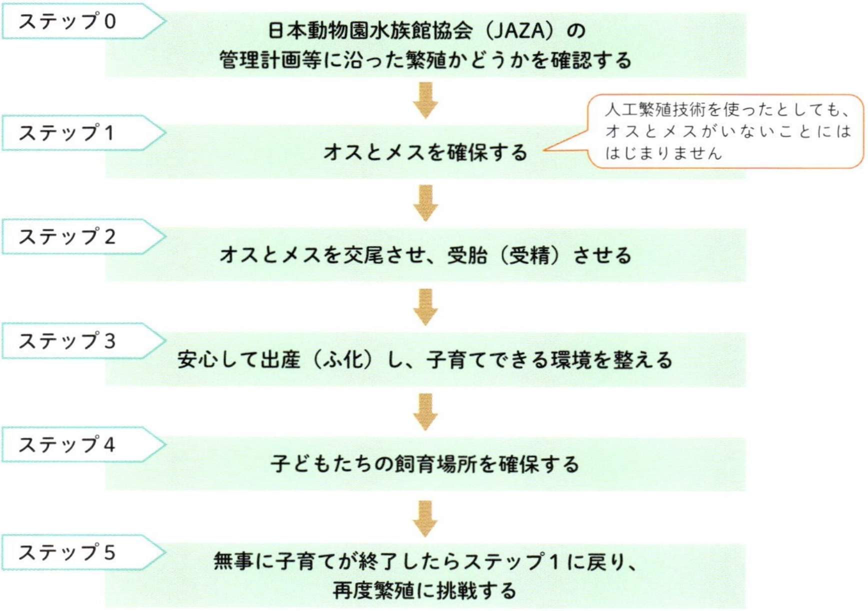

ステップ0　日本動物園水族館協会（JAZA）の管理計画等に沿った繁殖かどうかを確認する

↓

ステップ1　オスとメスを確保する

（人工繁殖技術を使ったとしても、オスとメスがいないことにははじまりません）

↓

ステップ2　オスとメスを交尾させ、受胎（受精）させる

↓

ステップ3　安心して出産（ふ化）し、子育てできる環境を整える

↓

ステップ4　子どもたちの飼育場所を確保する

↓

ステップ5　無事に子育てが終了したらステップ1に戻り、再度繁殖に挑戦する

【JAZA が進める JCP の内容】

カテゴリー		管理種	登録種	維持種	調査種
管理計画の策定		○	△	—	—
血統登録簿の作成		○	○	△	—
遺伝的分析の実施		○	△	—	—
個体群動態	分析の実施	○	△	—	—
	個体数の把握	○	○	○	—
担当者の設置		○	○	—	—
飼育に向けた情報収集や研究		—	—	—	○

管理種、登録種、維持種、調査種の４つのカテゴリーが設けられ、カテゴリーごとに実施すべき事業が規定されています。
○は必ず実施すべきとされている事業で、△は実施することが望ましいとされている事業です。

（高見一利，動物園・水族館における生息域外保全，2019 年を改変）

分析を行ったり、飼育状況を把握したりして、移動繁殖計画を立案し、JAZA 加盟園館全体で協力して対象種の維持を図っています。

JAZA に加盟する園館は、自園で飼育している動物が JCP 対象種の場合、事前に決められた計画に沿って、繁殖や移動を行うことが求められます。当然ながら、自園の計画に沿ったものかの確認も必要であり、飼育員が好き勝手に個人的に判断するものではありません。

ステップ１

● オスとメスを確保する

ステップ０をクリアし、自らの施設に繁殖可能なオスとメスがいて、血統的に問題がないということであれば、ステップ２に進みます

しかし、そうでない場合はどうするのでしょうか。どこからか個体を導入する必要があります。JAZA の管理計画がある場合は、その計画に従って移動させます。そうでない場合は、飼育員や園長同士のつながり、JAZA の会員専用ホームページ上の掲示板等から、移動可能な個体を探すこともあります。

個体を移動させるときに有効なのが、「ブリーディングローン」という仕組みです。日本語では「繁殖貸与」といい、繁殖のための貸し借りを行う仕組みを指します。一般に、動物を移動させる際には、所有権も移動させる必要があります。しかし、動物はその施設の「財産」として

ブリーディングローンの例。上野動物園で飼育されているニシローランドゴリラは、ブリーディングローンを活用し、様々な動物園から集められ、群飼育を行っています。図は飼育中の個体の家系図で（2024年時点）、名前の後ろの括弧は、所有権をもつ組織を示しています。子どもの所有権は、ブリーディングローンの契約に従って変わります（ハオコは当初、タロンガ動物園が所有権を有していたが、東京都に移転）。

の側面もあることから、一定の対価が必要となります。一方で、こうした手続きは非常に煩雑であり、また、その動物の所有権が移動することに理解を得られない場合もあります。そこで編み出された手法が、この貸し借りの仕組みです。所有権の移転を伴わず、あくまで繁殖目的の一時的な貸与のかたちをとります。結果的に繁殖に成功した場合についても、取り決めておくことが一般的で、多くの場合、第１子が「貸した園」、第２子が「借りた園」のものとなります。この仕組みが広く動物園で活用されることで、動物の移動が比較的容易になりました。

ステップ２〜３

- オスとメスを交尾させ、受胎（受精）させる
- 安心して出産（ふ化）し、子育てできる環境を整える

ここに関しては、第２章「赤ちゃんの

誕生と子育ての裏話」で、それぞれ詳しく解説します。しかし、これらの事例はあくまで一般論、もしくは１つの事例であり、紹介されたとおりに取り組めば繁殖できるというものではありません。動物にも個性があるので、工業製品のように一般化することは難しいのです。

繁殖の取り組みの多くは、過去の事例やハンドブックなどに基づいて行われますが、重要なのは、現場で担当する飼育員や獣医師の観察眼です。たとえば、オスとメスを同居させる際に、いきなり一緒にすると相手を攻撃してしまう可能性があるため、多くは格子越しにお見合いさせますが、どのくらいお見合いさせれば十分に同居可能かどうかは、担当者の観察眼と判断力にかかっています。また、格子越しでは問題なくても、同居させた途端に攻撃する、もしくは、しばらくしてから急に攻撃するといったことは、よくある事例です。飼育員や獣医師は、常に緊張感をもって観察するとともに、同居させることは、その動物の生死にもかかわるという認識をもって取り組んでいます。

特に単独生活の動物においては、相手を受け入れるのが、発情したごく短期間の場合があります。そうしたときには、交尾のチャンスを見逃さないような観察眼と、同居をさせるタイミングの決断が必要になります。

ステップ４

● 子どもたちの飼育場所を確保する

繁殖に成功したら、子どもが親離れをしたあとの飼育場所を確保します。実は、繁殖を考えるうえで、ここが非常に重要になります。

群れ飼育が可能な種を除き、出産（ふ化）し成長した子どもは、いつか親離れします。そうした場合、親とは別の飼育スペースを確保する必要があります。しかし、限られた飼育スペースしかない動物園においては、来園者が観覧する放飼場と展示動物の寝室は確実に整備されますが、その子どもたちを飼育する予備飼育室には、あまり注意が払われないことがあります。そのため、１回の繁殖で満室になり、これ以上繁殖させられなかったり、そもそも予備飼育室がなかったりする場合もあります。どんなに相性がよく、子育ても上手で、繁殖に適したペアであっても、その子どもを収容できないがために、繁殖制限せざるを得ないという事例も多くあります。

群れ飼育の場合であっても、子どもが繁殖可能な年齢まで成長すると、親と交尾してしまう可能性があります。近親交配を避け、遺伝的多様性を確保するためには、分離して飼育する必要があります。それが確保できないと、去勢など、避妊のための不可逆的な措置をとる必要が出てきてしまいます。

このように、飼育施設の有無は、動物の繁殖を考えるにあたって非常に大きな制限要因となります。また、予備飼育室は狭い場合がありますが、子どもにも十分な面積の寝室と運動場を確保することは、動物福祉の観点からも大切なことです。

ステップ5

● 無事に子育てが終了したらステップ１に戻り、再度繁殖に挑戦する

十分な飼育スペースがあり、繁殖が可能なときには、次の繁殖に向けた準備に入ります。野生動物の繁殖可能な年齢には限りがあります。その中で、より多くの子どもを確保し、世代をつなげていくのが動物園の役割です。ステップ０に示したように、管理種においては、遺伝的多様性や個体の年齢、飼育スペースなどに配慮した計画が策定されており、それに沿って計画的に動物の移動や繁殖を行っています。日本国内だけでなく、海外も含めて調整する場合もあります。

動物を繁殖させるテクニック

動物を繁殖させる技術を飼育ハンドブック等で示すことができるのは、あくまで一般化できる最低限のことです。そこに観察と経験を加えていくことが、繁殖にとっては非常に重要です。動物の行動を観察することで、そこからよりよい飼育につなげていくための様々なアイデアを導き出すことができます。日々の観察を積み重ね、「考え」「試し」「改善」していくことが、繁殖の成功につながっていくのです。「○○が生まれました！」という結果だけをみれば、簡単なことのように思えるかもしれませんが、その裏には、地道な努力と多くの失敗が隠れているのです。

こうした文字として残しにくい経験を伝承していくためには、経験者と一緒に実際に繁殖に取り組み、経験を教わり、技術を共有する必要があります。そのためにも、飼育員に（そして動物にも）定期的に繁殖を経験させることが必要になります。飼育員の方々にはこういった経験をほかの園館の飼育員に隠さず、積極的に伝えていく文化があります。これは、飼育員は動物のことを最優先に考えるべきであり、そのためには飼育繁殖技術を共有し、高めていかなければならないという考え方によるものです。JAZA では、動物園技術者研究会や水族館技術者研究会といった、飼育繁殖技術を共有する全国大会をそれぞれ年１回開催し、地域ごとにも年数回開催しています。飼育員同士で連絡を取り合うことも多くあります。これらの機会をとらえて、個人のもつ経験と技術を共有し、技術をさらに発展させています。

文：大橋直哉
（（公財）東京動物園協会 多摩動物公園教育普及課）
写真：（公財）東京動物園協会

♀ Check 知っておきたい　動物の繁殖学 ♂

動物の繁殖戦略は実に多様です。動物によって、生殖器の構造、メスの発情の季節、交尾・出産・子育ての方法は異なり、子孫を残していくために様々な工夫をしています。ここでは、動物の基本的な繁殖方法について、哺乳類を中心に簡単に解説していきます。

繁殖の流れ

繁殖はまず、オスとメスが出会うところからはじまります。オスとメスが繁殖期に出会い、相性を確かめあってうまくいけば、交尾へと進みます。そして、哺乳類は赤ちゃんを産み、鳥類・爬虫類、両生類は卵を産みます。

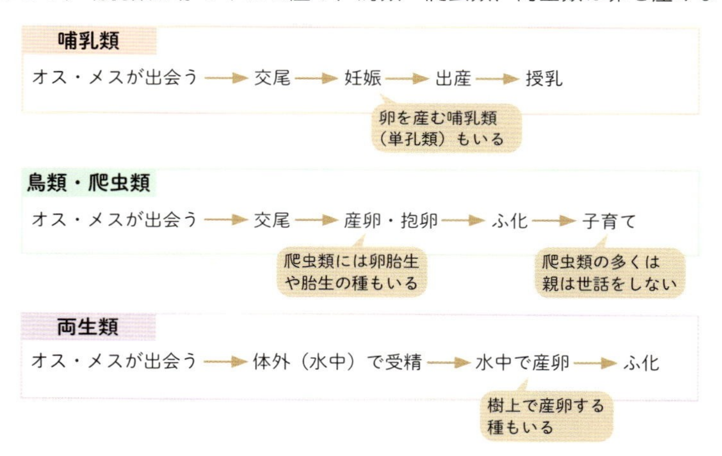

性成熟

動物は生後ある年齢（月齢、日齢）になると、生殖能力が備わります。これは、メスでは妊娠できる状態、オスでは交尾して妊娠させられる状態のことを指します。この状態になることを「性成熟」といいます。

自己アピール（求愛）

基本的に、強いオスがメスを獲得することができます。「強さ」のアピールは様々ですが、哺乳類では大きな角や牙で強さを誇示したり、尿や糞便を周囲にまき散らして「におい」でけん制したりします。

鳥類は一般的に視覚が発達しているため、見た目でアピールします。そのため、オスは魅力的にみせるために鮮やかな色をしており、メスは地味な色をしています。また、鳴き声やダンスでアピールする鳥もいます。このように、求愛や威嚇の際に、相手に自分を大きく見せようとしたり、体の色や特定の部分を強調して誇示したりする動作のことを「ディスプレイ」といいます。代表的な例として、クジャクのオスが羽を広げてアピールする行動が挙げられます。また、「求愛ダンス」と呼ばれる、タンチョウやダチョウなどが行う求愛があります。オスがメスの周りで羽を広げて歩き回ったり、ジャンプをしたりしてアピールします。

両生類では、カエルなどの無尾目は、オスが水中や水辺に移動して大きな声で鳴き、メスを誘います。爬虫類では、ヘビの多くはしっぽを巻きつけあったり、こすり合ったりして求愛行動を行います。また、フトアゴヒゲトカゲのオスでは、「ボビング」という頭を上下に激しく動かす行動がみられます。

発情と季節周期　哺乳類では基本的に、メスが発情期に入るとオスと交尾をし、ある期間の妊娠を経て赤ちゃんを産みます。発情とは、体が交尾可能な状態になることで、主にメスがオスを受け入れることを指します。

哺乳類の多くは、繁殖の季節が決まっています。一般的に、１年のうち気温とエサの条件が整っている時期に出産ができるよう、メスに発情期が訪れます。こうした発情期が季節性を示す動物を「季節繁殖動物」といいます。これに対して、熱帯のような季節のない地域にすむ動物や、ウシやブタのような家畜動物では、季節を問わず１年中生殖が可能です。こうした、季節に関係なく発情が来る動物を「周年繁殖動物」（通年繁殖動物）といいます（イヌ、トラなどもそうです）。季節繁殖動物は、さらに日照時間の長さによって、「長日繁殖動物」と「短日繁殖動物」に分けられます。長日繁殖動物は、日が長くなる春から夏にかけて繁殖活動を行い、代表的な動物としてウマやネコ、ウサギ、クマ、そしてスズメ、カラスなど多くの野鳥が挙げられます。一方、短日繁殖動物は、日が短くなる秋から冬にかけて繁殖活動を行い、代表的な動物としてヒツジ、ヤギ、シカ、イノシシ、ニホンザルなどが挙げられます。

冬眠するクマなどでは、秋はエサの調達を行うため初夏に交尾を行い、冬眠中に出産します。ただ、実際に赤ちゃんがお腹で育つ期間は２カ月ほどなので、受精卵は５～６カ月ほど着床（受精卵が子宮内膜に定着すること）を待つことで、出産の時期を調整しています。これを「着床遅延」といいます。ちなみに、メスのパンダの発情期は非常に短く、年に２～３日です。冬眠しませんが、パンダも着床遅延することが知られています。

発情の徴候も動物によって様々です。発情期になると外陰部が赤くなったり腫れたりする動物や、尿スプレーをする動物、乗駕（マウント）する動物、落ち着きなく歩き回る動物、独特な声で鳴く動物など、いろいろです。

鳥類では多くの場合、ヒナの子育てに適する春から初夏にかけて繁殖を行います。両生類、爬虫類、鳥類などの一部では、「婚姻色」という通常時とは異なった体色や斑紋を繁殖期に示す動物もいます。

交尾

多くの哺乳類は、メスのお尻にオスが乗駕する姿勢、もしくはうつ伏せのメスにオスがおおいかぶさる姿勢で交尾を行います。ペニスをメスの膣の中で反復して動かすことによって射精し、交尾を終えます。なお、交尾開始から射精までの時間は、動物によって幅があります。交尾がきわめて短時間で終わる動物としては、ウシやヤギ、ヒツジなどがおり、1秒ほどで終わります。チンパンジーの一部は、10秒にも満たないとされています。一方、長時間の交尾をする動物としては、ブタやイヌがいます。ちなみにライオンは、1回の挿入している時間は10～20秒ほどですが、1日20～40回も交尾を行います。

鳥類は一般的に、オスもメスも交尾のための特別な器官をもっていません。「総排泄腔」（総排泄孔）と呼ばれる器官をこすり合わせて交尾を行います。鳥類の交尾の時間は短く、長くても1分ほどです。

ヘビやトカゲのオスは、「ヘミペニス」（半陰茎）と呼ばれる交尾器をもっています。これは左右に1対あり、普段は総排泄腔の中に収納されています。交尾の際には、靴下を裏返しにするように反転してきて、体外に現れます。交尾は、メスとオスが総排泄腔を合わせることで行います。

カエルは交尾器をもたないため、通常、オスがメスの背中に乗って、総排泄腔付近に精子を放出して交尾を行います。これは「抱接」と呼ばれます。

排卵・受精・着床

卵子を含む卵胞は、発情に伴い成長していき、やがて卵子として卵巣から放出されます。これを「排卵」と呼びます。メスは発情中（または発情後）に排卵しますが、多くの哺乳類は「自然排卵」といって、卵胞が自然に排卵します。メスが排卵する前後に交尾があれば、受精できる仕組みになっています。これに対し、交尾をした刺激で排卵する動物を「交尾排卵動物」といいます。精子を迎えるように排卵が起こるため、交尾すればほぼ確実に妊娠することができます。ネコやトラ、ライオンなどのネコ科動物の多くや、ウサギ、フェレット、アルパカ、コアラなどが交尾排卵動物です。排卵したあとの卵巣には、黄体が形成されます。黄体からは、妊娠を継続させるために必要なホルモンが分泌されます。

交尾が行われ、卵子と精子が接合すると受精卵が形成されます。受精卵が子宮内膜に着床すると、妊娠が成立します。

両生類では、基本的に体外（水中）で受精が行われます。オス・メスが同時に水中に精子と卵を放出し、受精します。

妊娠期間

人の妊娠期間は、十月十日（とつきとおか）といわれるように280日です。動物のなかで最も妊娠期間が長いのはゾウで、660日ほどあり、2年弱にもなります。一方、ハツカネズミやクマネズミなど小型ネズミの妊娠期間は、20日ほどです。

また、カンガルーなどの有袋類は特殊です。カンガルーの妊娠期間は 30 ～ 40 日ほどですが、赤ちゃんがとても未熟なので、生まれるとすぐに母親の育児嚢（いくじのう）（ポケット）の中に入り、およそ８カ月間、ここで成長します。

鳥類では、交尾から１週間ほどで「有精卵」を産みます。なお、鳥類の多くでは、交尾をしなくても産卵します。交尾なしで産んだ卵を「無精卵」と呼び、私たちが普段食べているニワトリの卵やウズラの卵のほとんどは無精卵です。

子育て　哺乳類は一般的にメスが授乳するため、オスはあまり子育てにかかわりません。一方、鳥類ではオス・メスが交代で抱卵し、ふ化したあとも、オス・メスで子育てを行う種がほとんどです。両生類や爬虫類は、基本的に産卵後は世話をしませんが、オオサンショウウオ、ビルマニシキヘビ、キングコブラなど、卵を守る種もいます。また、ナイルワニなど一部のワニでは、子育てすることが知られています。

＋αの繁殖学

総排泄腔（総排泄孔）　ほとんどの軟骨魚類、両生類、爬虫類、鳥類では、お尻に穴が１つだけあります。これは総排泄口と呼ばれ、「総排泄腔」という器官につながっています。「クロアカ」とも呼ばれ、直腸、排尿口、生殖口を兼ねている器官です。つまり、排泄物も卵も、すべて同じ穴から排出されます。なお、哺乳類のなかでは、単孔目（カモノハシ目）が総排泄腔をもっています。

潜在精巣　潜在精巣とは、精巣が陰のう内に下降せず、鼠径部や腹腔内にある状態をいいます。「停留精巣」や「陰睾（いんこう）」とも呼ばれます。潜在精巣では、精巣が高い温度下にあるため、正常な精子をつくることができません。したがって、両側とも潜在精巣の場合は、生殖能力をもちません。ただし、ゾウやクジラでは、精巣が陰のう内には下降せず、お腹の中にあります。しかし、不思議なことに生殖能力には問題ありません。

偽妊娠　イヌでは、妊娠していなくても、妊娠しているかのような変化がみられることがあります。これは「偽妊娠」と呼ばれ、乳汁の分泌や、哺育行動（ぬいぐるみを子どものように扱う）、巣づくり行動（営巣行動）、攻撃行動などがみられます。イヌでは妊娠してもしていなくても、黄体の機能がほぼ同様であることによると思われます。黄体は、妊娠の維持に大きくかかわっています。イヌ以外のイヌ科の動物や、ネコ科、クマ科の動物などでも偽妊娠が確認されています。

単為生殖　単為生殖とは、オスとの交尾なしに、メスのみで子どもが生まれる繁殖のことです。昆虫、爬虫類、鳥類、サメなどで確認されています。そもそも動物の生殖方法は、大きく分けて「有性生殖」と「無性生殖」があります。有性生殖とは、一般的な哺乳類のように、オスとメスがかかわる生殖方法です。無性生殖とは、１個体が単独で新しい個体を形成する生殖方法で、分裂や出芽などの方法があります。単為生殖と無性生殖は似ているように思いますが、無性生殖は親の体を利用して増殖するのに対し、単為生殖は卵によって繁殖する方法であり、両者は異なります。そのため、単為生殖は無性生殖ではなく、有性生殖であるとされています。

刷り込み　産まれたばかりの鳥類や哺乳類にみられる、特殊な学習のことです。「刻印づけ」や「インプリンティング」とも呼ばれます。産まれた直後に身近に目にした動く物体を「親」として追従します。鳴き声やにおいも、刷り込みの刺激となります。たとえば、ニワトリのヒヨコは、はじめて見た動くものなら、おもちゃのぬいぐるみでも親と思って、そのあとを追うことが知られています。

動物園では、親が世話をしない子どもを、人間が親代わりになって世話をすることがあります。人工哺育した動物の子どもは、人間を慕います。とても可愛いものですが、これには大きな欠点があります。それは、人間に育てられたことで、その動物種として生きていくうえで必要な学習機会が失われてしまうことです。交尾すら、うまくできない場合もあります。このため、人に刷り込まれることがないように、同じ仲間と過ごす時間を増やすなど、様々な工夫を凝らして人工哺育を行います。

文：成島悦雄

第2章

赤ちゃんの誕生と成長の裏話

哺乳類

ツシマヤマネコ

Prionailurus bengalensis euptilurus

全国をまたにかけた人工繁殖の取り組み

- 食肉目ネコ科
- 頭胴長：50〜60cm、尾長：22〜25cm
- 体重：3〜5kg（オスの方がやや大きい）
- 生息地：長崎県対馬
- 環境省レッドリスト：CR、天然記念物

どんな動物？

野生のネコ科動物は2024年現在、41種に分類されています。国際自然保護連合（IUCN）のレッドリストでは、18種が絶滅危惧カテゴリー（EN〔危機〕、VU〔危急〕）に分類されています。ツシマヤマネコは、主にアジアに広く生息しているベンガルヤマネコの亜種である、アムールヤマネコの地域個体群です。長崎県対馬だけに生息しており、生息数は1960年代には250〜300頭でしたが、2013年には70頭（もしくは100頭）にまで減少したと推定されています（環境省）。

食料は主にネズミなどの小型哺乳類ですが、鳥やカエル、昆虫なども食べ、環境や季節で柔軟に食性を変化させているようです。活動は主に夜ですが、薄明薄暮型で日の出や日没前後に最も活発になります。

虎耳状斑

太くて長いしっぽが特徴です。体の上面には、灰黄褐色や黒褐色の不規則で不明瞭な斑紋があります。額には、褐色と白色の縦じまがあります。耳の先端は丸く、裏には「虎耳状斑」と呼ばれる白斑があります。（写真提供：対馬野生生物保護センター）

ツシマヤマネコの

メスを求めて歩き回る

ツシマヤマネコも多くのネコ科動物と同様に、「交尾排卵動物」と考えられています（交尾の刺激で排卵する動物）。繁殖についてはまだ十分にわかっていませんが、交尾の時期は1～3月といわれており、早ければ1月後半からはじまり、数カ月続きます。妊娠期間は約2カ月なので、出産は4～6月ごろになります。産子数は2～3頭とされています。子どもはしばらく母親と一緒に暮らしますが、生後6～7カ月ごろに独立します。

オスの繁殖適齢期は、10歳ぐらいまでとされています。メスの行動範囲は50～200ha、オスの行動範囲は100～1,600haといわれています（1ha = 100m × 100m）。オスの行動範囲は広く、特に冬期には、メスの5倍以上動き回るとされています。この時期が発情期と考えられ、繁殖のために行動範囲が広まるとされています。交尾期になると、オスはメスを求めて歩き回るのです。

ここで、少し余談です。実は、精子をつくる能力（造精能）を予測できる目安があります。精巣の弾力と大きさをみるために、陰のうの上から精巣をつまむのです。「大きさ、弾力ともこれは良さげだ」「大きいけどやわらかい、微妙……」など、ベテラン飼育技師が鑑定すると、大体そのとおりとなります。当園では「昭和の飼育技師の方法」と自虐しています。しかし、実際の精液の状態と必ずしも一致しているものではないので、共通化することはできません。

人工授精により誕生したツシマヤマネコ（写真提供：よこはま動物園ズーラシア）

保護への取り組み

対馬では、飼育されているニワトリを襲うこともあったため、「悪むべき獣類の第一なり」と住民から嫌われていたようです。一方では、食用として利用されていたといわれています。毛皮のための捕獲や、猟犬の導入により、個体数は瞬く間に減少していきました。1949年に「非狩猟獣」に指定されましたが、すでに絶滅に近いほど減少していました。1971年には「天然記念物」に指定され、1989年に上県町伊奈の周辺が鳥獣保護区に指定されました。

1993年、「ツシマヤマネコを守る会」が設立され、翌1994年には、ツシマヤマネコは「国内希少野生動植物種」に指定されました。さらに翌年、「ツシマヤマネコ保護増殖事業計画」が策定され、本格的な保護保全事業がやっとはじまりました。そして1997年に、その前線基地となる「対馬野生生物保護センター」(TWCC)が開所しました。

ツシマヤマネコへの脅威

①生息環境の悪化

生息場所の森林の伐採や、生息環境を分断するような道路の整備、エサの減少につながるツシマジカやイノシシによる植生の変化、人口減少により放置されたままの農地の増加などが、ツシマヤマネコの好適環境の減少につながっています。

②交通事故

分断された生息地を行き来するには、道路を横断しなければなりません。その結果、ヤマネコの存在を意識していないドライバーによる交通事故が起きています。2012年度は11件も事故が起きており、このときの生息数は80～100頭ですから、全生息数の1割が交通事故にあったということになります(ツシマヤマネコ交通事故非常事態宣言が出されたほどです)。

③感染症

対馬では、不適切な飼育により野生化したイエネコから、ネコ免疫不全ウイルス（FIV）感染症などの重篤な感染症がまん延しています。1996年12月に、上対馬町でファウンダー候補*としてはじめて捕獲された個体がFIVに感染していました。

④罠

とらばさみやくくり罠などの罠が、ニワトリなどの飼養動物や農作物をツシマヤマネコやイノシシ、ツシマジカから守るために使われています。ツシマヤマネコがかかってしまうことは珍しくありません。

⑤イヌ

明らかにイヌに噛まれた傷があるツシマヤマネコが保護されています。イヌの放し飼い、迷い犬や捨て犬が脅威を与えていることは確かです。

動物園での人工繁殖計画

こうした脅威からツシマヤマネコを守る取り組みを行う一方で、「生息域外保全」を進めていくことも大切です。生息域外保全とは、動物園や野外繁殖施設など、飼育下で繁殖を行うとともに、ヤマネコの繁殖の基礎知識を得るための研究などを行う取り組みです。1995年に策定された「ツシマヤマネコ保護増殖事業計画」により、環境省は飼育下繁殖の計画を立てました。域外での種の保存、野生個体群保護活動の補完のため、1996年に福岡市動物園に個体を送り、対馬以外の施設で初の飼育下繁殖がはじまりました。2000年には、自然交尾による繁殖がはじめて成功しました。

しかし、いくつか懸念点もあります。1施設だけで飼育・繁殖しつづけた場合、感染症の発生や災害などにより多くの個体が一度に失われる可能性があるため、複数箇所での分散飼育が必要となります。また、繁殖に成功して個体数が増えた場合、飼育スペースに限界が生じてしまうこと、そして同じペアリングしかできないことで遺伝的多様性が失われてしまうことが心配されました。これらの問題を解決し、種の保存や野生個体群保護活動、そして普及啓発のため、環境省はいくつかの動物園にツシマヤマネコを移動させ、分散飼育をはじめました。

井の頭自然文化園（以下、当園）でも、同亜種であるアムールヤマネコでの繁殖実績が認められたことで、2006年にオス・メスが1頭ずつ、翌年にもオス・メスが1頭ずつ来園しました。その後、よこはま動物園ズーラシア、富山市ファミリーパーク、九十九島動植物園、沖縄こどもの国でも、分散飼育が実施されました。しかし、2009年以降は繁殖がみられなくなり、作戦が立て直されました。

＊：野生から飼育下に入って最初に子孫を残していく個体。

作戦の練り直し

繁殖の第一拠点は、地理的に対馬に近く気候が似ている福岡市動物園と九十九島動植物園とし、第二拠点は、京都市動物園と名古屋市東山動植物園とし、個体をこれらの園に集約しました。第一拠点の役割は、ファウンダー候補を導入して、この個体の子どもをとることです。第二拠点では、第一拠点で繁殖した個体や収容できなかった個体を受け入れて、繁殖に取り組みます。また、複数のパターンのペアができるように、相性が悪ければオスもしくはメスをすぐに代えられるように、ペアの形成に融通性をもたせました。

当園とズーラシアは、人工繁殖拠点地域に位置づけられました。人工繁殖推進施設、飼育下繁殖推進施設として、拠点で増えた個体の繁殖に取り組みます。この新しい作戦が功を奏し、交尾・妊娠・出産の報告が増えていきました。

2014 年に、環境省と日本動物園水族館協会（JAZA）との間で「生物多様性保全の推進に関する基本協定」が締結されました。現在は、JAZA に加盟する 9 園でツシマヤマネコを飼育しており、各園で飼育管理にかかわる業務を分担しています。ズーラシアは各園で行われているトレーニングの状況をまとめ、東山動植物園は 1 年に 1 回行われる検診結果をまとめ、沖縄こどもの国は対馬と連携して保護増殖事業の普及啓発を行っています。

トレーニングスタート

ここでいうトレーニングとは、「ハズバンダリー・トレーニング」のことです。各園での飼育がはじまった当初は、「ツシマヤマネコは野生に戻すから、人に慣れさせてはいけない」といわれていました。しかし、これでは動物はいつも人を警戒し、姿をみせず、健康状態をみるのもままなりません。これではいけないと、飼育技師とツシマヤマネコとの間に信頼関係を築き、捕獲などの嫌なことをしたとしても、あまりストレスがかからないようにする取り組みがはじまりました。講習会を開き、各園でトレーニングを実施しました。ちなみに当園では、麻酔をかけないでも皮下補液（皮下に水分を注射すること）ができる個体がいるため、脱水時の治療に役立っています。

皮下補液をする飼育技師

ツシマヤマネコ計画推進会議

飼育下繁殖　第一拠点
- 福岡市動物園
- 九十九島動植物園

飼育下繁殖　第二拠点
- 京都市動物園
- 名古屋市東山動植物園

飼育下繁殖推進施設
- 井の頭自然文化園
- よこはま動物園ズーラシア
- 富山市ファミリーパーク
- ツシマヤマネコ野生順化ステーション

人工繁殖推進施設
- 井の頭自然文化園
- よこはま動物園ズーラシア
- ツシマヤマネコ野生順化ステーション

普及啓発推進施設
- 沖縄こどもの国
- 那須どうぶつ王国

繁殖研究推進施設
- 東京動物園協会総務部保全センター
- 横浜市環境創造局動物園課

共同研究機関
- 日本獣医生命科学大学：堀達也教授
- 北海道大学：柳川洋二郎准教授
- 日本獣医生命科学大学：太田能之教授

→ 科学的知見の蓄積

飼育下繁殖・普及啓発の推進

第一繁殖拠点

ファウンダー　→　子

- 福岡市動物園
- 九十九島動植物園

→
- 繁殖個体
- 収容できなかった個体

第二繁殖拠点

子

- 京都市動物園
- 名古屋市東山動植物園

人工繁殖拠点地域

- 井の頭自然文化園
- よこはま動物園ズーラシア

繁殖大作戦！

域外保全での繁殖は、2本立てで行われます。1つは、メスの発情に合わせてオスとメスをペアリングさせ、交尾に導く「自然繁殖」です。もう1つは、オスから採取した精子をメスに注入する人工授精などの人工的な繁殖補助技術(Assisted Reproductive Technology：ART）を応用する「人工繁殖」です。

自然繁殖

自然繁殖は、ただオスとメスを一緒にすればよいというものではありません。タイミングよく（＝メスの発情に合わせて）ペアリングしないと、相手を激しく攻撃し、ひどいときには殺してしまうこともあります。ところが、ツシマヤマネコの発情徴候はわかりづらく、また、発情徴候がみられたとしても、必ずしもペアリングによい時期とは限りません。もちろん、相性の問題もあります。ペアリング中は、闘争になったときにすぐに2頭を分けられるように、飼育技師はほうきや板を持って待機しています。

ホルモンの測定

ペアリングのタイミングを見計らう大きな力になるのが「ホルモン測定」です。発情徴候の出現にはホルモン（エストロジェン、プロジェステロン）が大きくかかわっており、糞中のホルモンを調べることで発情の状態を予測できます。糞を使っての測定なので、ヤマネコには負担がありません。

エストロジェンのピークがペアリングの狙い目です。しかし、すぐには測定できないこと、糞中の値なので実際の数値と2日ほどズレがあることが難点です。ここで、今まで積み重ねてきた飼育技師の観察眼が活かされます。ズレを見越して、測定結果とヤマネコの様子が一致する項目を探しました。①食事量、②体のこすりつけ、③ローリング（体をくねらせたり転がったりする行動)、④陰部をなめる、⑤尿スプレーの5項目について検討しました。すると、交尾の約5日前からこれらの項目、特に「体のこすりつけ」と「ローリング」の頻度が増加する傾向にあることがわかりました。こうしたホルモンの可視化の試みにより、交尾の成功率が35%から90%近くにまで上昇しました。また、ペアリングに失敗し闘争になった場合にも、ホルモンの裏付けがあれば、時期の問題か、相性の問題かを判断する参考にもなります。

ホルモンの測定によって、とても興味深いことがわかりました。交尾刺激がなくても排卵する「自然排卵」が、ツシマヤマネコにもみられるということです。金網や寝室の出入り口で体をこすったときの刺激で（ひょっとすると刺激がなくても)、排卵する可能性があるということが示唆されました。

交尾したのに妊娠しない

交尾の成功例が増えているにもかかわらず、交尾をしても妊娠しない例が増えてきました。考えられる原因は、大きく

３つありました。

① 実は交尾していなかった：人がいると警戒するのでモニターで観察することがありますが、上からの映像だと、オス･メスが重なっているだけなのか、交尾をしているのかの判断に迷うことがあります。

② オスの問題：そもそも精子がつくられていない、もしくは、つくられてはいるものの性状が悪い場合が考えられます。

③ メスの問題：排卵していない、交尾前に自然排卵してしまい受精の時期を逸した、排卵したけど卵管に降りてきていない、といった問題が考えられます。また、ストレスがあると妊娠に影響します。

当園では、アムールヤマネコでの経験から、交尾しても妊娠に至らない原因と対処法について、下図のように提案しました。

３つの問題の対策

①の問題：交尾が成功したら、メスの尿には多少なりとも精子があるはずです。つまり、メスの尿から精子をみつけることができれば、交尾がほぼ確定されます。ただし、メスがエサのお皿やコンクリートの上で排尿してくれれば尿の採取は簡単ですが、壁にスプレーしたり、砂の上で排尿したりした

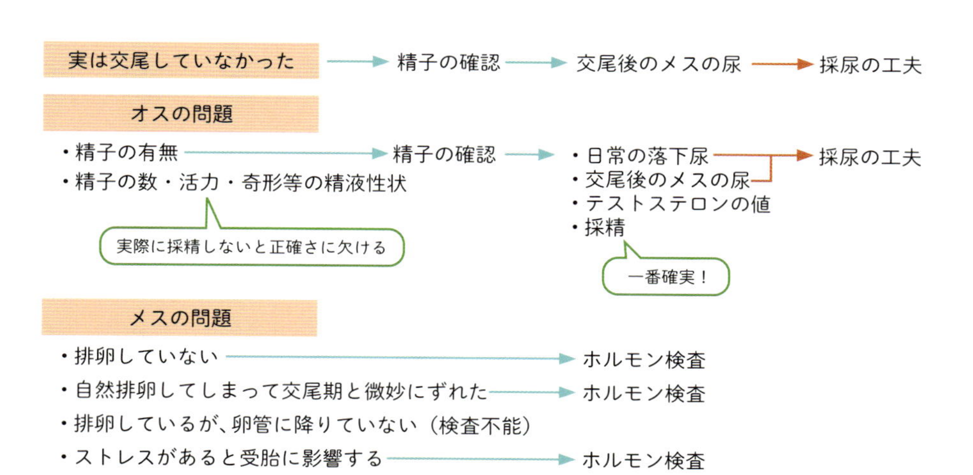

・まずは、ルーチンでできる範囲かつ個体に影響のない範囲からはじめる。
・採精は、ここでは最後の手段だが、健康診断時にできるならそれに越したことはない。
・健康診断の実施時期であれば、全く採精できないわけではない。
・オスのテストステロンは季節性があるので、そのときだけ調べるよりも、継続して調べた方が精巣の状態を把握できる。
・精子数が少ないようであれば、ホルモンを週１回×３回打つ方法もある。

【「交尾したのに妊娠しない」原因と対処】

場合は採取できないこともあります。砂ごと取って生理食塩水につけたあと、砂だけ取り除いて採取することもあり、まさに地を這うような作業となることも……。

②の問題：対処法に「精子の確認」とありますが、オスが普段排泄している尿中に精子が含まれていることがあります。これも交尾後のメスの尿と同様に、尿を顕微鏡で観察すれば精子の有無がわかりますが、各園の放飼場の床材もまちまちなので一様にはいきません。そうなると、麻酔をかけて精液を採取して観察する方法が一番確実です。しかし、これは今までにない刺激を加えることになり、対象個体も少なかったため、実施には至りませんでした。

③の問題：前述のようにホルモンを測定すれば、大体の原因はわかりますが、わからないことも多く、解決するのはなかなか困難です。

人工繁殖（ART）

ここで、人工繁殖の補助技術であるARTに話を移しましょう。現在、ツシマヤマネコで行われているARTは「精子・卵子の凍結保存」と「人工授精」ですが、胚移植や体外受精、顕微授精を視野に入れた研究も行われています。

精子を採取する方法は、大きく4つあります。1つ目は「人工腟」を使う方法で、主に人に馴れたイエネコで用いられています。2つ目は「経直腸電気刺激法」です。肛門から直腸にプローブを挿入し、電気刺激により射精させる方法です。3つ目は「尿道カテーテル法」です。麻酔薬の精管への筋弛緩作用を利用したもので、精管から尿道に出てきた精液（精子）をカテーテルで回収します。4つ目は、精子の貯蔵場所である精巣上体から精子を回収する方法です。死亡した個体から精巣上体を摘出し、精子を回収します。

当園では、アムールヤマネコでの経直腸電気刺激法による豊富な採精の経験がありました（日本獣医生命科学大学との共同研究）。最適な電気刺激の条件や、尿が混入しないプローブやカテーテルの挿入深度、1回の採精で得られる精子数などの検討を行っていました。また、2014年にはアムールヤマネコで人工授精に成功しました。本来の繁殖期ではな

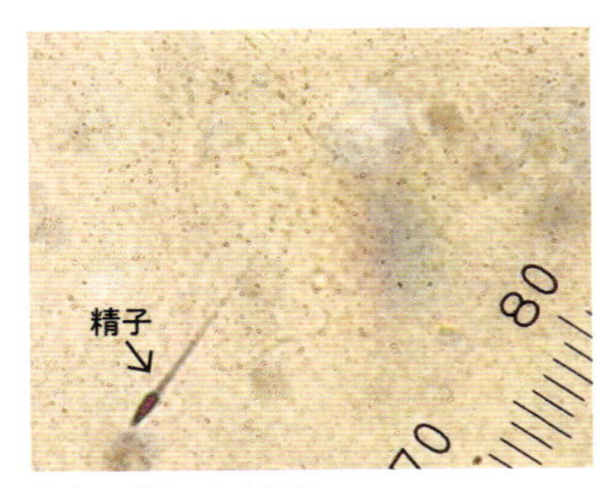

尿中に確認できた精子

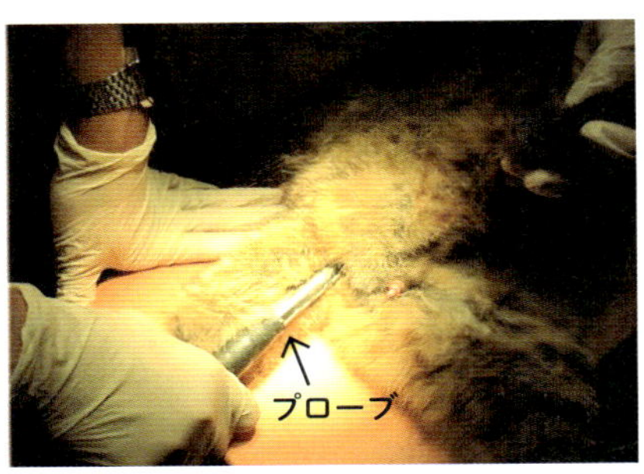

プローブを挿入し、射精を促します。

い時期にホルモン剤を投与し、人工的に排卵させ、外科的に子宮内に精子を注入して人工授精に成功しました。外見ではわかりづらい発情をホルモン剤を使って誘起させたことで、ペアリングの問題を解消しました。この経験もあり順調に進むかと思いましたが、そうはいきませんでした。

2015年1月、ツシマヤマネコで最初の人工授精を試みました。しかし、卵胞の発育までは順調にいきましたが、子宮の状態が悪く、人工授精を断念せざるを得ませんでした。翌2016年には、排卵まではうまくいきましたが、精子数が足りなかったのか、不成功に終わりました。イエネコでは、高い受胎率を得るための精子数が明らかになっていますが、必ずしもこれがツシマヤマネコに当てはまるとは限りません。翌2017年には、卵胞がうまく発育せず、不成功でした。

これらの人工授精は、繁殖期に向けて卵巣の活動がはじまる前に行わないと、ホルモン剤に対する卵巣の反応が悪くなります。よって、ペアリングをはじめる前に勝負がついてしまうため、タイミングを逃すと、プレーオフ進出を逃したチームのように他園の動向を見守るだけになります。

このころは、繁殖のために送られてくるメスの年齢が10歳近くと高齢であり、自然繁殖でも難しいものがありました。2018年に、やっと3歳の個体に人工授精を行うことができ、順調にいくと思われましたが、搬入されて間もなくで環境に馴れていなかったためか、着床にまでは至りませんでした。

知見が少ない

ツシマヤマネコで人工授精を実施するにあたり、「アムールヤマネコでやっていないことは、やってはいけない」という御触れがありました。アムールヤマネコでのデータも少ないため、イエネコでのデータを応用するのですが、あらゆる点でこれがツシマヤマネコ特有の反応なのか、手技や個体の問題なのか、原因の考察は困難を極めました。また、人工授精の際は、一度に2頭のツシマヤマネコに麻酔をかけるのですが、麻酔自体に好意的ではない雰囲気があり、加えて成果も上がらずで、人工授精には向かい風が吹いていました。

そんななか、2020年に、ズーラシアと北海道大学が腹腔鏡下での人工授精を行いました。これはホルモン剤により排卵を誘起させ、腹腔鏡で精子を注入するため、ヤマネコへの負担が少ない方法です。この年はうまくいきませんでしたが、翌2021年に成功しました。

ここで、風向きが変わりました。「アムールヤマネコでやっていないことは、やってはいけない」という制限がなくなったのです。これはチャンスです！　人工授精の数が増やせるので、データを集めやすくなりました。

ホルモン剤の検討

当園では、人工授精前に投与するホルモン剤への反応が悪い原因について、調査していました。その結果、ホルモン剤に対する抗体はできていないことが確認

されました。そこで、ズーラシアに個体を集めれば、複数のメスでホルモン剤の反応をみることができるため、解決の糸口になるのではと考えました。人工授精はズーラシアに任せ、当園は後方支援にまわる方針をとりました。人工授精時の精子を確保するために、当園で飼育しているオスをズーラシアに運んで精液を採取してもらいました。しかし、このホルモン剤の問題は残念ながらズーラシアでもみられ、現在も大きな問題となっています。

その後、当園では、自然に発情を迎えたメスに対して、発情のピークと思われるときにホルモン剤を投与したところ、排卵誘起に成功しました。

凍結精液

ズーラシアでの人工授精成功の影響もあってなのか、また、交尾をしても妊娠しない例が多かったからなのか、麻酔をしてでもオスから精子を採取して、精子の状態を確認しよう、という考えが広がりました。採取した精子は、そのまま放置しているとすべて死んでしまい、貴重な精子が無駄になってしまうので、凍結して保存します。一度凍結してしまえば、半永久的に保存できます。ただ、この凍結精液を使った人工授精では、新鮮な精液より精子の数が5倍以上必要となります。また、精子の採取や凍結精液の作製を行ったことがない動物園もありました。こういった場合は、前もって必要器材を送り、人工繁殖チームが行くこともありました。

死亡個体からの採取

計画的に精子を採取することがある一方で、交通事故や病気で死亡した個体から精子を採取することもあります。ツシマヤマネコが死亡した場合に、その死を無駄にせずに大切な遺伝子を保存するのです。

オスは繁殖適齢期である10歳を過ぎると、精子をつくる能力（造精能）が低下していくので、繁殖計画から外されます。また、病気になると真っ先に低下するのは造精能です。まだ元気なうちに去勢手術をして精子を回収すれば、ただ老いていくのを待つよりも遺伝子を保存する面からは有利ではないか、という考えが浮かびます。しかし、精巣の摘出は通常の医療行為ではなく、損傷行為になってしまいます。ツシマヤマネコは法律により個体の損傷等に規制がかかっているため、その都度、慎重に協議・判断する必要があります。

また、凍結精液を作製する際、特別な希釈液を使うのですが、ツシマヤマネコ専用の希釈液はなく、その組成は各施設によって異なります。この希釈液のちがいは、精液を溶かしたあとの性状に影響します。凍結精液を溶かして、作製方法を評価したいところですが、凍結精液の精子数は少なく、研究のために供するのはなかなか困難です。

こうしたなか、岩手大学において、精子のフリーズドライによる保存についての研究が行われています。今後は、劣化した精子でも、繁殖に供することができるようになるかもしれません。

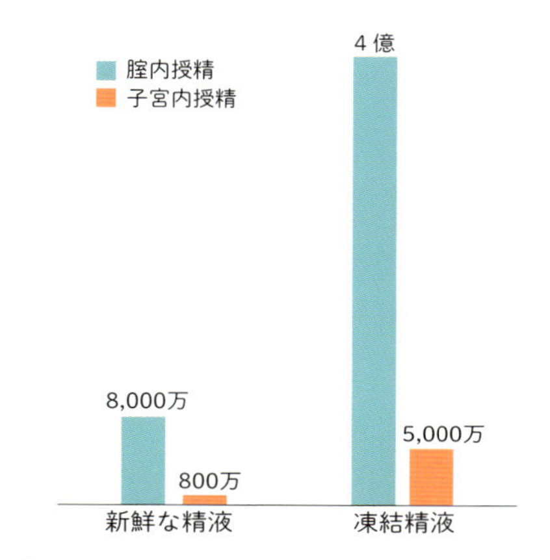

【イエネコで人工授精に必要な精子数】

育児の問題

無事に生まれたあとも、環境による問題があります。小型のネコ科動物では、人工哺育かつ同居する個体がいない場合は、社会性や運動能力が身につかない、つまり自分が「ネコ」だという認識が育たないといわれています。それを防ぐため、ツシマヤマネコでは「ミキシング」を行っています。これは、その年の各園での繁殖個体を１園に集めて、集団生活をさせることです。

今後の展望

ここまでは個体を増やす話をしましたが、本来の生息地の自然環境の維持・再生と、生活を便利にするための道路整備・開発、自分の生産物や飼養動物を守る行為とその制限という、相反するこれらの問題を解決する必要があります。住民の理解を得るために十分な説明を繰り返し、保護キャンペーン、シンポジウムなどの普及啓発を通して、ツシマヤマネコと共生する地域社会の実現に向け、一つひとつ地道に行っていかなければなりません。このような事業が展開されていることや、ツシマヤマネコの生態、その生

左：全国「とらやま」スタンプラリー、中・右：ヤマネコ祭

息数が危機的な状況であることを広く住民に理解してもらい、さらには全国に向けて発信するための普及啓発活動も、重要なことです。

対馬野生生物保護センターでは、ツシマヤマネコと共生する地域社会の実現に向けて、機関紙やパンフレットの発行、学校と連携した環境教育、ホームページでの情報発信（https://kyushu.env.go.jp/twcc/index.htm）を行っています。

また、ツシマヤマネコ飼育園では毎年、ツシマヤマネコに関する普及啓発イベントを開催しています。2015年10月には、北は盛岡から南は沖縄まで、動物園などの10施設と連携し、日本全国スタンプラリーを開催しました。関係者の間では、全国の壁は厚いのではという懸念がありましたが、それは見事に払拭され、多くの方が完走しました。また、当園では、毎年秋ごろに「ヤマネコ祭」を開催しています。野生動物の保全に取り組む団体の紹介やブースの出展、ワークショップなどがあり、ツシマヤマネコや野生動物の保全について学ぶことができます。おはなし会や地元の店の出店などもあるため、子どもから大人まで幅広く楽しめるイベントです。

2020年の生息数の報告をみると、減少が下げ止まった可能性があります。しかし、先はまだ長く険しいものです。

2012年、対馬南部の下島にツシマヤマネコ野生順化ステーションが整備され、野生復帰を準備する施設が整えられました。野生復帰への道はまだ遠いですが、「今年の放獣はオス〇頭、メス〇頭を予定しています」といった議題を出せるように、これからも各園・各機関が一丸となってツシマヤマネコの繁殖に取り組んでいきます。

文：田島日出男
（井の頭自然文化園）
写真：（公財）東京動物園協会

アマミトゲネズミ

Tokudaia osimensis

飼育下繁殖への挑戦
～トゲネズミ類の生息域外保全をめざして～

- げっ歯目ネズミ科
- 頭胴長：9～16cm、尾長：6～13.5cm
- 体重：100～140g
- 生息地：奄美大島の森林
- 環境省レッドリスト：EN、天然記念物

どんな動物？

トゲネズミと聞いたら、チクチクと痛い針のあるハリネズミを想像しそうですが、ハリネズミはネズミではなく、食虫目に分類されています。それでは、トゲネズミとは何でしょうか？ トゲネズミはネズミの仲間（げっ歯目）です。ネズミ科のなかでも、英語で「Spiny Rat」（トゲネズミ）と呼ばれるネズミは結構たくさんいます。ペットとして飼育されるカイロトゲネズミやその近縁種、そして南米や北米にもSpiny Ratいう種がおり、世界中にたくさんのトゲネズミが存在しています。しかし、ここでは日本の固有種である、南西諸島にのみ生息している3種のトゲネズミ（トゲネズミ属〔*Tokudaia*〕）を取り上げます。

アマミトゲネズミは、近縁種であるアカネズミの2倍ほどの大きさがあり、体重も100g以上と比較的大型ですが、クマネズミよりは一回りほど小さいネズミです。特に背部の毛が扁平で太く、先端が針のように尖っていることから「トゲネズミ」の名が付きました。とはいっても、触ってチクチクする程度で、そんなに痛いものではありません。

トゲネズミの分類

かつては、3つの島に生息する「トゲネズミ」は、1種類として日本の天然記念物に指定されていましたが、その後の研究により、それぞれ種として独立した特徴をもっていることがわかりました。奄美大島に生息する「アマミトゲネズミ」、徳之島に生息する「トクノシマ

左：アマミトゲネズミのトゲ
右：トゲのある被毛

アマミトゲネズミの繁殖学

わからないことだらけ！

奄美大島では、スダジイの実がなる晩秋にトゲネズミの子どもがみつかることから、繁殖期は10～12月だろうと推定されていました。ただ、しっかりと調査されたわけではなく、繁殖については産子数や妊娠期間なども含めて、わからないことだらけでした。

飼育下繁殖の取り組みでは、６年間に計51回の出産、160頭の誕生がありました。１回の産子数は１～７頭で、平均3.7頭ということがはじめてわかりました。また、妊娠期間は29～30日でした。繁殖時期については、６月を除いて周年繁殖しましたが、７月、８月の記録は少なく、９月から繁殖期がはじまり、５月が最終という傾向がみられました。飼育下ということで、栄養状態もよく、繁殖期が明瞭でなくなる傾向が考えられますが、野生でもエサの資源が豊富であれば、秋から春までが繁殖期であると推察されます。また、飼育下での観察により、完全な夜行性であり、暗くなる直後と、明るくなる直前に活発に活動することもわかりました。飼育下繁殖が生態解明の一助になったと考えられます。

左：産前。下腹部が膨らんでおり、妊娠しているのがわかります。
右：産後。

親子。大きさが若干異なります。また、子どもの被毛はやわらかく、トゲがないのがわかります。

トゲネズミ」、そして沖縄本島に生息する「オキナワトゲネズミ」の３種は、それぞれ別種であると結論づけられたのです。今でもこの３種が「トゲネズミ」として天然記念物に指定されており、環境省のレッドリストでもオキナワトゲネズミは絶滅危惧 IA 類（CR）、アマミトゲネズミとトクノシマトゲネズミは絶滅危惧 IB 類（EN）に指定されています。３種とも絶滅の危険性が高く、保全の必要が高い種とされています。

Ｙ染色体がない !?

トゲネズミ３種は、生物学的にも非常にユニークな動物です。学術的にアマミトゲネズミとトクノシマトゲネズミは、オスであっても「Ｙ染色体」がない珍しい哺乳類です＊1。オスもメスも XO 型なのですが、３番染色体の特定の配列がオスだけ二重で繰り返されていることがわかりました。この二重配列が、オス化を進める Sox9 遺伝子を活性化させるということが最近の研究で判明しました。

一方、近縁種であるオキナワトゲネズミのオスは、ほかの哺乳類と同様にＹ染色体が存在する XY 型です。トゲネズミは、哺乳類の性分化にかかわる進化の究明にも貢献しうる、きわめて重要な種と考えられます。

＊１：性別にかかわる性染色体は、多くの哺乳類ではＸ染色体とＹ染色体の２種類（ＸＹ型）であり、オスはＸＹ、メスはＸＸをもちます。

すばらしい南西諸島の自然

生息域外保全の取り組み

トゲネズミ類の生態はあまり解明されておらず、研究者が飼育・繁殖にチャレンジした記録はありましたが、生息域外保全（飼育下繁殖）に成功した例はありませんでした。

そんななかで、トゲネズミ類の生息域外保全への取り組みがはじまったのは、2014 年５月のことです。日本の主要な動物園・水族館が加盟している日本動物園水族館協会（JAZA）と環境省が、「生物多様性保全の推進に関する基本協定書」に署名したことが発端です。この協定は、絶滅危惧種の生息域外保全および外来種対策等に係る取り組みに関して連携を図ることにより、日本の生物多様性保全の一層の推進に資することを目的としたものです。ライチョウやツシマヤマネコなど、すでに環境省と JAZA が連携して域外保全を進めている種も対象でしたが、トゲネズミ類についても、この協定をもとに飼育下での保全を進めていくこととなりました。

具体的には、環境省がトゲネズミ類生

息域外保全検討作業部会を組織し、この作業部会でどのようにトゲネズミ類の域外保全を進めていくかという計画を立て、その計画に基づいて域外保全の取り組みが進められました。作業部会のメンバーは、フィールドおよび実験動物関係の研究者、JAZA側は域外保全を担当する生物多様性委員会のメンバーという構成でした。

この作業部会が立てた計画では、トゲネズミ3種はいずれも飼育下での繁殖記録はなく、その生態についても不明なことが多かったため、まず最初に、3種のなかでは比較的生息数が安定しているアマミトゲネズミで、域外保全の技術開発や科学的な知見の集積を行うことになりました。オキナワトゲネズミやトクノシマトゲネズミについては、アマミトゲネズミでの飼育・繁殖技術が確立したあとに対応を検討する、ということになりました。

こうして、最初にアマミトゲネズミで域外保全に取り組むことになったのですが、実際に飼育・繁殖を行うのは、げっ歯類、特に日本産のネズミ類の飼育・繁殖技術を保持している園館が担う必要があります。そのため、宮崎市フェニックス自然動物園、上野動物園、埼玉県こども動物自然公園の3園が選ばれました。

手探りでのスタート

アマミトゲネズミの行動や生態については、天敵であるハブに襲われるとジャンプして逃げる、スダジイの実がみのる秋に繁殖するらしく、冬には子どもが分散するなど、ごくごく限られた情報しかなく、食性や繁殖生理など詳しいことは何も判明していませんでした。ただ、研究施設で飼育した記録はあり、7年の生存記録もありましたが、繁殖徴候は全くみられなかったそうです。こうした状況から、3園での飼育がスタートしました。

アマミトゲネズミの捕獲

研究施設で数頭は飼育されていたものの、計画を進めていくには、ある程度の個体数が必要です。まず最初に、飼育下の始祖（創始個体：ファウンダー[*2]）となるべき、野生個体を捕獲することからはじまりました。

2017年1月、捕獲のために奄美大島に行きました。1月に実施したのには、2つの理由がありました。一番の理由はもちろん、アマミトゲネズミの繁殖に関係しています。奄美の山中にたくさん生えているオキナワジイ（スダジイの亜種）の椎の実は、トゲネズミのよいエサです。この実がみのる11月ごろが繁殖期であり、1月ごろは子どもたちの分散期になるのではないかと思われたからです。

2番目の理由は、奄美大島の生態ピラミッドの頂点に立つハブの活動が、最も鈍る時期だということです。捕獲作業は、奄美の中心部から車で4時間近くかかる

＊2：野生で捕獲され、飼育下で子孫を残した個体。ファウンダー同士は血縁関係がありません。生息域外保全では、飼育下個体群の遺伝的多様性を保持する必要があり、そのため一定数以上のファウンダーが必要となります。

スダジイの実

山中で行います。もし作業中にハブに噛まれても、病院に行くまでにはかなり時間がかかります。そのため、寒さでハブの活動が鈍る時期がよいのです。もっとも、活動は鈍りますが、ハブがいないわけではありません。安全を期して、ハブの牙が貫通しない強度の高いケブラー製の長靴を履き、ポイズンリムーバー（毒の吸引器）も持参しました。しかし、樹木の上に登っていくハブや、とぐろを巻いて地面にいるハブを目撃したら、その大きさや雰囲気に背筋がぶるっとしました。

捕獲については、野生個体群にできるだけ影響が少なくなるよう、同じ場所で複数個体を捕獲しないこととしました。また、万が一、トゲネズミがケガをした場合の処置などを含めた捕獲計画を立てるとともに、治療や飼育のための物品を準備したり、動物園の獣医師も捕獲作業のメンバーに入れたりなど、万全の準備をしたうえで行いました。捕獲場所は単に遠いというだけでなく、人里離れた山奥の、崩れかけた林道をどんどんどんどん奥に入っていくところでした。

捕獲のためのトラップは、あらかじめ計画した場所に設置していくのですが、GPS で位置も測定し、万が一、回収漏れのないように気を配って設置していきました。アマミトゲネズミは夜行性なので、昼間にトラップを設置し、翌日のできるだけ早い時間にトラップを確認しました。捕獲したトゲネズミはすべて研究者が記録を取り、飼育下繁殖に用いない個体は、すぐに元居た位置に放しました。

初回の捕獲では、合計 20 頭を 3 園に持ち帰ることができました。このあと、翌年の 2018 年に 2 回、2019 年に 1 回、計 4 回ファウンダー捕獲が行われ、全部で 36 頭のアマミトゲネズミを導入できました。

左：捕獲地点に向かう途中のがけ崩れ、右：アマミトゲネズミの生息環境

飼育方法の模索

捕獲したアマミトゲネズミは、前述の宮崎市フェニックス自然動物園と上野動物園、埼玉県こども動物自然公園の３園で飼育を開始しました。しかし、飼育施設や飼料、環境などについて全くわからないなかでのスタートだったので、繁殖成功に向けて３園がそれぞれ、飼育方法や飼育ケージを変えて取り組むことにしました。上野では大型マウスケージ、コンテナケージを用い、宮崎では園芸用ガラスケースや連結コンテナ（２つのコンテナを塩ビパイプで連結。そのパイプを使って移動できる）といった中規模の容器を用いました。埼玉ではたたみ１畳ほどの比較的広い面積での飼育を行い、それぞれの園で異なったケージで飼育しました。

また、ケージ内に設置する巣についても、どういった形態がよいのか、それぞれの園で考え、ちがいをつくりました。上野や宮崎では、厚く敷いたおがくずの上に板を乗せ、板に穴を開けて上面に出

左：連結コンテナケージ、右：園芸用ガラスケースを改良した飼育ケージ（宮崎）

板の下にウッドチップと巣箱を設置（宮崎）

１畳ほどの広めの飼育ケージ（埼玉）

左：３区画になっている巣箱、右：巣内の貯食（埼玉）

られるようにし、さらに板の下に地下を設け、その地下部分に巣箱を入れました。埼玉では、小鳥用の巣箱を連結しました。

エサについても、園ごとにちがったものを与えました。宮崎では、マウスペレットに穀物やリンゴ等を加え、飼料の制限はしませんでした。上野では、穀物や野菜等を中心とした、動物園のネズミ類に与えているものをエサとしました。埼玉では、野菜や穀物に加え、タンパク源としてコオロギ等の多給と、体重管理（過肥とならないよう給餌の制限）などを行いました。研究施設での飼育では、体重が160gほどにもなると、繁殖徴候がなくなっていました。また、奄美での捕獲作業時も、野生個体の体重は大型のものでも120gほどであったことから、過肥による繁殖障害が懸念されたため、体重は120g程度でコントロールするように試みました。120gを目標にしましたが、このコントロールはとても難しく、太らないように飼料を減らすと体調不良を起こしてしまい、うまくいきませんでした。後々判明したことですが、少なくとも飼育下では、140～150gでも十分繁殖は可能であり、体重制限は必要ないということがわかりました。

世界初の成功！

2019年９月、宮崎市フェニックス自然動物園で、アマミトゲネズミが繁殖したという嬉しい知らせが届きました。宮崎では、日照周期ができるだけ自然になるよう、ポリカーボネート板で囲った小屋をつくっていました。2017年に捕獲したペアをその中の連結コンテナで飼育していたのですが、８月25日にメスの体重増加と、乳頭が目立つのが確認されました。翌週にも、さらに体重が増加したので、妊娠と判断されました。コンテナの連結部をふさいで、オスとメスを隔離したあとに出産したようです。録画した画像から、９月５～７日の間に出産したことがわかりました。産まれたのは4頭でした。10月13日に子どもがエサを食べているのを確認でき、また、子どもの体重が過去の野生で捕獲した最も小さな個体より重かったので、母子を分離しました。しかし、10月後半に３頭、11

世界ではじめて育った飼育下繁殖の個体（宮崎）

月末に1頭が死亡し、うまく育ちませんでした。原因としては、子どもは体温調節の機能があまり発達しておらず、巣づくり（営巣）もうまくできなかったことから、低体温になったことが考えられました。

一方で、実は、母子分離したのと同日に、出産前に分けていたオス親とメス親を再度ペアリングさせていました。11月16日にこのペアから5頭産まれ、この子どもたちは無事に育つことができました。これは日本、いや世界ではじめて、アマミトゲネズミの飼育下繁殖に成功した例になりました。前回の失敗を教訓に、環境温度を高く保ったり、出産前にオス親を分離し、2つのコンテナを母子で使えるようにして母子分離を遅らせたりしたことによって、成功したと考えられます。

ここから1カ月後には、埼玉でも1ペアが繁殖し、さらに2020年3月までに5ペアが繁殖し、飼育下での繁殖が進んでいきました。

巣箱内の親子（埼玉）

次のステージへ

前述の作業部会は、毎年開催されています。進捗状況が報告され、今後の計画の進め方等が討議されますが、繁殖がはじまったことを受けて、当面の目標をどこに置くのかということも議論されました。この作業部会では当初、アマミトゲネズミの飼育下繁殖は無理なのではないかという意見もあったため、捕獲した個体から繁殖に成功したというのは喜ぶべき快挙です。しかし、「生息域外保全の

技術開発」という面では、捕獲した野生個体が数回繁殖しただけでは、技術が確立したとは到底いえません。

そこで、「飼育下第3世代（F3）の誕生」を技術開発の目標とすることとしました。野生捕獲個体（F0）から生まれた第1世代（F1）は、まだ親世代（F0）の影響を残している可能性があります。しかし、飼育下第2世代（F2）は、飼育下で生まれた親（F1）から誕生しています。この第2世代が繁殖に成功すれば、その後も飼育下繁殖を継続できるだろうという推定から、第3世代の誕生を目標としたのです。

まだよくわかっていないアマミトゲネズミの生態を調べる必要もありました。大学で糞中の性ホルモン（テストステロンやプロジェステロン）を測定してもらい、繁殖期を推定しました。毎日毎日、落ちている糞を集めて冷凍したものです。また、カメラを設置し、トゲネズミの行動を記録しました。交尾の確認を行ったり、自動で電源が落ちない天秤ばかりを設置して、その上にエサを置き、カメラで体重を確認したりしました。定期的に捕獲し、オスでは睾丸の発達具合、メスでは膣の開口具合の確認も行いました。それぞれの園館でいろいろなデータを収集し、生態に関するデータもできるだけ収集しました。

残念ながら、上野動物園は施設改修の関係で、アマミトゲネズミの飼育が中止となりましたが、新たに神戸どうぶつ王国が加わりました。2019年7月、神戸と宮崎で飼育下生まれの第2世代を誕生させる目的で、宮崎ではじめて生まれた個体と、12月に埼玉で生まれた個体をペアリングさせました。2カ月後には、宮崎で第2世代が誕生し、翌年の3月には神戸でも第2世代が誕生し、全体の飼育頭数も67頭に増加しました。

その後、井の頭自然文化園、足立区生物園、金沢動物園、鹿児島市平川動物公園でも飼育が開始されました。2022年11月には、宮崎で待望の飼育下第3世代が誕生しました。その後、神戸でも第3世代が誕生し、当面の目標を達成しました。

動物園の目指すもの

奄美大島では、環境省が主導して外来生物であるマングースやノネコ（野生化したネコ）の対策を積極的に行った結果、その成果が表れ、アマミノクロウサギの個体数が増加しているという報告があります。アマミトゲネズミについても同様で、この域外保全計画がはじまった当初は、夜間に観察に行っても、そう多くは発見できなかったものの、最近は目撃することも多くなってきました。外来生物がいかに在来種を圧迫しているのか、そして、生息域内保全には外来生物のコントロールがいかに重要であるのかということを教えてくれた典型です。

そういった意味では、私たちの取り組んでいる域外保全（飼育下繁殖）は、アマミトゲネズミの種の保存にとって、そう大きな役割ではないかもしれません。ただ、より絶滅の危険性の高いオキナワトゲネズミやトクノシマトゲネズミの域外保全が必要になることがあれば、今回培った技術や知識は大いに役立ちます。

そして今回、アマミトゲネズミの飼育下繁殖に取り組むにあたって、地元・奄美大島に住む方々から温かいご支援をいただきました。飼育している個体のためにスダジイの実をたくさん集めて、毎年送ってくれたのです。これには奄美市立奄美博物館をはじめ、多くの方々の協力がありました。そしてお返しに、我々動物園側も、アマミトゲネズミの生態や飼育してわかったことを、地元の方々をはじめ多くの人に知らせてきました。

2024年4月から、鹿児島市平川動物公園、宮崎市フェニックス自然動物園、神戸どうぶつ王国、埼玉県こども動物自然公園で、アマミトゲネズミの展示がはじまりました。これはアマミトゲネズミのことだけでなく、奄美大島をはじめとした南西諸島の自然環境のすばらしさとその特異性、そして人間の活動の結果起こったマングースやノネコ問題、その解決への多くの人々の努力といったことを、多くの来園者と一般の方々にできるだけ多く伝えていくための展示です。

奄美博物館のドングリ拾いイベント

現在は、アマミトゲネズミの繁殖生理等の解明や飼育·繁殖技術の開発が進み、次の段階である、より絶滅の危険性の高いオキナワトゲネズミやトクノシマトゲネズミの域外保全を行うかどうかの検討がなされています。啓蒙普及活動のための展示にまでこぎつけたアマミトゲネズミに関しても、生息域外個体群を維持するべく、JAZA加盟園館で引き続き協力していきたいと考えています。

文：高木嘉彦
（埼玉県こども動物自然公園）
写真：埼玉県こども動物自然公園、
宮崎市フェニックス自然動物園

アジアゾウ

Elephas maximus

大きいがゆえの苦労

- 長鼻目ゾウ科
- 頭胴長：335cm、尾長：170cm
  （上野動物園のダヤー〔メス34歳当時〕）
- 体重：オス5t以上、メス3t程度
- 生息地：南アジア〜東南アジア
- IUCNレッドリスト：EN

どんな動物？

アジアゾウは、南アジアから東南アジアにかけて分布し、主に草原や森林で暮らしています。草食動物であり、野生では草や樹木、果実などをエサとして、1日の大半を「食べること」か「食べるための移動」に費やします。メスとその子どもたちは10頭程度の群れをつくり行動しますが、オスは成長すると群れを離れて単独で行動します。

アジアゾウは5,000種類以上いる哺乳類のなかで、3種類しかいないゾウの仲間の1種です。ほか2種はアフリカゾウとマルミミゾウで、どちらもアフリカに生息しています。長鼻目はかつて200〜300種類が出現するほどの一大勢力となったグループであり、有名なマンモスもその仲間に含まれます。

アジアゾウの現状

野生のアジアゾウの生息数はおよそ5万頭ですが、20世紀初頭には10万頭以上が生息していました。生息数は現在も減少しているとされており、その大きな原因として、生息地の減少や分断が挙げられます。発展途上国が生息地となっているため、人口増加により畑や工場などがどんどんつくられ、ゾウの棲み家が奪われています。近年、人との衝突が増えていて、毎年多くのゾウと人が命を落としています。

保護への取り組み

生息国ではアジアゾウの生息数を維持しようと、保護区域をつくるなどの取り組みをしています。キャンプや保護センターには保護されたゾウが集められ、そこではゾウのことを伝える取り組みも行われています。また、世界各地の動物園でも、野生のゾウのことや地球環境の大切さを伝えています。

日本の動物園での飼育

アジアゾウは長生きする動物で、多摩動物公園で開園当初から飼育されているオスのアヌーラは、2023年に70歳に

なりました。最初にゾウの飼育を行ったのは、上野動物園です。開園したばかりの1888年（明治21年）に、シャム（現在のタイ）から2頭のペアが贈られました。その後、京都や名古屋、大阪など国内の主要な都市で、動物園の開園にあわせて、現地からアジアゾウが導入されました。

戦争により多くのアジアゾウが猛獣の処分や栄養不良で死亡し、動物園からゾウがいなくなりましたが、戦後は全国各地で動物園が続々と開園するとアジアゾウも再びみられるようになりました。

保護が進むと日本に来ない!?

1960年ごろから、野生動物の減少が問題視されるようになり、野生のアジアゾウも絶滅が懸念されるほど生息数が減少しました。1975年にワシントン条約が発効され、アジアゾウは附属書Ⅰという最も厳しいランクに指定されました。そのため、それまでのようにゾウの売買ができなくなりました。以降、日本にやってくるのは、生息国からの贈呈がほとんどです。しかし近年は、生息国でも積極的な保護への取り組みがはじまっており、その結果、日本への導入がより難しくなっています。また、生息国からの導入に関しては、国内外からの疑問や反対の声も少なくなく、社会的な理解を得ることも大切です。そのため、最近では飼育環境を充実させて動物福祉に配慮した動物舎を準備しなければ、ゾウを入手することができなくなっています。

ゾウは繁殖が難しい動物のため、海外からの導入がなければ飼育頭数が減っていき、日本からアジアゾウがいなくなってしまうという予測結果もあります。そうならないように、動物園では繁殖に向けて様々な取り組みを行っています。

特徴的な生殖器と長い妊娠

ゾウは周期性の通年繁殖の動物です。野生では、メスは 10 歳ぐらいから排卵がはじまり、15 歳前後で性成熟します。飼育下では一般的に、野生よりも若い年齢で生殖が可能になり、アジアゾウでは４～５歳で繁殖の周期が開始する場合もあります。メスの性周期はおよそ 16 週間なので、排卵が起こるのは３～４カ月おきです。

オスは、精子の形成などの生殖機能が 10 歳ごろにはじまりますが、このころに群れを離れて行動するようになります。性成熟に達し、安定して交尾が可能になるのは、野生では 20 歳以上ですが、飼育下では 10 歳未満でも交尾が成立する事例がよくあります。野生では、ほかの強いオスや体の大きなメスの影響で性行動が制限されてしまい、チャンスになかなか恵まれないのです。また、自分が弱い状況では、性行動が抑制されるという研究報告もあります。オスには年に１回程度、「マスト」と呼ばれる状態になる時期があり、普段より怒りっぽく攻撃的になります。近年、マストと繁殖を関連づける研究結果が報告されています。

オスがメスの発情を感知して交尾ができる日数は、１周期のうちわずか３日程度です。オスは、群れの中で発情しているメスを見つけて交尾を行いますが、「発情＝メスがオスを受け入れられる状態」とは限らないので、逃げようとするメスがいたり群れが混乱したりすることもあります。また、状況がわからない子どもや、ほかのメスにとって、オスは怖い存在なので、オスの乱入に群れが混乱することもしばしばあります。それでも、オスはお構いなしにメスをつかまえて交尾をします。

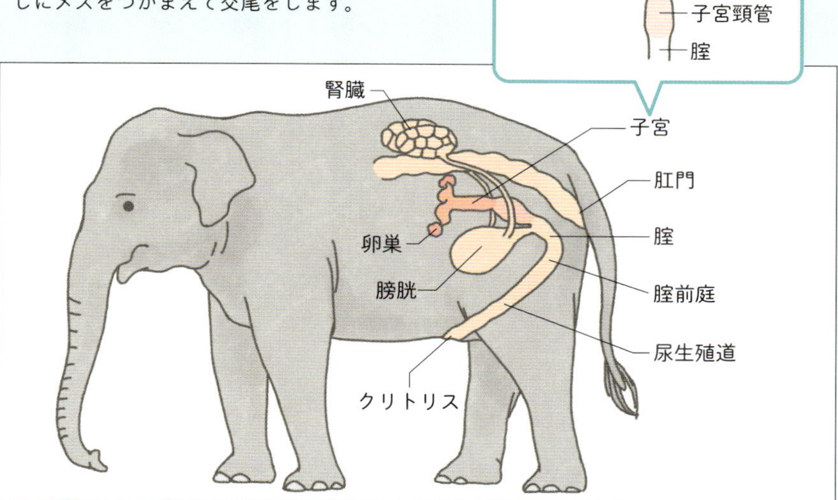

メスの生殖器

ゾウの妊娠期間はおよそ660日で、出産までに2年近くかかります。これは鯨類を含め哺乳類のなかで最長です。ちなみに、メスの発情周期（排卵間隔）も哺乳類のなかで最長です。ほとんどが1産1子ですが、たまに双子のこともあります。

ゾウの生殖器は特有の構造をしていますが、観察している限りでは交尾しやすく進化しているようにはみえません。メスの生殖器の特徴は、その長さと形状です。外陰部から子宮に達するまでは150cmもあり、全体では3m近くもあります。しかも、途中でヘアピンカーブのように90度折れ曲がっています。そのため、オスのペニスも相当な長さで、形状もメスの生殖器に合わせるように、交尾の際はS字型に波打ったような状態になります。

さらに（オスにとって）「不便」なのが、メスの腟口がペニスが入りにくい低い位置にあることです。オスは長いペニスをうまく動かして、低い場所の腟をとらえる必要があります。この状況に持ち込むために、まずオスはメスを逃げないようにホールドしつつ、そこにさらに自分の体を乗せる「マウント」をしなければなりません。「追尾→ホールド→マウント→交尾」という一連の流れは迫力があり、来園者からいつも大注目されています。

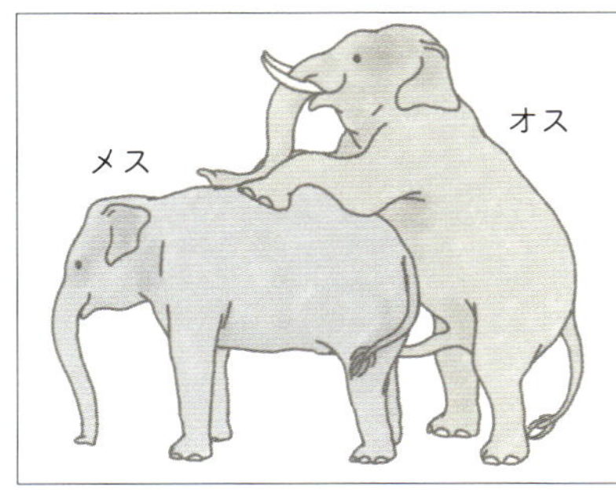

上：マウント、下：交尾。オスのペニスが鼻のように伸びてメスの尿生殖道に挿入され、交尾が成立します。交尾時間は1分ほどです。
（田谷一善、1993より改変）

ゾウの魅力を伝えていく

産まれたばかりの赤ちゃんは、背丈は１m、体重は100kgほどです。十分大きいですが、大人とくらべるととても小さく、母親やきょうだいに頑張ってついていく姿は可愛いものです。動物園では、様々な動物の赤ちゃんの可愛さや成長する様子を見てもらうことで動物の魅力を伝えています。特にゾウは長生きする動物なので、来園者からは名前で呼ばれて親しまれ、親子３代にわたって愛されているゾウも多くいます。

ゾウの出産

2020年10月31日、上野動物園でオスのアジアゾウが産まれました。日本の動物園では14例目でしたが、上野動物園でははじめてのことでした。上野動物園は、1888年に日本の動物園ではじめてゾウの飼育を開始しました。最初に来たゾウは、アジアゾウのオス・メスの１頭ずつでした。それから現在まで、戦時中の猛獣処分の期間を除いてずっとアジアゾウを飼育してきましたが、100年以上繁殖が成功していませんでした。

難しいゾウの繁殖

上野動物園に限らず、日本の動物園ではゾウの繁殖がなかなか成功せず、アジアゾウがはじめて繁殖したのは2000年代に入ってからです。様々な理由が考えられますが、繁殖しやすい野生に近い飼育環境を提供できていなかったことが大きな要因と考えられます。都会の狭い動物園で野生の環境を再現するのは難しく、実際に日本で最初に誕生したゾウは、サファリ形式で群れ飼育を行っていたアフリカゾウでした。

日本では、大人になるにつれて性格が荒くなるオスは飼育せず、メスだけを飼育する園が多くありました。また、オス・メスのペアでいても、幼いころから一緒にいると兄妹のような関係になってしまい、繁殖行動を起こさないペアもいます。近親交配を避ける本能なのかもしれません。一度そうなってしまうと、ゾウは長生きするので、そのまま飼育するだけになってしまう動物園もありました。

その後、アジアゾウも繁殖に向けて、飼育方法の改良や繁殖技術の向上に取り組み、繁殖に成功する園が増えてきています。

繁殖への取り組み

上野動物園では、2000年代に来園したオス１頭・メス２頭で繁殖に取り組み

左：耳の血管から採血しています。
右：超音波検査

ました。繁殖行動を促すため、野生での暮らし方に倣い、普段はオスとメスを別々に飼育して、発情が来たメスをオスのところへ連れていく形式のペアリングを行いました。

メスの発情周期は、血液中や糞中の繁殖に関連するホルモン値から推察します。上野動物園では、定期的に耳から採血をして、排卵日を予想しました。予想は当たっていたようで、オスは２頭のメスどちらの発情予想日にも正確に反応して、交尾行動を示しました。

出産は大変なことだらけ

動物園でのゾウの出産は、大変なことだらけです。まず、妊娠期間が長いことです。２年近く続く妊娠中の体調管理が大変です。出産まで無事に過ごせるかどうか、飼育員は毎日気を遣います。残念ながら、この間にトラブルが起こることも少なくありません。

実際に、上野動物園で2020年に出産したメスは、妊娠10カ月で流産してしまいました。飼育員の落胆も大きなものでした。原因は確定できませんでしたが、次の妊娠時には大きなストレスなどがなるべくかからないように、さらに気を遣いました。妊娠が順調かどうかは、見た目や行動からは判断が難しいため、毎月のホルモン測定や超音波検査（エコー検査）で確認を行います。

次に大変なのが、出産予定日がわからないことです。出産の数日前になると、ホルモンの数値からある程度予測できますが、そこからいつ出産するかはゾウ次第です。ホルモンが出産間近の値になり、すぐに産むゾウもいますが、産気づくのに数日かかるゾウもいます。そのため出産前は、飼育員や獣医師は泊まり込みで観察を行います。

ゾウの出産のほとんどが夜にはじまります。ただし、昼に普通の動きをしていても、急にお産がはじまることもあるの

出産。赤ちゃんが娩出されました。

授乳中

で油断はできません。何日も待ちぼうけが続くこともしばしばです。

そして、飼育員の一番の気がかりは、母親が育ててくれるかどうかです。もちろん、多くの母親は赤ちゃんを大切に育てますが、なかには自分の子どもを受け入れられず、育てないケースもあります。

ゾウは出産した直後に、赤ちゃんへ攻撃的な行動をみせることが知られています。様々な理由が考えられており、呼吸を促している行動、胎盤をはがしている行動などともいわれていますが、エスカレートして赤ちゃんがケガをするケースもあります。そのため、動物園では、赤ちゃんを母親からいったん離して様子をみることが一般的です。上野動物園でも出産後、母親の興奮が激しく、なかなか赤ちゃんを受け入れる様子がなかったので、一度別々の部屋に離しました。母親を落ち着かせて再び赤ちゃんを同じ部屋にしたところ、攻撃はなく、赤ちゃんが近づいても大丈夫になり、その様子に一

人工哺育の様子

安心しました。

さて、ゾウの出産で最後の大きな山となるのは、赤ちゃんがうまくお乳を飲んでくれるかどうかです。うまくいかなかった場合は、人が親代わりとなってミルクを与える人工哺育になってしまい、ゾウとしての健康な発育に大きな影響があります。また、２時間おきに哺乳する飼育員の負担も、相当なものになります。何よりも、人工哺育でうまく育った事例が国内にはないため、母親が育てることは赤ちゃんの命がかかっているともいえます。授乳を確認できるまでの時間が、とても長く感じられたのを記憶しています。

うまくいかない人工哺育

アジアゾウの国内での出産は17例あります。そのうち、母親が育てなかったために、やむを得ず人工哺育に取り組んだ例は４例ありますが、すべてうまく育たず、１～７歳のまだ幼いうちに亡くなっていました。直接の死因は、心不全や感染症などでしたが、死亡に至るまでに骨折しやすかったり下痢をしやすかったりなど、母親（代理母を含む）による自然哺育では発生しにくい、成長を阻害する要因があったことが考えられます。

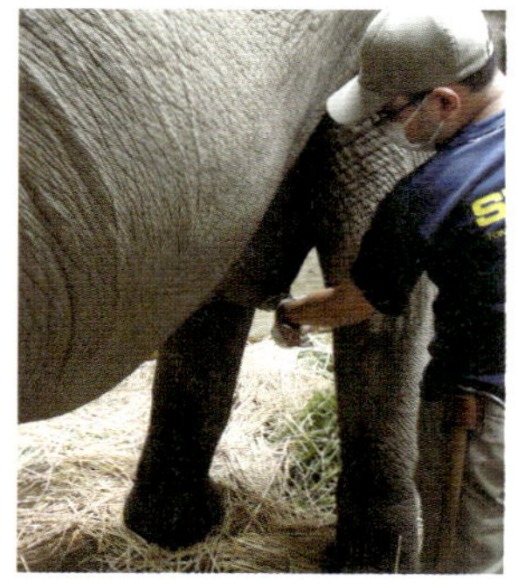

左：授乳のトレーニング
右：母乳の採取

ゾウミルクの開発

最近の研究により、ゾウの母乳には、ウシやウマとくらべて、赤ちゃんの骨を強くする成分が著しく多く含まれていることが判明しています。赤ちゃんは体重が１日１kg 以上増えます。どんどん成長していく体を支える丈夫な骨を形成するために大切な成分が、母乳にはたくさん入っているのです。

現在、こうしたデータを活用してゾウの人工哺乳用のミルクがつくられていて、出産を控えた動物園では人工哺育に備えて用意しています。

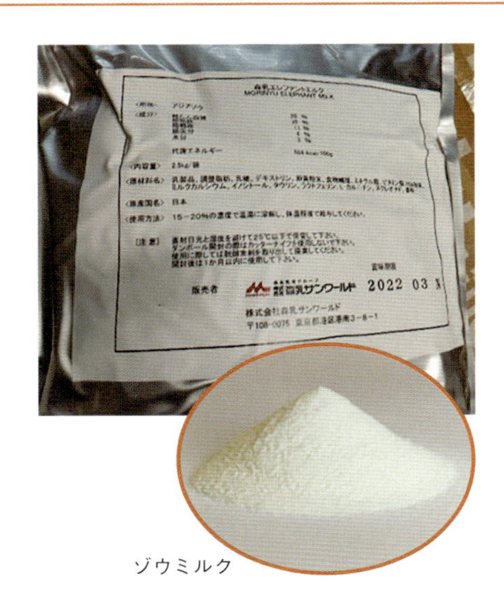

ゾウミルク

これからの飼育方法と出産

近年、動物園では、動物福祉の向上への取り組みが進められています。ゾウについても、新しい飼育方法への転換が進みつつあります。これまで多かった１頭や２頭などの少ない頭数を狭い施設で飼育するのではなく、ゾウの習性に基づき、広い場所でより多くの頭数を群れで飼育することが、世界の主流になっています。

飼育方法についても、現地のゾウ使いがゾウに乗ったり、体を洗ったりするのと同じように飼育する「直接的」な方法から、ゾウ同士が自由に過ごすことを優先する「間接的」な方法に変更する園が増えています。また、ゾウはやさしいというイメージがありますが、動物園動物のなかでは危険な動物の代表です。間接的な飼育方法に移行することで、ゾウによる人身事故の防止につながるというメリットもあります。

出産についても、人が介さず、群れのなかで産んで自然に任せることが、ゾウにとってよいことであるという考え方が広まってきました。たとえ、うまく育てられなくても、次やその次の出産の成功のために、長い目でみればゾウの幸福につながるという考え方です。2023 年８月にメスの赤ちゃんが誕生した円山動物園では、この方法で出産にのぞみました。赤ちゃんは現在、母親がしっかりと育てていて、健康に成長しています。

今後、ゾウの福祉向上と繁殖の取り組みの両立が進むことで、動物園でゾウを飼育することの意義も大きくなると考えられます。

人工授精への挑戦

ゾウの人工授精は、繁殖に適したメスはいるもののオスが一緒にいない場合や、一緒にいるオスとの相性が悪く、繁

円山動物園で繁殖した親子

左：人工授精の様子
右：精液の状態を顕微鏡で確認しています（写真提供：八木山動物公園）。

殖行動がみられない場合などに行われます。海外では20例以上の成功例がありますが、国内での人工授精の例はまだありませんでした。しかし2024年7月、盛岡市動物公園のアフリカゾウで人工授精が実施されました。アフリカゾウはアジアゾウよりも飼育頭数が減少しており、特に繁殖に適したオスが少なくなっています。そのため、海外の専門家を招き準備が進められていました。

アジアゾウでも、繁殖行動がうまくいかない場合などに備えて、人工授精に必要な技術や情報を共有しています。動物園でのアジアゾウの繁殖は、まだまだ多くの課題がありますが、現在、若い世代のアジアゾウを飼育する動物園を中心に、繁殖の取り組みが続けられています。今後、より多くの赤ちゃんが誕生することが期待されます。

文・写真：乙津和歌（東京都立大島公園）

ジャイアントパンダ

Ailuropoda melanoleuca

竹を食べることで独特の進化をした動物

- 食肉目クマ科
- 頭胴長：120～150cm、体重：100～140kg
- 生息地：中国四川省、陝西省、甘粛省の標高1,500m以上の高山地
- IUCNレッドリスト：VU

どんな動物？

ジャイアントパンダ（以下、パンダ）は、クマの仲間から早い時期に分かれた種で、食肉目でありながら竹を主食にしているところが特徴的です。祖先は肉を食べていましたが、気候の寒冷化（氷河期）と食べ物が少なくなったことにより、240～200万年前には現在のように竹を主食とするようになったといわれています。

栄養の乏しい竹を大量に、そして効率よく採食できるように、体のつくりが進化しました。前足の手首の骨（橈側種子骨（とうそくしゅしこつ）と副手根骨（ふくしゅこんこつ））、臼歯や咀しゃく筋が発達したことにより、竹を持ったり硬いものを噛み砕いたりすることができます。

繊維質の多い竹を主食としながらも、腸の長さはライオンなどの肉食動物と同じくらいしかありません。そのため、体内に取り込まれるエネルギー量が少なく、１日の３分の１は採食に、残りは休息に費やす生活をしています。驚くべきことに、エネルギー消費量は低く、ナマケモノと同じ水準との報告もあります。

ジャイアントパンダの保全

生息地である中国での第１回調査（1974～1977年）によると、生息数は約2,500頭、第２回調査（1985～1988年）では約1,200頭であり、その数は半減したと報告されています。生息域の減少と分断化、密猟、そして1980年代に生息地の竹が一斉に開花・枯死して多くのパンダが死亡したことが要因です。

1984年にワシントン条約で最も規制が厳しい附属書Ⅰに分類され、商業目的での国際取引が禁止されました。1988年には中国野生生物保護法が制定され、パンダは最高保護レベルに分類され、生息地の保全や管理の強化、密猟の禁止が規定されました。

保全への取り組みの効果が表れたのか、第４回調査（2011～2014年）では約1,800頭になり、さらに生息地の３分の２が保護区に指定されることとなりました。総個体数は少ないものの、生息地の保全により10年間で個体数が17%増加したため、2016年には国際自然保護連合（IUCN）のレッドリストのランクが危機（EN：絶滅の危機に瀕している種）から、危急（VU：絶滅の危機が増大している種）に下がりました。

生息地の保全と並行して、1987年に中国で保護研究施設が2カ所開設され、飼育下での飼育・繁殖技術の向上と研究が進められました。当初は飼育下の個体は100頭ほどで、そのうち8割が野生由来の個体でしたが、約35年が経過した現在では600頭を超え、そのほとんどが飼育下繁殖の個体です。

1994年より中国は、海外の施設と共同で繁殖の研究を進め、繁殖や飼育管理の知識・技術の向上や、来園者への啓発活動などを行っています。日本では上野動物園、アドベンチャーワールド、神戸市立王子動物園がこの計画に参加してきました。

中国では、2000年に生息地に近い場所に野生復帰研究センターが開設され、2006年より、飼育下で繁殖した個体を野生に戻す取り組みも行われています。今後は、遺伝的多様性を確保しながら、計画的な繁殖を進めていくことが重要になっていきます。

竹の開花と枯死

竹の種類にもよりますが、60～120年の周期で竹の開花・枯死がみられます。パンダの生活エリアの竹が枯れた場合、ほかのエリアへ移動できれば問題ありませんが、道路などにより生息地が分断しているため、多くのパンダが竹を食べられず、衰弱したり餓死したりしました。

2020年ごろより、日本でもハチク（中国原産の竹の一種）の開花・枯死が確認されています。ハチクの開花周期は120年で、文献によると前回は1908年と報告されています。アドベンチャーワールド（以下、当園）でも2023年に、パンダ運動場のハチクが開花・枯死しました。来園者へ知っていただくよい機会ですので、看板を設置して啓発活動を行っています。

赤ちゃんの生存戦略

大きな鳴き声

赤ちゃんは、体重は100～200g、目や耳も未発達で体毛もほとんど生えていない状態で生まれてきますが、生き残るための様々な生存戦略をもっています。

何といっても、大きな声で鳴く力。大きな母親に自分の存在を知らせるために、産み落とされた赤ちゃんは、まるで人間の赤ちゃんのように「オギャー！オギャー！」と大きな声で鳴き、前足で踏んばり頭を振ってアピールします。母

ハチクの花

ジャイアントパンダの繁殖学

交配も妊娠の判定も難しい

パンダは春に発情しますが、交尾可能な日が１年に２～３日と、哺乳類のなかでも極端に短くなっています。また、単独で生活しているため、オスとメスが繁殖適期に出会うチャンスは少なく、これらがパンダの繁殖が難しいと考えられている要因のひとつになっています。

オスでは、春の初めにマーキング*[1]の回数が増加していきます。メスでは、発情のピークの２週間ほど前より、マーキングやオスのにおいを嗅ぐといった行動が確認されます。発情が進むと「恋鳴き」と呼ばれる特有の鳴き声を発します。互いに激しく鳴き交わすようになると、メスがオスに対し許容姿勢をとり、交尾に至ります。

交尾してから出産するまでの期間は 90 ～ 150 日ですが、着床遅延*[2]をする動物のため、実際の妊娠期間（着床から出産までの日数）は約 40 日といわれています。赤ちゃんは、母親の体重の１～２％ほどと大変小さく、人間やほかの動物のように、妊娠してもお腹や乳房が目立つわけでもないので、妊娠の判定が非常に難しい動物です。飼育下では、妊娠ホルモンの上昇や採食時間の極端な低下、睡眠時間の増加、乳頭が目立つようになるといったことを複合的に判断して、出産予定日を推測しています。しかしながら、偽妊娠*[3]の事例も多く、結局は赤ちゃんの姿をみるまで、確実にはわからないのが実情です。

寒冷地に生息するクマの仲間は、秋に大量のエサを食べて脂肪を蓄え、冬眠中に出産·子育てをします。パンダはクマの仲間で同じく寒い地域にすむ動物ですが、子育ては夏の終わりから秋にかけて行います。ほかのクマのような育児形態をとらないのは、栄養価の低い竹を食べているため、そしてエサが年中確保できるためと考えられています。パンダの多くは７～９月に出産します。子どもがやわらかいものを食べられるようになる８カ月齢ごろが、ちょうどタケノコが出てくるシーズンにあたります。

＊１：「においづけ」とも呼ばれる、なわばりの誇示や、異性へのアピールのために行う行動。パンダは、肛門付近にある臭腺の分泌物や尿を地面にこすりつけたり、逆立ちして木などにこすりつけたりしてマーキングをします。
＊２：受精卵の発育が途中で停止し、母体の状態が整ったのちに子宮に着床すること。パンダを含むクマの仲間やカンガルーなどに認められます。
＊３：交尾の有無にかかわらず、妊娠をしていないのに妊娠ホルモンの上昇や妊娠したときと同じ状態が認められること。

左：交配
右：マーキング

竹を食べています。

親が赤ちゃんを口でくわえ抱きかかえると、おとなしくなります。生後1週間くらいまでは、母親がきちんと抱いていないと大きな声で鳴きます。

生後2日目に、母親が赤ちゃんを抱いている場所の温度を測る機会がありました。36.6℃で適度な湿度もあり、まさに天然の保育器だと感心しました。

力強い前足と長いしっぽ

母親の乳首は、人間の大人の指先くらいの太さがあるので、赤ちゃんはかなり大きな口をもっています。また、乳首は胸に2つ、お腹に2つの合計4つがそれぞれ離れた位置についているので、乳首へと移動できるように、赤ちゃんの前足には力強く鋭い爪があります。

体長の3分の1を占める長いしっぽも特徴的ですが、このしっぽは大変重要な役割をもっています。生まれた直後のしっぽは、水分をたくさん蓄えていて太く光沢がありますが、生後4日ごろには、光沢はしっぽの先のみとなり、その後消失します。いわゆる“水筒”のような、一時的な補水の役割をしているのではないでしょうか？

成長が早い！

2週間もすると、白黒模様がはっきりしてきて、パンダらしくなります。2カ月で目が開き、3カ月には体重も4～5kgと成長し、歩行や乳歯がみられはじめます。6カ月には木登りをするようになり、8カ月には永久歯が生えはじめ、タケノコなどのやわらかいものも口にするようになります。

1歳で体重は30kg程度になり、1歳2カ月ごろには永久歯が生えそろい、竹を本格的に食べるようになります。赤ちゃんは小さく生まれてきますが、その成長は著しいものです。

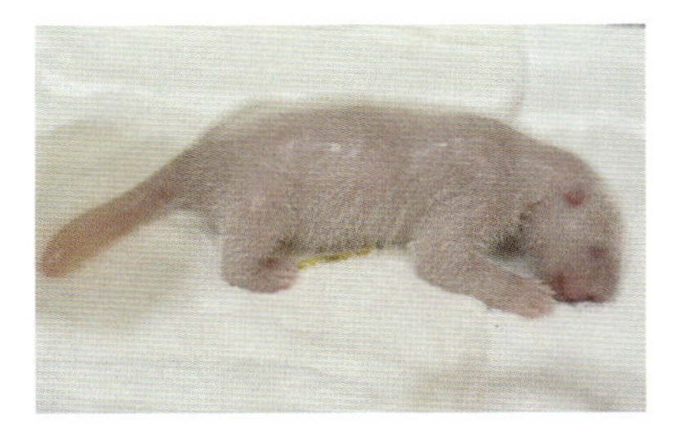

左：生まれたての赤ちゃん
右：赤ちゃんを抱っこしています。

赤ちゃんの育成率向上に向けて

1990年以前の飼育下での赤ちゃんの6カ月育成率は33%以下と、大変低い状況でした。個体数を増加させるためには、育成率の向上が重要な課題でした。

ところで、パンダは1回の出産で何頭産むか知っていますか？　飼育下のデータでは、1頭、2頭、3頭の割合がそれぞれ54%、45%、1%と、複数の赤ちゃんを出産する割合が高くなっています。母親の健康状態にもよりますが、もともと小さい赤ちゃんなのに、1頭より複数頭の赤ちゃんの方が体重も小さく、体格差が出ることが多くあります。こうした場合、母親は大きく元気な1頭を育てることを選びます。

飼育下では、双子が生まれた場合、1頭を取り上げ人工哺育する方法をとっていましたが、うまく育ちませんでした。赤ちゃんは胎盤や母乳を通じて病気への抵抗力、つまり免疫を受け取ります。パンダの場合は母乳から獲得します。出産直後に出す母乳（初乳）は緑色をしていますが、これは免疫機能を高めるための抗体が多く含まれていることを示しています。未熟な赤ちゃんが育つためには、初乳を飲むことが必要になります。

双子の育成率を上げたい

中国の成都ジャイアントパンダ繁育研究基地では、双子の育成率を上げるために「入れ替え保育」（ツインスワッピング法）を取り入れて、1990年に双子の育成に成功しました。赤ちゃんに確実に初乳を飲ませるために、1頭を母親に1頭を保育器に入れて世話をし、交互に母親に戻して母乳を飲ませる方法です。

なぜ、このような方法ができるのでしょうか。パンダは木の洞などを利用して、母親1頭で子育てをします。目の前で鳴いている赤ちゃんがいれば、それは自分の子以外にはありえないので、世話をするのではないのでしょうか？　もちろん、スタッフと母親との信頼関係があ

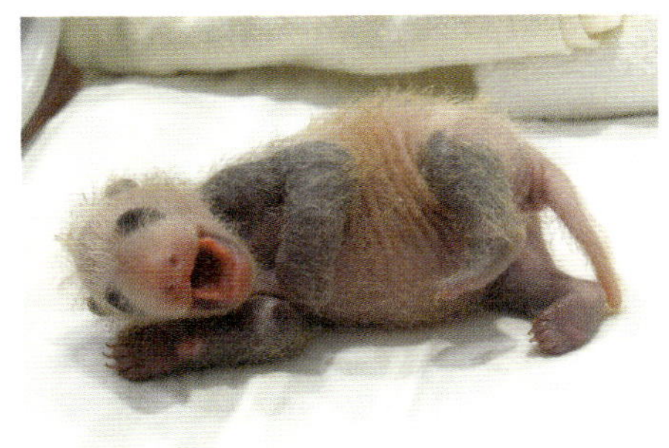

左：白黒模様がはっきりしてきました（14 日齢）。
右：目が開きました（46 日齢）。

左：歯がみえてきました（108 日齢）。
右：６カ月もすると、木登りをするようになります。

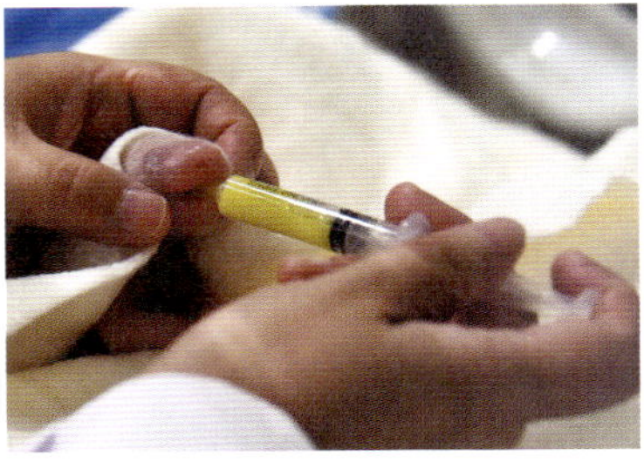

左：リンゴをかじっています（198 日齢）。
右：緑色の初乳を注射器で飲ませています。

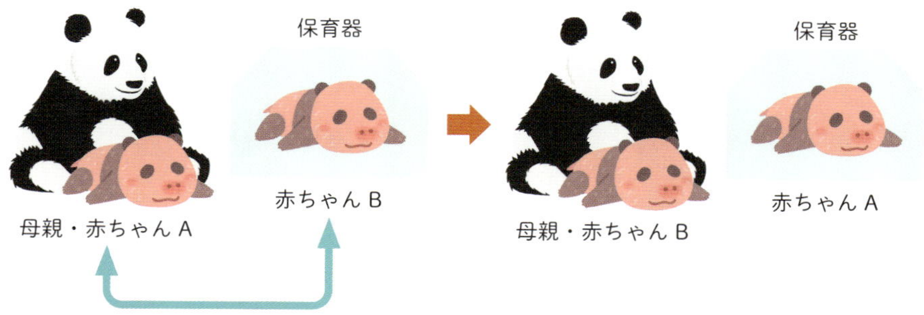

【入れ替え保育】

るからこそできる管理方法です。

2003年、当園で双子が生まれた際は、入れ替え保育をとらなかったのですが、母親が2頭とも育てました。赤ちゃんの体重が160gと106gであり体重差が少なかったことや、母親がこれまでに3回子育てを経験していたこと、また母乳の量も多かったことなどが、成功の要因として考えられました。これが飼育下で入れ替え保育なしのはじめての成功例になりました。

パンダの子育ての知見や管理技術の向上により、現在、育成率は80～90%にまで上がってきました。

75gの赤ちゃん

当園では12回の出産で17頭の赤ちゃんが育っています。そのなかで一番大変だったのが、2018年に75gで生まれた「彩浜（さいひん）」でした。これまで当園で生まれた赤ちゃんの出生時体重の平均は156.8gです。過去には中国で51gの赤ちゃんが育った例がありますが、一般的に100g以下の赤ちゃんの死亡率は高くなります。

彩浜は小さいだけでなく鳴き声も弱々しい状態でしたので、母親から取り上げて状態を確認する必要がありました。皮膚には張りがなく、しっぽの“水筒”もありませんでした。赤ちゃんの体温は通常は37℃前後ですが、彩浜は31.9℃しかなく、すぐに保育器に移動しました。その後、体温が上昇し鳴くようになってきたため、母親の元に戻し授乳を促しました。しかし、スタッフが乳首へ赤ちゃんを誘導するものの、吸う力が弱々しいため初乳を飲むことができませんでした。母親が赤ちゃんを抱いているときに、スタッフが母親の胸のあたりに手を入れ搾乳を行い、何とか初乳を確保しました。その初乳を彩浜へ、吸う力が弱いため、気管に入らないように少しずつ慎重に与えました。

体温が安定しないので保育器に入れておきたいところですが、母親から長期間離すことは母親にとって大変なストレスになってしまいます。彩浜と母親の状態をみながら、飼育管理を行いました。

生まれてから9時間後、母親に抱かれていた彩浜の鳴き声が全く聞こえなくなりました。慌てて彩浜を取り上げ保育器

双子の育児。入れ替え保育なしに育ててくれました。

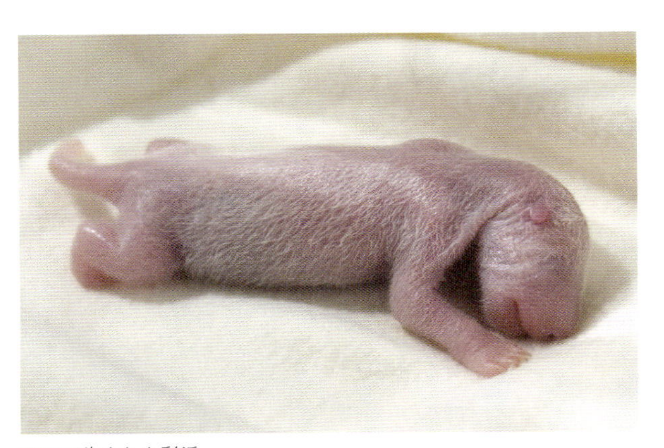

75g で生まれた彩浜

へ入れましたが、呼吸も心拍も微弱で危険な状態でした。人工呼吸、酸素供給、強心剤の注射処置を施し、約１時間後にようやく呼吸と心拍が安定してきました。

２時間間隔でスタッフが母乳を与えました。１日２回ほど母親に戻して彩浜の授乳を促し、搾乳も続けました。３日目ではじめて、母親の乳首から自力で授乳しているのを確認しました。8日目には、完全に自力で授乳することができるようになりました。体温が安定しないため長時間、母親にまかせることはできませんでしたが、20日目ごろには、長時間母親の元に返すことができるようになりました。

赤ちゃんを取り上げると母親は落ち着きがなくなり、精神的にストレスを抱えてしまいます。母親が安心できるようなケアも、大変重要になります。彩浜の母親は６回目の出産･子育てであり、赤ちゃんに対する執着心は強かったのですが、このような状況でもしっかりと子育てをしてくれました。彩浜は７日目に77 gになり、生まれたときの体重を超えました。ほかの赤ちゃんより小さかった彩浜ですが、順調に育っていきました。

彩浜の成長は、中国のスタッフの豊富な経験と私たちとの連携、そして彩浜の生命力と母親の育児経験、どのピースが欠けても成功しなかった貴重な事例になりました。

ジャイアントパンダのこれから

地球温暖化が進めば、今後80年で竹の３分の１が消失するという報告があります。日本でも、気温上昇、台風や大雨の頻度が増えてきて、良質な竹を確保することが年々難しくなってきていることを実感しています。

私たちは飼育下でパンダの飼育・繁殖を行うだけでなく、動物たちが置かれている状況を伝え、一緒に考える機会とアクションを進めていかねばなりません。

文・写真：中尾建子
（アドベンチャーワールド）

ユキヒョウ

Panthera uncia

生態を活かし繁殖につなげる

- 食肉目ネコ科
- 頭胴長：100～130cm、尾長：80～100cm、体重：35～45kg
- 生息地：中央アジアの山岳地帯、ヒマラヤ山脈、モンゴル、ロシアなどの高山地域の急峻な岩場、草原、森
- IUCNレッドリスト：VU

どんな動物？

体

ユキヒョウの体は、主な生活の場である切り立った岩場を移動するのに適したつくりをしています。広い足裏、太い四肢、厚みのある長い尾をもち、柔軟性に富んでいます。毛皮は厚みがあり、毛足が長く、寒冷な環境にも耐えられます。

色は腹部が白から明るい灰色で、背中にかけてくすんだ灰色から淡黄色となり、全身に黒色から濃灰色の斑点があります。特徴的な色と模様は保護色となり、狩りの成功につながっています。

オスとメスで外見上の大きな差はなく、オスの方がやや大きい程度です。

学名について：近年、属名として *Panthera* が多く用いられますが、日本動物園水族館協会（JAZA）は *Uncia* を使用しています。

食べ物

肉食性で、野生ではバーラル、ヒマラヤタール、アイベックスなどの草食動物が主な獲物です。マーモット、ウサギ、鳥などの小動物も捕食します。動物園では、馬肉や鶏頭、鶏肉、ウサギなどを主食に、栄養バランスを整えるためレバーや骨などの副食やサプリメントを加えて与えています。

生活

単独で生活し、100km^2 程度の行動圏を数日間かけて歩き回っているようです。行動圏はメスよりオスの方が広く、1頭のオスの範囲の中に複数のメスが行き来するとされています。生息密度は、地形や獲物となる動物の生息数によって変動します。

標高 500 ～ 5,800 m の範囲で移住しています。降雪や気温変化に合わせて、獲物を得やすい環境を求めていると考えられます。抜群の身体能力をもち、急峻な岩場をものともせず、むしろその環境

寒冷に耐えられ、切り立った岩場を移動するのに適したユキヒョウの体。特徴的な色と模様は保護色になります。

を利用して狩りをします。

現地の人々からは「神様のペット」「山の幽霊」などと称され、尊敬の対象となっています。

ユキヒョウを取りまく現状

ユキヒョウは中央アジアの山岳地帯、ヒマラヤ山脈、モンゴル、ロシアなど、およそ12カ国に分布しており、高山地域の急峻な岩場、草原、森に生息しています。

野生個体はおよそ3,000～7,000頭と推測され、現在、絶滅の危機に瀕している動物です。しかもこの数は、さらに危機的な数字に修正される可能性があるとされています。生息地が急峻で厳しい環境であり、複数の国境にまたがっているため、生息調査は大変困難であり、今後、調査技術の進歩により正確な数値に修正された場合、推定数が大きく下方修正される可能性があります。

減少の主な原因は、獲物となる動物や生息地の減少、毛皮を目的とした密猟、獣害駆除など、人間の活動とそのかかわりです。気候変動も、生息地の生態系を変化させ、ユキヒョウの生活に大きな影響を与えています。

保護への取り組み

このような危機にあるユキヒョウを守るため、様々な取り組みが行われています。ワシントン条約では附属書Ⅰ、国際自然保護連合（IUCN）のレッドリストでは危急（VU）に分類されています。

生息地を有する主要国では、ユキヒョウの生息地を保護区とし、現地住民への支援、違法な密猟の取り締まり、捕獲された個体や傷病個体の保護といった国家的活動が行われています。また、世界各国の研究者が生息数や行動パターンを調査し、その生態や生態系を理解するための調査・研究を実施しています。民間支援団体も多く存在し、様々な保全活動を進めています。

動物園においては、ユキヒョウを実際に飼育して、保護・増殖に取り組むとともに、その魅力を多くの方々に伝え、保全への意識を高めてもらえるよう、啓発活動を行っています。この取り組みは、世界中の動物園で協力して行われています。

2024年時点で、世界の動物園ではおよそ202頭（2017年国際血統登録簿）、日本の動物園では9施設で19頭（2022年国内血統登録簿）が飼育されています。

動物園での工夫

動物園では、ユキヒョウが本来の習性にならった生活ができるよう、様々な工夫を行っています。多くの動物園では、休憩場所としての寝室は1頭ずつ別々に用意し、活動場所としての運動場は、オスとメスが交代で過ごせるようにしています。これにより、限られた空間でも野生と同じように自分だけのエリアと、オ

ユキヒョウの繁殖学

交尾は100回以上!?

ユキヒョウは季節で発情する動物です（季節繁殖動物）。交尾期は12～3月、交尾期間は3～7日間程度で、普段は単独で生活するユキヒョウですが、この期間はオスとメスが近くで過ごします。

ユキヒョウは「交尾排卵」という、交尾の刺激によって排卵が起こる仕組みをもっています。単独生活で、いつでも交尾ができる環境ではないため、交尾があったときだけ排卵するこの仕組みは、無駄のない効率的なものです。しかし、交尾が十分でないと排卵は起こりません。そのため、多いときには5～10分間隔で、3～7日の間に合計100回以上繰り返されることもあります。

妊娠していない健康な成熟メスは、期間中、間隔をあけて発情を繰り返します。妊娠期間は90～105日で、多くは3～6月に出産し、産子数は1～3頭で、母親が単独で育てます。子どもは1歳半になるころに、母親の行動圏から離れていき、親子は離れて暮らすようになります。

交尾の様子。下がメスで上がオス。オスはメスの首の後ろに咬みつきます。

左：丸太に尿を吹きかけているところ（尿スプレー）
中：ガラスに吹きかけられた尿
右：後ろ足をこすりつけた痕

左：獲物に見立てて狩ったボールを抱えています。
右：気持ちよさそうに、干し草の上で転がっています。

スとメスが互いに行き交うエリアを再現することができます。

ユキヒョウは自分の存在を示すために、においで環境中に自分の痕跡を残す「マーキング行動」をします。また、自身の行動圏のにおいを嗅いでまわり、他者の存在を確認します。ユキヒョウは、においから相手の性別や年齢、体調まで感知するとされています。このような飼育方法では、マーキング行動がより活発になり、心理的満足と、繁殖に向けた準備につながると考えられます。寝室から運動場に出ると、岩の突起や丸太など特定の場所に尿をスプレーのように吹きかける行動や、体をこすりつけてマーキングしたかと思うと、丹念に周囲のにおいを嗅いでまわる行動を観察することができます。

動物園では生きた動物を狩ることはありませんが、狩りをする本来の習性や能力を発揮できるよう、代わりになる物を工夫して用意しています。たとえば、高い擬岩のすき間にボールを隠しておきます。すると、それをみつけたユキヒョウはそこまで登っていき、チョンと叩き落としたかと思うと、壁を蹴って、落下するボールより先に下に降りて待ち構え、キャッチしてガブリと噛みつきます。予想をはるかに超える身体能力に驚かされます。植物性のにおいも好みます。干し草を用意すると、その上で気持ちよさそうに寝ころびます。このような「いつもとちがう何か」を楽しめるような工夫が、ユキヒョウの欲求を満たしてくれます。

ドキドキのペアリング

ユキヒョウは、普段はほとんど鳴かない動物ですが、発情がはじまったメスは「アーオ、アーオ！」という特徴ある大きな声で鳴きはじめます。オスも、その声やにおいを察知すると鳴きはじめ、激しい鳴き交わしになることが多くあります。このときは、姿の見えない相手に対して大きな声で「誰かいませんか～!?どこにいるのー!!」と叫んでいるように聞こえます。野生では、広いエリアを単独で行き来するため、出会いの機会をつくり、短い繁殖のチャンスを逃さないよう、このような習性ができあがったものと考えられます。

動物園では、メスにこのような発情行動が観察されたら、オスとメスを一緒にする「ペアリング」を行います。タイミングを間違えると、闘争になりケガをさせてしまう可能性もあるため、しっかりとした観察と計画が必要になります。いつ、どの場所でペアリングするのか、オスのいるところへメスを入れるのか、逆にメスのいるところへオスを入れるのかなど、個体の状態や性格を考えて細かく計画します。

また、万が一闘争に発展してしまった場合の備えも必要です。猛獣のユキヒョウのケンカを、人間が直接近づいて引き離すわけにはいきません。周囲から棒でつつく、天井から水をかける、吹き矢で麻酔をかけるなど、様々な手段を用意し準備したうえで、飼育員、獣医師みんなで協力して細心の注意を払いペアリングを実施します。しかし、どんなに準備をしても、判断が間違っていないか、手落ちはないか、本当に緊張しながら臨んでいます。

動物園では発情期間中、ユキヒョウが繁殖行動に集中できる環境を整えるため、観覧制限を設け、来園者にもご協力をお願いする場合もあります。

出産の準備も念入りに

無事に妊娠した場合、メスの発情は止まり、お腹がだんだん大きくなり体形が変化していきます。出産に備えて、飼育環境を整えていきます。最も重要なのは、母親が安心できることです。母親が落ち着けないと、生まれた赤ちゃんをストレスから殺してしまうことがあるのです。

母親が脅威に感じるものを避けられるよう、専用の産室と産箱を用意します。出産前後は、普段世話をする飼育員のこともストレスになるので、直接覗かずに親子の状態を観察できるよう、監視カメラを設置します。母親は準備のできた産室に入ると、辺りのにおいを嗅ぎながら総チェックをはじめ、出産できる環境か

左：産箱の準備
中：くつろぐ親子（監視カメラでの観察）
右：親子が産箱から顔を出したところ

どうかを判断します。産箱に入り休む様子をみせてくれれば、OKをもらえたことになります。

そして、出産のときが来ると、母親は産箱に入り込み、出てこなくなります。安静第一とし、エサやりや掃除も最低限にして、邪魔をしないよう注意します。また、監視カメラで母子に異常がないか、育てる様子があるか、そっと見守ります。

赤ちゃんの成長

生まれてすぐの赤ちゃんは、立ち上がれず目も開いていません。母親がつきっきりで育てます。母乳を与え、赤ちゃんの肛門周辺を舐めて排泄を促し、排泄物もきれいに舐めとって清潔に保ちます。赤ちゃんは生後７～10日で目が開き、４～５週間で歩きはじめます。３週間くらいで乳歯が生えはじめ、８～９週間程度で永久歯に生え変わります。６～８週間くらいで固形の肉を口にするようになり、完全な離乳までには半年ほどかかります。赤ちゃんは母親の手厚い育児で成長していき、順調であれば人間が手助けすることはほとんどありません。

母親が育児放棄や、何かの理由で子育てできない場合には、動物園では「人工哺育」で赤ちゃんを育てることがあります。ただ、赤ちゃんが健康に育つためには、母親が育てることができれば、それが一番です。特に、初乳を飲むことはとても重要で、初乳には赤ちゃんが病気に対する抵抗力をもつために必要な抗体が多く含まれているのです。

母子の経過が良好であれば、生後２週間前後で赤ちゃんの健康診断をします。母親は別室に移動させ、エサを食べながら待っていてもらいます。赤ちゃんの性別や体重、脱水症状や先天的異常、臍帯（へその緒）の感染などがないかを、短時間、少人数で確認します。母親に戻したときに拒絶されないよう、細心の注意を払います。

赤ちゃんが母親について歩けるまで成長したら、外の広い運動場にデビューします。はじめは、いつでも部屋に戻れるよう、自由に出入りさせます。緊張していても、慣れると元気に遊ぶようになります。そしてどんどん体も発達し、様々な経験を通して、生きるために必要なことを学んでいきます。

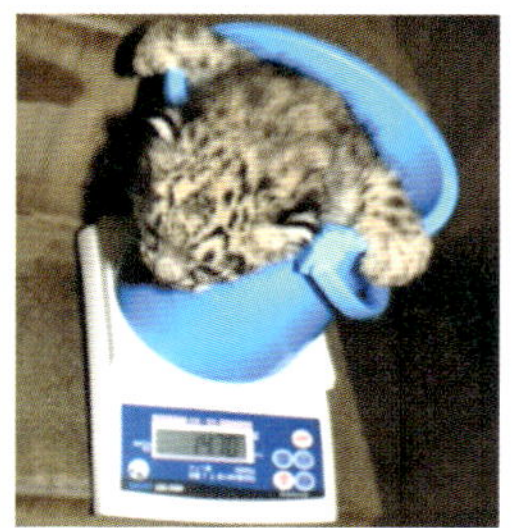

赤ちゃんの健康診断。身体測定や病気の有無の確認などを行います（左：生後２週間弱、中・右：生後約１カ月）。

赤ちゃんの運動場デビュー（生後約２カ月）

繁殖の課題

飼育下のユキヒョウでは、順調に繁殖が進むペアがある一方で、交尾をしても妊娠に至らず、その理由がわからないというケースが多くみられます。交尾が十分ではなかったのでしょうか？ それとも体の機能に問題があるのでしょうか？ そのまま時が経ってしまうと、繁殖可能な年齢を逃し、貴重な遺伝子が途絶えることになってしまいます。もし、原因がわかれば対策があるかもしれません。問題を探りながら改善につなげる、そういった取り組みも必要です。

近年、動物にできるだけ負担をかけずに、様々な検査を行えるようになりました。たとえば、糞を拾い、糞中に含まれる性ホルモンを測定することで、妊娠しているか、メスに排卵があったかどうか知ることができます。また、オスの造精機能（精子をつくる能力）の検査も、より負担の少ない手法が確立されています。

Column ユキヒョウ飼育の歴史に残る「シンギズ」

シンギズ（オス）は、野生由来の個体で、カザフスタン共和国で保護・飼育されたのち、日本へ友好の証として贈られ、多摩動物公園で飼育されました。野生個体が飼育下に入ることはほとんどありません。血縁関係のない新しい血統が飼育グループに入ることは、健康な個体を将来的に維持するために大変重要なことなので、世界的に大きな注目と期待が集まりました。

シンギズは、その期待に十分応えてくれ、４頭のメスとの間に計 16 頭の子どもを残し、推定 26 歳で亡くなりました。平均寿命がおよそ 15 歳前後のユキヒョウでは大変な長寿で、繁殖数、年齢ともに、とびぬけた記録となっています。そしてその姿は、私たちにユキヒョウのすばらしさを伝えてくれました。子どもたちは国内にとどまらず、一部は海外の動物園に渡り、その功績は世界中に引き継がれています。

多大な功績を残した「シンギズ」

栄養面では、繁殖に適した成分があることがわかってきていて、給餌内容の見直しも成果につながってきています。

飼育下での繁殖は、限られた個体数のなかで血統や年齢の偏りを抑え、将来につながるよう、計画的に進めていく必要があります。世界中の動物園でネットワークをつくり、研究者とも協力して保護・増殖計画が進行しています。もちろん、日本の動物園も例外ではありません。血統を考慮してユキヒョウを移動させ新しいペアをつくったり、情報を調査して記録・分析したり、結果を共有してより良好な飼育につなげたり、様々な取り組みをしています。

みなさん、ぜひ動物園へお越しください。動物園でユキヒョウをご覧いただくことが、彼らの生息地での生活を理解し、その保全に対する理解と関心を深める機会になるかと思います。私たち一人ひとりの行動が、ユキヒョウの未来を左右します。動物園に来てユキヒョウを見て、その大切さを感じていただけたらと思います。

文：松井由希子（井の頭自然文化園）
写真：（公財）東京動物園協会

ユーラシアカワウソ

Lutra lutra

自然環境の再現でみられた野生本来の子育て

- 食肉目イタチ科
- 全長：約1.2m（頭胴長：57〜70cm、尾長：35〜40cm）
- 体重：オス10〜12kg、メス６〜８kg
- 生息地：ユーラシア大陸、アフリカ北部、東南アジアの一部
- IUCNレッドリスト：NT

どんな動物？

ユーラシアカワウソは、世界に13種いるカワウソの仲間のうち、最も広い生息域をもつ種です。日本の動物園・水族館で多く飼育されているのは、カワウソ最小の「コツメカワウソ」です。そのため、アクアマリンふくしま（以下、当館）のユーラシアカワウソをみた来館者の第一声の多くは、「大きい！」です。しかし本種は、カワウソでは平均的な大きさで、なかには体重30kgにもなる「オオカワウソ」という種類もいます。

今、カワウソの多くの種が、生息環境の変化や、毛皮・ペット販売を目的とした密猟により絶滅の危機に瀕しています。かつては日本にも「ニホンカワウソ」が暮らしていましたが、残念ながら1979年の目撃を最後に公式な記録はなく、2012年に絶滅宣言がなされました。ユーラシアカワウソはニホンカワウソに遺伝的に最も近い種類で、外見や生態も非常によく似ています。

カワウソは水辺で生活しているため、高い遊泳能力をもっています。脂肪は蓄えておらず、密度の高い体毛（1 cm^2 あたり５万本！）で寒さから身を守ります。この上質な毛皮を目的に、古くから狩猟の対象となってきた歴史があり、日本では第二次世界大戦中に兵士の防寒具とし

ニホンカワウソ

ユーラシアカワウソ

1979年に高知県須崎市の新庄川で確認されたニホンカワウソ（写真提供：内田実氏）

て大量に捕らえられ、絶滅の大きな要因となりました。

前足・後ろ足の水かきと、長いしっぽにより、水の中をすばやく泳ぐことができます。口の周りだけでなく、目の上や肘にも「触毛」と呼ばれるヒゲが生えており、濁った水の中でもエサを探すことができます。主なエサは魚ですが、甲殻類や両生類、巻貝など何でも食べます。また、陸上でも狩りを行い、ネズミなどの小さな哺乳類もエサとします。夜行性ですが、真夜中に活動するというわけではなく、早朝や夕暮れ時に活発に動きます。遊びが大好きで、木に登ったり、雪の斜面を滑り降りたりする姿は、飼育下でもみることができます。

なぜ繁殖するの？

ユーラシアカワウソは、国際自然保護連合（IUCN）のレッドリストで準絶滅危惧（NT）に指定されており、ヨーロッパの動物園・水族館ではEEP（ヨーロッパ絶滅危惧動物保全プログラム）の一種として、繁殖や生態の解明に力を入れています。

当館では、2010年にヨーロッパの動物園と共同保護同盟を結び、２頭のユーラシアカワウソを輸入しました。これは、当館で繁殖を行うことでヨーロッパでの繁殖計画に貢献すること、飼育繁殖に関する研究を行うことを目的としたものでした。また、展示を通して、私たちが絶滅させてしまったニホンカワウソの存在を多くの人に知ってもらうことも、目的のひとつでした。導入当初は様々な苦労がありましたが、2024年時点で、当館で繁殖した20頭以上のカワウソが国内の９カ所、ヨーロッパ・中東の３カ所の動物園・水族館で暮らしています。繁殖成功のカギとなったのは、「自然の生息環境に近い飼育環境をつくり出せた」ことでした。

自然の中で暮らすカワウソを見てほしい！

当館では、2010年よりユーラシアカワウソの飼育・展示を開始しました。日本で絶滅したカワウソがどんな暮らしをしていたのか、なぜ絶滅してしまったのかを伝えるために、生息環境を再現した展示を目指しました。陸上植物や水草を植えつけ、生きた魚との同居にチャレンジしましたが、当初は全くうまくいきませんでした。なぜなら、カワウソは非常に優秀なハンターで、数cmにも満たないメダカから１m程度のコイまで、あらゆる魚を食べつくしてしまうからです。また、巣の材料として使う植物を根から引き抜いてしまうため、植栽へのダメージが大きく、生育が困難でした。水草にいたっては、潜水しながら植えつけ

ユーラシアカワウソの繁殖学

交尾は水中で

野生のユーラシアカワウソは単独で生活し、繁殖期のみオス・メスがともに生活します。繁殖時期は、生息地の気候や、妊娠～子育て期における母親のエサ資源の量により異なります。ノルウェーやデンマークでは明確な繁殖期（2月末～5月末）がある一方、年間を通してエサ資源が豊富なイギリスとスコットランドでは、季節に関係なく交尾が確認されています。

交尾は主に水中で行います。オスの求愛鳴きに応えるかたちでメスが水に入り、じゃれ合いながら遊泳したあと、水面で交尾に至ります。

妊娠期間は約60日で、メスが単独で出産します。1回あたり平均2～3頭出産し、産まれたばかりの赤ちゃんの全長は約19cm、体重は約90gで、目は開いていません。生後数週間は、巣穴の中で母親の世話を受けながら育ちます。

成長とともに、体毛の変化がみられます。出生直後はやわらかく薄い灰色ですが、徐々に濃い灰色となり、2カ月ほどたつとツヤが出て茶色い剛毛になります。生後約1カ月で目が開き、2カ月で泳ぎの練習をはじめ、それに伴い少しずつ魚などを食べるようになります。獲物の捕まえ方など生きるすべを母親から学び、生後1～2年で単独生活をはじめます。

メスの上にオスがおおいかぶさるように交尾をします。

【体毛の変化】

1日齢

10日齢

28日齢

すばやい動きで魚をしとめます。

作業をしている飼育員の後ろからカワウソがついてきて、順に引き抜いていくような有り様でした……。

そんななか、2015年に「縄文の里」という新しい展示エリアに、カワウソの施設をつくる計画が持ちあがり、私も構想段階から携われることになりました。今までの施設での失敗をもとに、どうしたら草木の中を走り回り、水草の茂みをかきわけて泳ぐカワウソの姿を展示できるのか、検討を重ねました。

植物の植えつけ方と魚の選び方

新しい展示施設では、植物を展示場に直接植えるのでなく、ヤシ繊維でできたマットに事前に植物を植えつけし、十分に根が張った状態で展示場に設置する方法をとりました。水草も、同様のマットに植えつけたあと屋外水槽で管理し、マットの裏側まで十分に根を張りめぐらした状態にしてから、展示水槽に沈めました。この方法により、カワウソによる引き抜きや踏圧に耐え、陸上植物も水草もしっかり生育できるようになりました。

陸上部には、自然界で巣穴として使用している洞窟や倒木を配置しましたが、さらに巣の選択性や安全性を高めるために、手づくりのカワウソ専用・木製巣箱も設置することになりました。自然環境を再現した展示のなかに人工物を置くことは避けたかったのですが、植物が生い茂ることで、巣箱をうまく隠すことができました。

一方、魚との同居については、どんな種類の魚が生き残りやすいのか、事前に比較試験を行いました。その結果、泳ぎ

【植栽マットのつくり方】植栽マットで植物を敷設します。

植えます。

１カ月後

３カ月後。マットの裏側に根が張り出しています。

水草と魚の群れの中を泳いでいます。

の速いアユや、岩のすき間などに隠れるのがうまいウグイが比較的カワウソから捕まえられづらく、生き残りやすいことがわかりました。また、同居させる魚のサイズによって、飼育員が与えるエサの量に対し、カワウソの食べる量がどの程度変化するのかを調べたところ、サイズが小さい魚を同居させたときの方が、食べるエサの量が安定することがわかりました。給餌は、飼育員が動物の健康状態をチェックする、とても大事な時間です。

飼育員からしっかりエサを食べてくれるように、小さいサイズの魚を入れることにしました。さらに、魚が隠れることのできる「シェルター」というカゴのようなものを水中に設置したり、カワウソが寝ている時間帯に魚への給餌をこまめに行ったりと、管理面でも工夫をしました。その結果、現在では年に２回ほど魚を追加するだけで、カワウソと魚との同居が可能な状態となりました。生きた魚を食べていると寄生虫の問題が心配されますが、便の確認、ハズバンダリー・トレーニングによる体重測定、全身のボディタッチ（身体検査）、体温（直腸温）測定、聴診などを行い、カワウソの健康状態を常にチェックしています。

新たにみられた繁殖行動

新しい施設でカワウソのペアを飼育したところ、2017～2021年は毎年、繁殖がみられました。また、その繁殖行動には、以前までの施設ではみられなかった新しい行動がいくつかあることがわかりました。

①巣の増加

以前の施設では、母親はいつも使用している１カ所の巣で出産・子育てをしていたのですが、新しい施設では６カ所の巣で営巣行動（巣材を運びこむなどの巣づくり行動）をとっていました。また、出産に用いたのは、通常時は利用頻度が低く、ほか５カ所と比較すると閉鎖的なつくりをした巣でした。

②巣の移動

以前の施設では、産後２カ月までずっと同じ巣を利用していましたが、新しい施設では、産後２日から赤ちゃんをくわえて巣を移動しました。この行動は、赤ちゃんが遊泳可能になる生後２カ月まで継続して行われ、合計６カ所の巣で子育てする様子が確認されました。

③うんちの場所

カワウソは普段、テリトリーを示すために陸上で排便します。以前の施設では、母親は子育て中、陸上と水中のどちらでも排便したのですが、新しい施設では、出産７日前から子育て期間中は、水中でのみ排便しました。

①～③の３つの行動のいずれも、野生下で同様の例が観察されており、危険を回避するための行動だと考えられました。つまり、自然環境に近く、選択肢の多い飼育環境をつくったことが、野生本来の行動を引き出したのだと思われます。

ハズバンダリー・トレーニングの様子。聴診中

母親が生後間もない赤ちゃんを運ぶ様子

父親・きょうだいと同居してみよう

2017年は母子の安全を考慮し、出産・子育て中は父親を別の場所に移動しましたが、2018年以降は、父親も一緒にいる環境としました。父親は、母親が利用しない場所で睡眠・休息をとっていたようなので、母親の営巣・出産準備に影響を及ぼすことはありませんでした。また、出産・子育てにおいては、①〜③と同様の行動が確認されました。

さらに2019年には、父親に加え、前年に生まれたきょうだい3頭が同居したままで繁殖を行いました。父親の行動は前年と同様であった一方、きょうだいは母親が前年まで営巣していた場所で休息・睡眠をとっていました。そのため、母親はその場所を避けて営巣行動をとり、営巣箇所は前年までの6カ所から4カ所に減少しましたが、無事に出産・子育てを行いました。ただ、「巣の移動」に関しては、例年より移動の開始時期が遅く、きょうだいのいる巣への移動は生後12日までみられませんでした。母親は、生後37日以降には赤ちゃんときょうだいの接近を許し、64日以降は一緒の巣穴で休息・睡眠をとりはじめました。生後2カ月になると、通常、母親と泳ぎの練習をはじめますが、2018年には父親と、2019年においては、きょうだいと一緒に遊泳する様子が確認されました。これは、今まで飼育下では観察されたことのない行動だったため、非常に驚きました。

本来の行動を引き出せた

新たな取り組みにより出現したこれらの行動は、選択肢の多い飼育環境としたことで、母親の行動が多様化したことに起因するものと考えられます。①〜③の行動はすべて野生でも観察例があり、生息環境の再現が「野生本来の行動を引き出す展示」につながる有効な手法であることがわかりました。それは自ずと、繁殖や育児の成功につながりやすいと考えられます。また、展示施設で野生下と同様の行動がみられるということは、生態や生理に関するデータが野生よりずっと簡単に入手できるということです。それらがカワウソの生態を明らかにする一助となり、その保全に役立てることにつながればと願っています。

赤ちゃんが父親のしっぽにつかまり、泳ぎの練習をしています。野生下でも観察例がほとんどない行動です。

カワウソのこれから

今、とてつもないスピードで野生動物が絶滅しています。動物園・水族館にできることは、繁殖や研究を行い種の保全に貢献することだけでなく、その種本来の生態を多くの人に伝えることだと思います。自然との乖離が進む現代社会において、展示動物から得られる印象が一般にもたらす影響は非常に大きく、逆にいえば、現代の日本人の「動物観」や「自然観」をつくってきたのは、これまでの動物園・水族館だともいえます。生息環境を再現した展示の広がりは、動物本来の生態を伝えるだけでなく、動物たちの福祉、研究分野の広がりにもつながっていくことが期待されます。

今、国内のユーラシアカワウソを飼育している動物園・水族館では、協力して様々な研究に取り組んでいます。たとえば、カワウソに多くみられる泌尿器疾患の原因を調査するために、エサや飼育水の分析を行ったり、繁殖にかかわるホルモンの計測とそれに伴う行動変化を分析したり、安全にストレスなくカワウソの健康管理ができるようハズバンダリー・トレーニングに取り組んだりしています。１つの施設だけでは難しいことも、情報やデータを共有し、大学などの研究機関とも連携することで、成果を上げることができます。まだまだ未知の生態が多いカワウソですが、野生での種の保全に貢献するためにも、飼育下での研究には終わりがありません。私たちがこれからも、この魅力的な動物と地球上で一緒に暮らしていくために、飼育現場でできることをみつけ、少しずつでも取り組んでいきたいと思います。

文・写真：中村千穂
（環境水族館
アクアマリンふくしま）

コアラ

Phascolarctos cinereus

ポケット育児の苦悩

- 双前歯目コアラ科
- 頭胴長：60～80cm、尾長：1～2cm
- 体重：北方系４～10kg、南方系７～15kg
- 生息地：オーストラリアの東側と南東側の森林
- IUCNレッドリスト：VU

どんな動物？

コアラはカンガルーやウォンバットなどと同じ双前歯目の仲間です。背中は灰色で、胸からお腹にかけて白く、尾は退化しています。

オーストラリアの東側と南東側の森林に生息しており、生息域によって北方系と南方系の２つの地域個体群に分けられています。北方系のコアラは亜熱帯～温帯に分布しており、南極により近い地域に生息する南方系のコアラにくらべ体格が小さめです。南方系のコアラは毛が長くフサフサしていて、毛色が濃く褐色に近くなる傾向があります。

コアラは、エサをめぐってほかの草食動物と争わなくて済むよう、ほかの動物があまり食べないユーカリを食べられるように進化してきたと考えられています。そのため、ユーカリの硬い繊維や有毒な成分を分解できる腸内微生物をもっています。

なぜ繁殖するの？

17 世紀にヨーロッパ人がオーストラリアに入植して以降、コアラの生息数は減少しています。入植初期は、毛皮目的で乱獲されました。以降も、牧畜や居住のための森林開発により減少しつづけています。近年は、交通事故やイヌの咬み傷による死亡や、生息域が分断されることによる繁殖機会の減少なども理由となっています。また、生息域が狭まることで個体数の密度が上がり、感染症のまん延が起きることもあります。最近、地球温暖化の影響で山火事が増え、焼け死ぬ個体や、ユーカリが消失したことで餓死する個体も増えています。推定個体数は研究機関によってばらつきがあり、3

万～10万頭などといわれていますが、はっきりしないようです。

また、コアラは「コアラレトロウイルス」というウイルスに感染している割合が非常に高いのですが、このウイルスは100年ほどで急激に野生のコアラに広まったといわれています。ウイルスに感染しているすべてのコアラが発症するわけではないのですが、このウイルスが原因で免疫不全症候群やリンパ腫、白血病などが起こることもあります。このウイルスはコアラの生殖細胞に感染して遺伝情報に組みこまれ、親から子に受け継がれていくため、ウイルスをもって生まれた子どもの体からウイルスを排除することはできません。

レトロウイルスは、動物の遺伝子を書き換える機能を備えているため、今後コアラの進化にもかかわってくるかもしれないと、研究者に注目されています。

コアラの

ポケット（育児嚢）の中で育つ

オスは約18カ月～4年、メスは約2年で性成熟します。メスの発情周期は33～36日間で、交尾刺激により排卵します（交尾排卵動物）。1年中妊娠することができますが、強い発情は春と秋に多いようです。

妊娠期間は約35日で、赤ちゃんは1頭生まれます。まれに双子が生まれることがありますが、育児嚢（いくじのう）（ポケット）には1頭分のスペースしかないため、2頭とも育つことはありません。

育児嚢の位置（矢印）

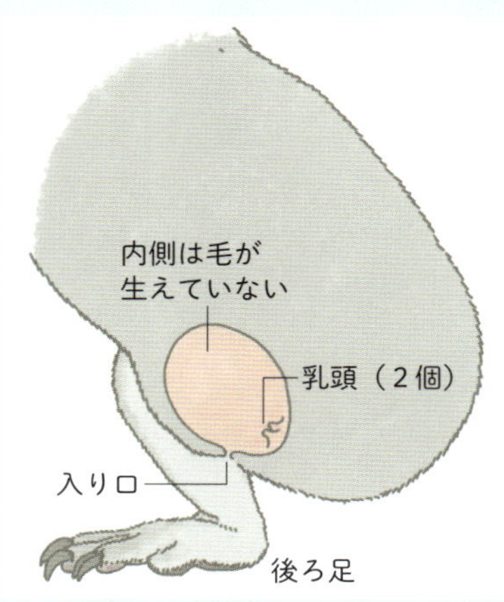

育児嚢の断面図。赤ちゃんの成長にあわせて育児嚢は広がっていきますが、赤ちゃんが外に出ると再び縮みます。普段は殻付きピーナッツが入るくらいの容積しかありません。

こういった様々な原因によりコアラは減少しつづけ、2016年に国際自然保護連合（IUCN）の絶滅危惧カテゴリーが危急（VU）となり、絶滅危惧種に分類されています。

コアラの暮らし

コアラは1日約20時間休息します。薄暮性のため、昼は樹上で休み、夕方や明け方に動き回ります。野生では、子育て期以外は単独で暮らしており、メスとオスは発情期以外一緒に暮らすことはありません。メス同士では、お互いになわばりが重なりあっても、争うことはほとんどありません。一方で、オス同士では激しくなわばり争いをします。

オスは胸に「臭腺」という臭いの液が出る腺をもっていて、これを樹木の幹に抱きつくようにこすりつけてマーキングします。この臭腺から出る液は「獣臭くしたミント」のような強いにおいがします。また、「ズゴゴゴゴッ」というビックリするような野太い鳴き声をあげて「テリトリーコール」（なわばりを示す声）をします。それでもほかのオスが侵入してきた場合は、取っ組みあって咬みついたり引っかいたりの闘争に発展することもあります。

発情期のコアラ

発情期の見極め方

メスの発情周期は平均34日前後といわれています。発情期になると食欲がなくなり、目をらんらんとさせながら、落ち着きなく何時間も地面を動き回ったり、鳴き声をあげたり、体をしゃっくりのように震わせたりします。また、眼や口の周りの毛の薄い部分が上気してピンク色になったりします。ただ、なかにはそういうちがいが目立たないコアラもいます。こうした様子の観察とあわせて、鹿児島市平川動物公園（以下、当園）では次のようなこともしています。

夕方、ホウキで地面をきれいにならしておき、翌朝、その地面にどのくらい足

野太い鳴き声をあげます。

獣臭くしたミントのようなにおいがします。

樹木に臭腺をこすりつけてマーキング中。

跡が残っているか観察し、発情の状態を見極める参考にしています。

コアラは交尾の刺激により排卵するので、交尾をすると発情行動がなくなります。交尾をしない場合は、２週間ほど発情行動が続きます。２週間も続くとコアラは疲労して痩せてしまい、感染症にかかりやすくなったりするため、飼育員はハラハラします。たいていの動物は、多少体調が悪くなってもこれだけは食べるという「とっておきのエサ」があるのですが、コアラは基本的にユーカリしか食べません。なので、一度減少した体重が元に戻るのには、数週間以上かかってしまいます。「元気をつけたいからといって、人間みたいに焼き肉やケーキなんかを食べさせるわけにもいかないしねぇ……」と、よくため息交じりに言っていた飼育員がいました。

交尾によって妊娠しなかった場合、約50日後に発情が戻ります。妊娠した場合は、約35日後に出産し、育児嚢での育児がはじまります。

追いかけてくるコアラ

時々ですが、発情中のメスが、掃除に入った飼育員の後をいつまでも追いかけることがあります。止まり木の上から飼育員の背中に飛び降りて、しがみついたメスもいました。飼育員はものすごくビックリしたそうです。野生でも、発情したメスが、ほかのコアラの背中に乗っかろうとして追いかける行動が確認されています。また、オスはメスのにおいのついた作業着や掃除道具に興味を示し、追いかけて来て、前足でつかんで引っ張り、においを嗅いだり、咬んでみようとしたりすることがよくあります。

いずれも、足元にまとわりついたりするので、うっかり踏まないように気をつけないといけません。

コアラの交尾

当園では、基本的にオスとメスは別々に分けて飼育しています。メスに発情が来ているようにみえたら、まず、オスの胸にある臭腺に手袋をつけた手をこすりつけ、そのにおいをメスに嗅がせてみます。メスが無関心だったり、顔をそむけたりしたら、まだ十分な発情は来ていません。もし、メスがとても興味を示して一生懸命においを嗅ぎに近寄ってきたり、嗅いだあとに止まり木を登っていき、鳴き声をあげてオスを呼んだりするときは、交尾の準備ができている証拠です。

交尾中（下側がオス）

メスをオスの部屋に連れて行き、オスのにおいを嗅がせてみます。オスに興味があるような素振りがみられれば、止まり木に止まらせます。オスがメスに寄って行ったときに、メスが受け入れる姿勢をとるようであれば、オスはすばやくメスの背中に抱きつき、交尾を行います。交尾はたいてい成功します。メスが「ギャッ」と鳴いて抵抗するときは、発情が十分でないか、相手との相性がよくないときです。

なぜ、メスの部屋にオスを連れて行かないかというと、オスは新しい場所に行くと珍しがって探検をはじめたり、マーキングに夢中になったりしてしまい、発情したメスに集中できなくなるからです。

赤ちゃんの成長

生まれたばかりの赤ちゃんは体長約1cm、体重0.5～1gととても小さく（1円玉より小さい）、毛は生えておらず、赤～濃いピンク色です。コアラはカンガルーなどと同じ有袋類で、メスのお腹には育児嚢（ポケット）があります。ちなみに、オスには育児嚢はありません。

育児嚢の入り口は、母親の体の後方に向かって口が開くようになっています（カンガルーとは逆）。生まれたばかりの赤ちゃんは自力で母親のお腹を這いあがり、育児嚢に入ります。母親は出産後、木に座った状態でじっとして、少しお腹を上向きにして赤ちゃんが落っこちるのを防ぎながら、育児嚢にたどり着くのを待ちます。でも、自分の口や前足などで育児嚢に入れることはしません。育児嚢の中には乳首が2つあり、赤ちゃんはその乳首からミルクを飲みながら、育児嚢の中で約6カ月間成長します。

生後約5カ月で毛が生えはじめ、「パップ」と呼ばれる、母親の盲腸でつくられるやわらかい便を食べはじめます。パップの中にはユーカリを消化するための腸内微生物が含まれており、赤ちゃんはこれを食べることでユーカリを消化できる

左：育児嚢から頭を出してパップを食べます。
右：赤ちゃんの体重測定。ぬいぐるみにしがみつかせて安心させます。

ようになります。

生後約6カ月たつと、育児嚢から出る時間がだんだん長くなっていきます。同時に、このころからユーカリを食べはじめます。約10カ月たつと離乳し、10～12カ月で母親から独立します。

育児嚢の観察

毎日世話をしている飼育員でも、出産シーンはめったに目撃できません。交尾した日から35日ほどたったころにチラチラと気にして観察するのですが、目を離したほんのわずかな隙に出産します。次に見たときには、肛門の周囲が濡れていて育児嚢に入っていた跡だけ残っていたり、すでに母親が濡れた場所をなめて乾かしてしまったあとだったりします……。

本当に赤ちゃんが育児嚢に入っているかを調べるのに、母親を捕まえて育児嚢をこじ開けて中を見る「ポーチチェック」という方法もありますが、母親のストレスを考えるとあまり好ましくありません。そういうときは母親を観察し、母親の育児嚢をかばうような動きで確認します。また、育児嚢を観察すると、中の赤ちゃんの動きが刺激になるのか、表面がピクピク震えることもあります。そういうときは、赤ちゃんが中に入っていると判断します。

赤ちゃんはかなりの早さで成長するので、生まれて1カ月ほどしたら育児嚢が膨らんできて、中の赤ちゃんの動きが外から見えるようになります。入っていると思っていたのに1カ月たっても膨らみができず、「ポーチチェックしてみたら入ってなかった！」と残念がることもあります。

しかし、時には何らかの原因で、育児嚢の中の赤ちゃんが死んでしまうこともあります。そんなことがあるため、飼育員はいつも緊張しながら育児嚢の動きを観察します。生まれて4～5カ月すると、赤ちゃんの前足や後ろ足が育児嚢から出ることがあります。その動きを見て飼育員は「あぁ、順調に育っているなぁ」と安心します。

ごくまれにですが、育児嚢の中から小さな糞が外に転げ出てきたり、ごく細い

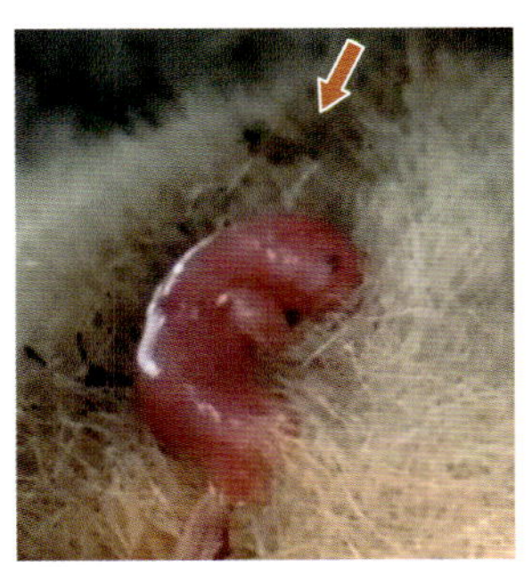

育児嚢を目指し這い上がる赤ちゃん（矢印：育児嚢の入り口）

育児嚢が大きくなった母親

育児嚢から出た赤ちゃんの後ろ足

尿がチーっと飛び出してくるのが観察されたことがあります。赤ちゃんの排泄物が育児嚢の中でどのようになっていくのか謎ですが、小さいうちは母親の動きで自然に外に流れ出たり、大きくなったら赤ちゃんが育児嚢の口から外に向かって排泄したりして、内部を清潔に保っているのかもしれません。

一度、4カ月齢くらいの赤ちゃんが地面に落ちていたこともあります。コアラやカンガルーの母親は、落ちた赤ちゃんを育児嚢に戻すことはしないので、人の手で母親の育児嚢に戻しました。その赤ちゃんは無事に成長してくれて、ホッとしました。

飼育の工夫

年を取ったコアラは（食べているユーカリの硬さによりますが野生では8歳くらいで）、歯がすり減ってきます。そうなると、ユーカリをたくさん食べても、十分に噛み砕くことができなくなり、栄養を吸収できずに痩せてきます。

つまり、「コアラの寿命＝歯の寿命」なのです。そこで、なるべくやわらかい新芽のついたユーカリをたくさん与えるようにしたところ、年をとってもそれほど歯がすり減らず、元気でいられるコアラが増えました。

また、ユーカリの葉に水を加えミキサーで細かく砕き、ドロドロのペーストにして与える練習もします。なかにはあまり好まないコアラもいますが、好むコアラは、ペーストを入れたシリンジを見ただけで、寄って来て前足を伸ばしてつかみ、口に入れようとします。発情行動のために採食量が落ち痩せてしまったら、水分補給もかねて飲ませ、体力回復をうながすことができます。また、飲み薬を飲ませたいときにはペーストに混ぜることで、十分な量を投薬できるようになっています。

左：シリンジに入ったペースト。いつもみんなに少しずつ与えて味に慣れてもらいます。
右：ペーストに夢中！

数を増やすことの難しさ

妊娠期間が約２カ月で、１回に２～６頭を産み育て、半年くらいで独り立ちするネコとくらべると、コアラは１度に１頭しか育てられません。また、妊娠期間は約 35 日と短いのですが、独り立ちするのには１年近くかかってしまいます。

コアラの平均寿命は、野生では約 10 歳、飼育下では 12 ～ 16 歳です。メスが繁殖可能な時期は大体２～ 10 歳の間なので、どんなに頑張っても、１頭のメスが生涯で生んで育てられる子は最大で８頭という計算になります。

それに加え、様々な原因によって繁殖できないコアラや、せっかく産まれたのに、育児嚢の中で死んでしまう赤ちゃんも一定数います。

試しに、当園で生涯を終えたメス 38 頭（性成熟に達する前に死亡した例も含む）が、一生の間で生み６カ月齢以上育てることができた子どもの数を調べてみました。最高は「ピア」という母親の８頭ですが、平均すると 1.92 頭という数になりました（2023 年時点）。オスとメスが同じ割合で生まれるとすると、平均２頭以上を生んで育てなければ数は増えていきません。このように、コアラの数を増やすことは難しいのが現状です。

日本全体の取り組み

2023 年末時点で、日本の動物園では全体で 55 頭飼育されています。しかし、寿命や繁殖特性などを計算すると、コアラの場合、最低でも 60 ～ 100 頭を飼育し、時々はオーストラリアからも新しい血統を導入していかないと、将来にわたって飼育数を維持できないと考えられます。

つまり、1園だけの取り組みで飼育数を維持していくのは絶対に無理といえます。特定の血統に偏らず、なるべくたくさんの血統を残していけるように繁殖計画を立てています。園同士でお互いに貸したり借りたり、交換したりして、日本全体の飼育園館が協力しあっています。

飼育員の取り組み

コアラは1日のほとんどを休息する動物です。たいてい、じっとしているので、休んでいるのか衰弱しているのか区別がつきにくく、また、フカフカの毛皮のせいで、痩せても見た目では気づきません。なので、定期的な体重測定やボディチェックに加え、眼の輝き、耳の動き、眼や鼻の周りの皮膚のハリ、姿勢、毛のつやと手触り、便・尿のにおいや状態など、ありとあらゆる感覚を駆使して健康状態を把握します。

ちょっとでも食欲が落ちたり、不調がみつかれば治療をしますが、同時に、何とか食べられるユーカリを探します。同じ種類のユーカリでも植えてある山や畑がちがうと、においや味がちがうらしく、変えてみると食べてくれたりします。また、いつもは70～100cmくらいの枝を筒に入れて与えますが、2～4mの大きな枝を与えてみると、目先が変わって新鮮なのか、おいしそうに食べてくれることもあります。

飼育員は、真夏の酷暑の日も、雨の日も風の日も、食べてくれそうなユーカリを採取しに軽トラックで走り出すのです。

文：桜井普子
（鹿児島市平川動物公園）
写真：鹿児島市平川動物公園

ニシローランドゴリラ

Gorilla gorilla gorilla

待望の第２子・キンタロウ誕生までの軌跡

- 霊長目ヒト科
- 頭胴長・体重：オス 100〜110cm、140〜200kg、
  メス 80〜90cm、70〜110kg
- 生息地：アフリカ中西部の熱帯雨林
- IUCNレッドリスト：CR

どんな動物？

ゴリラは、ニシゴリラとヒガシゴリラの２種に分けられます。さらに、ニシゴリラは「ニシローランドゴリラ」と「クロスリバーゴリラ」、ヒガシゴリラは「マウンテンゴリラ」と「ヒガシローランドゴリラ」という、それぞれ２つの亜種に分類されています。

ニシローランドゴリラは、アフリカ中西部の熱帯雨林に暮らしており、現在国内の動物園にいるゴリラ、そして世界中のほとんどの動物園にいるゴリラはニシローランドゴリラです。

ゴリラの主食は草や枝葉で、季節によっては果実も食べます。大人のオスは、背中から太ももにかけての毛が銀白色なので、「シルバーバック」と呼ばれます。野生では、シルバーバック１頭と大人のメス複数頭、そしてその子どもたちという群れをつくって生活しています。

野生での個体数は、密猟や生息地の減少、エボラ出血熱などの感染症により減少傾向にあり、絶滅危惧種に指定されています。

日本に 20 頭しかいない！

誰でも知っているゴリラという動物ですが、実は現在国内には６つの動物園に計 20 頭しかいません（2024 年）。最も頭数の多かった 1989 年には、国内に 51 頭のゴリラがいましたが、その後減少の一途をたどり、現在の頭数になっています。また、1975 年にワシントン条約が発効されてからは、野生からのゴリラの導入は不可能となったため、飼育下での繁殖が必要不可欠となりました。

以前はオス・メス１頭ずつのペアで飼育する動物園が多く、ペア飼育では相性がよくないことや、幼いころからずっと同じペアで過ごしていると兄妹のような関係になってしまうことが原因で、繁殖しないことも多くありました。

1990 年代にようやく国内でも、野生と同じようなオス１頭にメス複数頭という群れのかたちで飼育をするようになり、少しずつ繁殖に成功しています。しかし、すでにかなり数が減ってしまっている状況です。

ゴリラの繁殖学

人と似た繁殖生理

床についた生理出血の跡

ゴリラのメスは、人と同じような生理周期です。ゴリラの生理周期は約28日で、人と同じように生理出血もあります。個体差はありますが、人とくらべると出血量は少なく、床にスタンプのように少量の血がついていたり、排尿時に少量の血が混じっているのが確認できたりする程度です。そして生理周期の中間あたりで排卵が起こり、妊娠する可能性の高い「発情期」が訪れます。

ゴリラの場合、発情時でもメスの体に外見上大きな変化はみられません。個体にもよりますが、メスは発情が来るとオスに積極的に近づいて見つめたり、普段しないような行動を取ったりと、オスの気を引くようなことをします。一方、大人のオスは、普段から脇にあるアポクリン腺から独特なにおいを発しています。汗をかいたときや怒ったときなどにこのにおいが強くなりますが、メスの発情時にもこのにおいは強くなります。メスにとってはフェロモンのような効果もあるようで、発情時のメスがオスの脇に顔を近づけてにおいを嗅ぐような仕草をすることもあります。

発情期の間にオスとメスが交尾し、受精すればメスは妊娠に至ります。そして約8カ月半の妊娠期間を経て、1.5～2kgほどの赤ちゃんを出産します。出産後3～4年は授乳を行うため、この間、メスの発情は一時的に止まります。赤ちゃんが離乳を迎えると発情が回帰し、妊娠できる体に戻ります。

交尾までに9カ月!?

2017年4月、当時、京都市動物園（以下、当園）では、シルバーバックのモモタロウ（16歳）、大人のメスのゲンキ（30歳）、そしてこの2頭の息子であるゲンタロウ（5歳）の3頭を飼育していました。ゲンキにとってゲンタロウは初産でした。

ゲンタロウの出産以来、約6年半ぶりにゲンキに発情の徴候がみられました。一般的には3～4年ほどで発情が回帰するといわれていますが、ゲンキの場合はなかなか回帰しなかったため、待ちに待った発情回帰でした。

ゲンキは、とても一生懸命、オスにアピールするタイプです。食欲旺盛で普段は誰よりも長い時間エサを食べているゲンキですが、食べるのもそこそこに、モモタロウの近くに行ってじっと見つめていました。タイミングを見計らいながらモモタロウの方を向いたまま、四つん這いの姿勢で頭を上げたり下げたりしながらアピールしていました。

ゲンキが一生懸命アピールを続ける一方、モモタロウはまるでゲンキの行動に気づいていないかのように、見ないふりでエサを食べつづけたり、あまりにアピールが続くとどうしたらよいかわからなくなるのか、急にゲンキを押して走って逃げたりということが続き、交尾する気配が全くみられませんでした。

実は、モモタロウは生まれる前に父親であるビジュが亡くなっており、これまで大人のオスと一緒に過ごす機会がありませんでした。それゆえに、10歳で当園に来園するまで交尾を見たことがありませんでした。ゲンキがゲンタロウを妊娠する際も、これまで何頭ものオスとの交尾を経験してきたゲンキの方が自らモモタロウの体の下に入り込み、モモタロウはゲンキと壁との間に挟まれる状態ではじめての交尾を経験しました。

その後、普通より長い６年半もの間、ゲンキの発情が戻ってこなかったので、もしかしたら交尾の仕方を忘れてしまったのかもしれません。

少しずつ縮まる距離、そしてついに……

2017年の秋ごろになって、少しずつ様子に変化がみられはじめました。普段からゲンキとゲンタロウはよく一緒にいましたが、モモタロウはゲンタロウと遊ぶことはあるものの、母子とは離れたところに１頭でいる印象でした。それがこのころから少しずつ、３頭の距離感が縮まっているように感じました。

2017年12月には、次の発情が来る前の少しの期間、ゲンキとモモタロウを夜間分離させる試みも行いました。分離の時間をとることで、何か刺激になってよい変化が起きないだろうかと思って試したことでした。

その効果があったのかどうかは定かではありませんが、ゲンキの次の発情が来た2018年１月７日の朝、ゴリラ舎に入って作業をしていると、聞いたことのない声が聞こえてきました。「もしかして……」と思い、そっと気配を消して近

発情時、モモタロウに近づきアピールするゲンキ

づくと、ゲンキにマウントして声をあげながら交尾をしているモモタロウの姿がみられました。嬉しさがこみ上げるとともに、「やっと……」という安堵の想いでした。その後、数日間続くゲンキの発情期の間、日中・夜間ともに何度も交尾が確認できました。モモタロウは自信を取り戻したのか、その後ゲンキが発情し、アピールしてきたときには自らゲンキの腰を引き寄せてマウントする姿もみられました。

2018年4月の発情で交尾が確認されたあと、5月には発情が来ていないようだったので、ゲンキの尿を採取して妊娠判定の簡易検査を行いました。見事、陽性判定となり、その後は糞中のホルモン分析により妊娠が確定しました。

尿を採取する際は、まずゲンキをシュート（キーパー通路の上を通っている部屋間をつなぐ通路）に上げ、尿が出た際にシュートの下で容器に受けるという方法をとっていました。このころは、時々ゲンキの採尿をする機会があったので、ゲンキに「シーシー」と言いながら排尿を待ち、出るとご褒美を与えるということを繰り返して採尿のトレーニングをしていました。すると、だんだん長い時間排尿を待たなくても、シュートに入って「シーシー」と言うと排尿してくれるようになっていました。

はじめての群れの中での出産

ゲンキがゲンタロウを出産した際は初産だったこともあり、モモタロウとは別の部屋で出産しました。ただ、ほかの個体に出産を見せるため、群れの中での出産が望ましいといわれています。今回は2産目で、ゲンキがきちんと赤ちゃんの世話をするという確信があったので、モモタロウやゲンタロウの経験値を上げるためにも、3頭同居で出産させることにしました。

モモタロウとゲンキの交尾の様子

妊娠中はゲンキに大きな体調の変化もなく、元々大きなお腹がさらに大きくなり、もういつ出産してもおかしくない状況となりました。2018年12月19日、事前に室内に設置していたカメラの映像をみていると、18時半ごろにゲンキに動きがありました。いつもなら部屋にある梁の上で眠っているゲンキが起きてきてウロウロしはじめ、足がピクピクとけいれんしており、陣痛が来ている様子が確認できました。わらを持ち運んで自分の周りに集める様子もみられました。

モモタロウとゲンタロウも、いつもとちがうゲンキの様子に気づいて、ソワソワしていました。少し離れて様子を見たり、時々急にダッシュしてみたり、ゲンキは少し迷惑そうにもみえました。

そして、20時5分、台の上にいたゲンキが台から降りようとしたときに、股の間に手を添えたのが見えました。その後、台から降りてすぐに出産したようでした。赤外線カメラの画質では、産まれた瞬間の詳細まではわからなかったのですが、側にいてゲンキの様子を間近で覗き込んでいたゲンタロウが、急にびっくりしてゲンキから離れた瞬間がきっと誕生の瞬間だったんだと思います。

最終交尾から出産まで257日でした。ゲンタロウはしっかりと出産の瞬間を見ていました。モモタロウは隣の部屋で寝ていましたが、すぐに異変に気づき、ゲンキのもとに様子を見にやってきました。

ゲンキはすぐに赤ちゃんを抱き上げ、舐めて世話をしていましたが、モモタロウとゲンタロウは突然のことに驚いたのでしょう。ソワソワして、どうしたらよいのかわからない状態にみえました。少し経つと、モモタロウとゲンタロウはゲンキにそっと近づき、抱っこされた赤ちゃんをじっと覗き込んでいました。

ゲンキに抱かれた赤ちゃんを覗き込むモモタロウとゲンタロウ

モモタロウ、困惑⁉

出産から1時間ほどして、私は赤ちゃんの様子を直接確認しにゴリラ舎に行きました。ゲンキはまだつながったへその緒を切ろうしていて、赤ちゃんはそれが居心地が悪かったのか、よく声をあげていました。赤ちゃんもゲンキも元気そうだということだけ確認して、すぐにゴリラ舎を出ました。

しかしその後、興奮冷めやらぬモモタロウとゲンタロウの行動がだんだんエスカレートしてきて、モモタロウがゲンキにつかみかかるような行動もみられました。ゲンキは落ち着かない様子だったので、出産から2時間ほどたった時点でモモタロウとゲンキを分離し、ゲンタロウは両親の部屋を自由に行き来できる状態としました。

分離されるとゲンキは落ち着いたようで、すぐに横になっていました。その後、モモタロウは落ち着きを取り戻し、ゲンキと赤ちゃんの様子を気にする様子もみられたので、生後6日目に元通り全員同居させました。モモタロウは同居しても暴れることはなく、静かに距離をとって母子の様子を眺めていました。逆にゲンキがモモタロウの方に近づいてくると、どうしたらよいかわからないのか、モモタロウが逃げてしまう姿も、はじめのうちはよくみられました。

出産時は少しパニックになってしまいましたが、本来モモタロウは子どもに対してとても忍耐強く、やさしい性格です。ゴリラは一般的に、赤ちゃんが生まれてしばらくは母親が24時間抱いているため、シルバーバックが子育てに参加する

少し離れたところから赤ちゃんを見守るモモタロウ

ことはありません。子どもが少し大きくなってきて1頭で動くようになり、きょうだいと遊ぶようになってくると、シルバーバックも自分の背中の上で子どもを遊ばせたり、子どもの遊び相手をしたりすることがあります。

母乳が出ますように……

実は、ゲンキは第1子であるゲンタロウを出産したあと、あまり母乳が出ませんでした。そのため、ゲンキはきちんとゲンタロウの世話をしていたものの、生後4日目にゲンタロウは衰弱し、仕方なく人工哺育となりました。その後、生後10カ月半でゲンタロウをゲンキのもとへ戻した際も、ゲンタロウを受け入れてきちんと育てていました。人工哺育になった個体を実母のもとに戻すのは簡単なことではありませんが、ゲンキはとても母性の強い母親だったこともあり、無事に成功しました。

そうした過程を踏まえ、今回は何としてもゲンキに子どもを育ててもらいたいという思いがありました。人の出産では、母乳がよく出るようにどのようなことをするのかを調べ、温かいハーブティーを与えたり、12月の出産予定だったので、冷えないようになるべく温かい室内で過ごさせるようにしたりと、思いつく限りの対策をしました。

出産予定日が近づいてくると、ゲンキの胸が張りはじめ、ゲンタロウのときはみられなかった、胸周辺の血管が浮き出

温かいハーブティーを飲むゲンキ

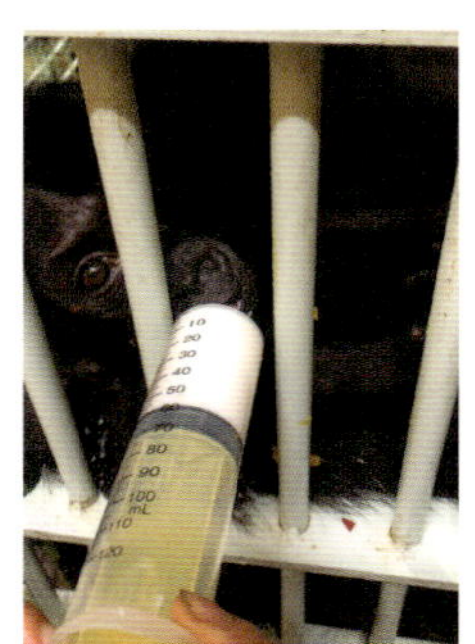

上：介添給餌・哺乳で与えたもの（ふやかしたペレット、バナナ、蒸しカボチャ）
右：介添哺乳の様子

る様子もみられました。無事に出産が終わったあと、今度はきちんと授乳できているかどうかが大きなポイントでした。出産翌日から赤ちゃんが乳首に吸いつく様子がみられましたが、それだけでは安心できません。きちんと母乳が出ているかどうかは、まだわかりませんでした。

生後４日目になってようやく、赤ちゃんの頬が授乳時にプクッと膨らんでいる様子や、さらには飲んでいるときに時々「チュッ」という音を確認できたので、おそらく母乳は出ていると判断できました。赤ちゃんはゲンタロウのときのように衰弱することもなく、無事ゲンキに育ててもらうことができ、一安心でした。出産翌日には赤ちゃんがオスであることを確認でき、その後、来園者による投票で名前は「キンタロウ」に決まりました。

母乳は出たけど……

生後４～５カ月ごろから、キンタロウの成長が少し遅いことが気になりはじめました。母乳の量が足りていないかもしれないと考え、生後５カ月半ごろから、柵越しにミルクや食べ物を与える介添哺乳・介添給餌をはじめました。

最初のうちは大事なキンタロウに手を伸ばす飼育員に怒っていたゲンキですが、すぐに慣れて、ゲンキ自身もエサをもらいながら、キンタロウに哺乳や給餌をさせてくれるようになりました。キンタロウが生まれる前から、母乳が出なかった場合はまず介添哺乳を試みる予定にしていたので、無事成功し、ゲンキからキンタロウを取り上げる必要がなくなって本当によかったと思いました。

その後、キンタロウは元気に成長し、現在５歳になりました（2024 年８月時点）。毎日ゲンタロウとたくさん遊び、時にはモモタロウとも遊び、ゲンキには甘えて、気が強く賢く要領のいい、やんちゃ坊主に育っています。

見て学ぶことの大切さ

今回、ゲンキの発情回帰から出産・育児まで、ゲンタロウはほとんどの時間を同じ空間で過ごし、間近で見てきました。これは、ゲンタロウにとって大変貴重な

兄のゲンタロウと遊ぶキンタロウ（写真奥）

経験でした。ゲンタロウは、ゲンキが発情してモモタロウにアピールしているときや交尾のとき、はじめて見る両親の様子に誰よりもテンションが上がり、両親の周りをウロウロしていました。

時には、両親の邪魔をするかのようにじゃれつく場面もありました。また、出産を間近で見て、その後生まれてきた小さなキンタロウと力を加減しながら触れ合うことを、両親に怒られながら学んできました。おそらく、どの場面でもはじめは何が起こっているのか理解できず、混乱したことと思いますが、群れの中で生活するゴリラにとって、これらの経験は本当に重要なことです。

おそらくゲンタロウは、メスの発情や交尾を見ずに育ってきた父・モモタロウとはちがい、その時が来ればきちんと交尾行動を取れるはずです。また、この先、赤ちゃんや子どもと過ごすことになっても、上手に接してあげられるはずです。今回は繁殖が無事成功していることだけでなく、ゲンタロウが一連の出来事を見て経験していることも、これから先の国内でのゴリラの繁殖において、とても重要なことなのです。

キンタロウの誕生は、ゲンタロウの誕生後、来園者の方々や職員など多くの人が心待ちにしていたことでした。交尾の段階から一筋縄ではいかない経験でしたが、キンタロウも順調に成長し、また、キンタロウの誕生でゲンキやモモタロウ、ゲンタロウもそれぞれゴリラとしてたくさんの貴重な経験を積み上げることができ、私にとって何よりも嬉しいこととなりました。

日本のゴリラたちの未来

冒頭でも述べましたが、現在、国内の動物園にいるゴリラは20頭です。しかもその多くは血縁関係にあり、今いる若い個体の中で繁殖できるオスとメスの組み合わせはほんのわずかです。そして、20頭のうちの半数近くは30代以上と高齢化も進んできています。今後、国内でゴリラの飼育を続けるには、海外からの個体の導入は必須です。

しかし、感染症法[*1]でサルの輸入は原則禁止されているため、海外から個体を導入するには、関係省庁の輸入許可手続きや検疫施設[*2]の整備など、乗り越えなければならない壁が多くあります。また今後、成長に伴い生まれた群れを離れる個体がいることや、海外からの導入を考えるうえでも、飼育施設の確保は避けて通れません。今まで以上に国内の動物園が連携し、協力していかなければ、日本でゴリラをみられなくなる日が来るのもそう遠くないかもしれません。

国内でゴリラの飼育を続けていくうえでは、繁殖群だけでなく、オスのみの群れである「バチュラー群」の飼育も必要になってきます。今日本にいる20頭や、これから生まれてくるゴリラたちが幸せに暮らしていけるよう、そして国内でゴリラの飼育を続けていけるよう、考えて行動していかなければなりません。ゴリラの飼育管理や繁殖技術の発展が、野生ゴリラの保全に役立つことを期待しています。

＊１：感染症の予防及び感染症の患者に対する医療に関する法律

＊２：個体を移動する際に、寄生虫や病気などがないかを調べている期間に使用する施設。海外から導入する場合は、すでにほかの個体がいる施設とは離れた場所に設置する必要があります。

文・写真：安井早紀（京都市動物園）

Column モモタロウの誕生

モモタロウは、上野動物園ではじめて生まれたニシローランドゴリラで、モモコ（母）とビジュ（父）の子どもです。1999年、モモコとビジュとの間で計3回の交尾が確認されましたが、ビジュはその後間もなく、誤えんによる窒息で亡くなってしまいました。このときはまだ、モモコが妊娠したかどうかはわかりませんでした。最後の交尾から25日目に、尿を用いて簡易的な妊娠検査をしたところ、妊娠が強く疑われました。その後の尿検査でも妊娠を維持するホルモンが高い値を示し、体重も増加したため、妊娠と判断しました。

当時、私は上野動物園の動物病院に勤務していました。トキの定期健康診断のため、新潟県の佐渡トキ保護センターに出張していた2000年7月1日の朝、飼育課から電話が入りました。「朝9時ごろ、モモコの陣痛がはじまったので早く動物園に戻るように」という連絡でした。動物園に到着するころには赤ちゃんは産まれているだろうとのん気に考えながら、佐渡から上野動物園に向かいました。

夕方、動物園に到着しました。赤ちゃんはまだ産まれていませんでした。モモコの陣痛は弱まり、陣痛間隔も長くなっていました。人の産婦人科の医師に相談し、今晩は様子をみて、朝になっても変化がなければ陣痛促進剤を投与することになりました。翌朝、モモコに変化がみられなかったため、予定どおり陣痛促進剤を投与しました。投与後しばらくは陣痛がみられましたが、すぐに弱まってしまいました。1時間20分後に再度、促進剤を投与しましたが、変化はありません。産婦人科医に状況を説明したところ、「人間でも同様のことがあり、その場合は一度自宅に戻ってもらい、お腹が痛くなったらまた来院するように伝えるので、モモコも様子をみるのがよいでしょう」との助言を得ました。

次の日の朝4時ごろ、再び陣痛がはじまりました。9時になると、大きな陣痛が3分おきにみられるようになりました。そして10時29分、ついに赤ちゃんが産まれました！ 最初の陣痛確認から50時間近く経っていました。最後の交尾から256日目のことです。カメラのモニターを観察しながら、「お母さんになるのは大変なことだなぁ」とつくづく思いました。

初産であるにもかかわらず、モモコは赤ちゃんを大切に扱い、翌日の朝9時には授乳を確認できました。この赤ちゃんは公募によって「モモタロウ」と名付けられました。その後2010年に京都市動物園に移り、今では2頭の息子の立派な父親になっています。

モモコに抱っこされるモモタロウ

文・写真：成島悦雄

クロサイ

Diceros bicornis

どんな心配も無用？ 安産の代名詞

- 奇蹄目サイ科
- 頭胴長：280～300cm、尾長：60～70cm、体重：1～1.5 t
- 生息地：アフリカ大陸のアンゴラ、ケニア、南アフリカ、ジンバブエ、タンザニアなど
- IUCNレッドリスト：CR

どんな動物？

クロサイは、奇蹄目サイ科に分類され、クロサイだけでクロサイ属を構成しています。アフリカ大陸のアンゴラ、ケニア、モザンビーク、ナビミア、南アフリカ、ジンバブエ、タンザニアに分布しており、ボツワナ、マラウイ、エスワティニ、ザンビアに再導入*されています。クロサイは生息場所によっていくつかの亜種に分けられていましたが、すでに絶滅した亜種もあり、日本で飼育されているのはすべて「ヒガシクロサイ」です。

クロサイの体重は1～1.5tほどで、オスはメスよりもやや大きい傾向があります。体型は、体躯の割に四肢が華奢で、耳や尾などの突起部分も小さく、全体的にコンパクトにまとまった印象を受けます。頭部はシロサイとくらべると短くコンパクトで、精悍にみえます。四肢にはそれぞれ、奇蹄目の特徴である3つ（奇数）の蹄があります。特徴的な吻の角は2本あり、ほかの哺乳類にはみられないほどに強大な鼻骨を支えにして生えています。

寿命は40～45歳とされていますが、広島市安佐動物公園（以下、当園）ではアフリカからやってきた初代の飼育個体「ハナ」が推定54歳まで生存し、飼育下の世界最高齢記録となりました。

*：絶滅してしまった地域に人の手で再びその動物の群れを、その地域でつくりあげること。

聞き間違いから名付けられた⁉

アフリカにはもう1種、「シロサイ」が生息していますが、クロサイとのちがいは体色ではありません。実はこの2種、同じ草食動物ではありますが、食べるものが大きく異なります。

クロサイは栄養豊富な木の葉を主食としているため、枝先をたぐり寄せやすいように尖った上唇をしています。一方、シロサイは、ウマと同じように、地面から生えているイネ科の草を常食としています。そのため、ウマのような長めの顔と、芝刈り機のような横に広い唇で、草をむさぼるように食べます。この広い「ワイド」な口が、白い「ホワイト」に聞きちがえられて、シロサイと呼ばれるよう

特徴的な
2本の角

になったといわれています。

この間違いは、英語ではなく現地の言葉だったらしいのですが、オランダ語やドイツ語だったとか、日本語のヒロサイがシロサイになまったという笑い話まで、諸説あります。いずれにしても、片方が「白」なので、もう片方を「黒」、と呼んだのは本当のことのようです。実際、この2種の体色はほぼ同じです。あえて言うならば、泥浴びの好きなサイたちは、生息する地域の土の色をまとっているといえます。

クロサイの現状

4千～3千万年前に大繁栄を誇っていた奇蹄目は、草食動物に対抗するため体にガラス質の小片を溜めこんでいたイネ科植物との戦いに敗れてしまいました。このときに奇蹄目は、グループ全体として、進化の表舞台から姿を消したといえるでしょう。奇蹄目に勝利したイネ科植物は、世界中に草原を形成しました。どの動物も利用できなかったこの草原を利用して大躍進したのが、ウシなどの反すう動物で、現在も大繁栄しています。一方で、サバンナシマウマに代表されるウマ科も、イネ科植物を主食とするように進化し、大きな群れをつくって暮らしています。しかし、単独性もしくは小群で生活するバクやサイなど多くの奇蹄目が減少傾向にあることは、変わりありません。特に、クロサイをはじめ、現生するサイの仲間5種すべてが絶滅の危機に瀕しているのです。

1970年代、クロサイは7万頭ほど生息していたとされています。20世紀が終わるころには野生個体は約2,000頭にまで減少していましたが、その後徐々に回復し、現在では約6,000頭にまで増えてきました。

クロサイの繁殖学

角で力くらべ

クロサイの繁殖に季節性はなく、メスには定期的に発情が訪れます。野生では２～３年に１度、１頭の赤ちゃんを生みます。子どもは、母親の次の出産直前まで、母親と一緒に行動します。

基本的にクロサイは、アフリカのサバンナに生息し、広いなわばりをもって単独で生活しています。そのため、別の個体に出会うと、ちょっとしたなわばり争いに発展します。激しく角を突き合わせる力くらべは、どちらかがお尻を向けて逃げ出すまで続きます。ところが、メスに約28日周期の発情が訪れると、その間の数日だけ、メスはオスの接近を許すようになります。それでも、すぐに寄り添うことを認めるわけではありません。まずは警戒しながら、向かい合って角を合わせます。野生でも、交尾前、闘争があったあと、メスはオスを受け入れるようですが、受け入れを拒否した場合には、力くらべがはじまります。それぞれ1ｔを超える動物が、先の尖った角でぶつかり合うのですから、動物園では結構気を遣います。狭い放飼場で大きな闘争にならないよう、同居させるタイミングを見計らうにも、高度な観察眼と判断力が要求されます。

一方で、この少しの闘争が、雌雄両者をその気にさせる「媚薬」として機能します。「これくらいまでは大丈夫かな……」「ここまでやらせたら危ないかな……」といった判断力も、飼育技師には重要です。

左：向かい合って角を合わせるヘイルストーン（オス、写真内右）とサキ（メス、写真内左）。このあとに交尾しました。
右：ヘイルストーンとサキの交尾。足元に前回の子どもが見えています（矢印）。

減少の原因は「角」!?

アジアのサイが減少した原因のひとつに、大規模な森林開発が挙げられます。アフリカに生息するクロサイ、シロサイは、主に草原で暮らすため、より広大ななわばりが必要ですが、開発によってその生息地が分断され、国立公園などの自然保護区の中でしか生息できなくなっています。

さらに、もっと大きな原因が、角が薬として利用されていることです。医学的に効果が証明されていないにもかかわらず、アジアの一部地域を中心に、サイの角が万病を治す漢方薬だという迷信があります。そのため、非常に需要が高く、ブラックマーケットでは、同じ重さの金よりも高額で取引されることもあるそうです。

サイの角の主成分は「ケラチン」と呼ばれるタンパク質で、人間の髪の毛や爪と同様の成分です。つまり、サイの角は、鼻先の毛の束が、大きなかたまりのようになって生えてきただけなのです。サイの角はワシントン条約によって、国際的な商業取引が禁止されていますが、高値で売れるため、密猟されつづけてきました。野生のサイに近づくのは危険なため、角を取るためだけに銃などで次々と撃ち殺されてしまうのです。

欲しがる人がいなければ供給されないはずですが、消費国のなかにはベトナム、中国などのアジア諸国に加え、日本も含まれていることを知っておいていただきたいです。さらに残念なことに、そうして得られたお金が、戦争に使う兵器・弾薬の購入費用に充てられた例も確認されています。

クロサイの飼育

日本にはじめてクロサイがやって来たのは1933年のことで、ドイツのハーゲンベックサーカスが来日したときといわれています。動物園での飼育は、1952年7月の上野動物園からはじまりました。その後、名古屋市東山動植物園や福岡市動植物園、天王寺動物園などにもやってきました。

日本ではじめてクロサイの赤ちゃんが誕生したのは、1963年11月12日、神戸市立王子動物園でした。当園では、1971年から飼育を開始し、1977年にはじめて繁殖に成功し、これまでに19頭もの赤ちゃんが育っています。

同居飼育

当園では、大きな闘争にならないよう、普段から同居を実施しています。実は、クロサイは今でこそ単独生活者として図鑑に記載されていますが、古い文献を探すと「群れ、もしくは単独」と記載されています。

確かに群れと感じることも多く、実際に、テレビ番組の撮影クルーが、夜間の水場に多くのクロサイが集結する様子をトラブルなく撮影しています。当園でもこれまでに、大人のオスを含む6頭の同居を複数回経験しています。1回目と3回目の同居はすべて別の個体ですので、偶然ではないと確信しています。

海外の動物園とくらべ、当園の放飼場が格段広いわけではありません。オスを収容する部屋を設けるほか、放飼場に配置された樹木や大きな岩などを絶妙な位置にすることで、無駄な闘争や、闘争が起こった場合の分離を可能にしているのです。一見、放飼場には、何も設置しない方が広く感じます。しかし、一度闘争が起こってしまうと、弱い個体は外周をぐるぐる回って逃げつづけるしかなく、少し近道ができる強い個体に追いつかれてしまいます。そのため、中央付近に大きな岩を2カ所設置してあげると、逃げる導線は外周だけでなく、「8の字」コー

左：昭和の６頭展示
右：平成の６頭展示

スも追加されます。岩や木が多くなってくると、さらに複雑な導線になるとともに、その陰に隠れてやり過ごすことも可能になります。

常日頃から同居をさせていると、大人のオスとほかの個体たちは、微妙な距離を取りながら何となく平和に過ごします。そこでメスに発情が来ても、少し儀式的な角合わせがあるだけで、安全な交尾につながるのです。

妊娠の判定は困難

クロサイは、約460日の妊娠を経て、赤ちゃんを１頭だけ出産します。出産日は最終交尾（出産前、最後に交尾した日）から推定しますが、硬く締まっているお腹に赤ちゃんがいるのか否かを、外見から知るのは困難です。

心音でもわかればと、獣医師に聴診器を当ててもらったこともあります。ところが、胎子の心音はおろか、分厚い皮膚の影響からか、母親の心音すら聞くことができませんでした。

出産の兆候

乳房の張り

妊娠400日を過ぎてくると、何となく乳房が大きくなりはじめ、徐々に乳頭も大きくなってきます。出産経験のあるメスだと、出産２週間前くらいから、淡色の乳汁が漏れはじめます。当園の獣医師いわく、この乳汁を毎日採取して簡単な成分分析を行えば、「今夜産まれるよ！」と宣言できるそうです。

飼育技師は乳房の張りを感じはじめたころに、産床を準備しはじめます。毎日取り換えていた敷きわらなどの床材は、あまり換えずにできるだけ残します。出産までには、厚さ５～10cmほどの、少し湿ったマット状に踏み固められた床になります。これは、生まれてくるときに硬いコンクリートにぶつからないため、そして、生まれてすぐに立ち上がろうとする赤ちゃんが足を滑らせてしまい、二度と立てなくなってしまうことを防ぐためという目的があります。さらには、発酵熱を利用して、床からの底冷えを防ぐという意味もあります。

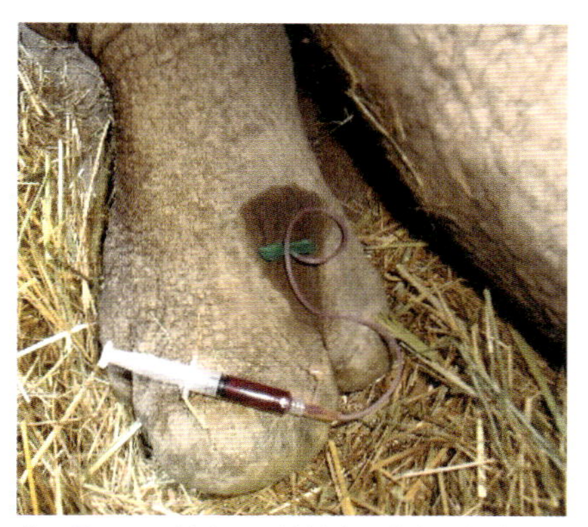
後ろ足からの採血。血液検査も健康な飼育に必須です。

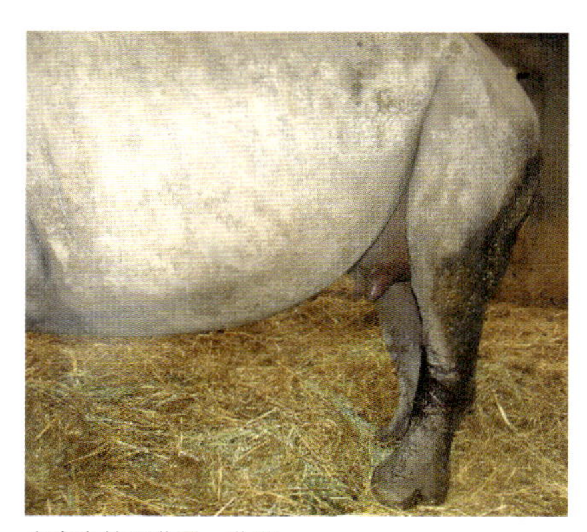
出産直前の乳房・乳頭

子どもへの突然の攻撃

飼育技師は、獣医師とはちがった方法で、出産日を知ります。母親は、出産直前まで前回の子どもを育てています。もちろん、寝るときも一緒です。ところが、ある日突然、前の子どもを自分の周りから排除しようとします。訳をわかっていない子どもは、母親の方に戻っていきますが、母親は執拗に角で突くなどして追い払ってしまいます。

この突然の行動の変化こそが、出産の兆候なのです。飼育技師は迷わず、母親を早めに、子どもとは別の部屋に収容します。翌朝には、間違いなくかわいい赤ちゃんが生まれてくるのです。

15分で産まれていた

1t以上もの体重がある母親から、たった30kgほどの小さな赤ちゃんが生まれるのですから、クロサイはとても安産です。人に例えると、50kgの母親が1kgちょっとの赤ちゃんを産むのと同じくらいです。人だと未熟児の大きさなので、「さぁ大変！」となりますが、クロサイの赤ちゃんは生まれて20～30分もすれば自力で立ち上がり、翌日には走り回ることさえできるのです。

出産を控えたある日のことです。その日は、昼ごろから母親が子どもたちを追い回す様子がみられたため、早めに入舎させました。ところが、入舎すると、すぐにいつものようにエサの木の葉を食べはじめ、特段ちがった様子はみられませんでした。「あれ、今日の出産は勘違いだったのかな？」と思いながらも、念のためほかの個体を別の部屋に入舎させました。

放飼場の掃除を済ませ、堆肥の集積場に糞などを捨てに行き、いつもならそのまま事務所に戻るのですが、何となく気になって再び寝室の鍵を開けて、そーっと室内を覗いてみました。すると……、母親の足元に何やら動くものが！ そう、堆肥を捨てに行ったわずか15分あまりの間に赤ちゃんが生まれ、すでに立ち上がろうとしていたのです。なんという安産！

逆子も正常だが……

当園では、サイの出産をたくさん経験してきましたが、赤ちゃんが産まれる瞬間に巡りあうことはありませんでした。撮影機器の進歩により、14頭目の出産では、その様子を撮影できましたが、肝心の瞬間は母親の陰で見えませんでした……。そのときに生まれた子どもが大人になり、はじめての出産を迎えたときのことです。予定日より少し早かったのですが、夕方の作業中に出産がはじまりました。まず､見えてきたのは足先でした。「ん？どうやら後ろ足のようだな……」。つまり「逆子」です。

クジラやカバなどの水生動物を除き、多くの哺乳類は頭から生まれてきます。そうでないと、母親のお腹の中で肘や肩が引っ掛かってしまい、産み出すことができなくなり、赤ちゃんだけでなく母親の命も危うくなります。

１時間待ちましたが、そこから先に進む様子がありません。たった10分あまりでの出産を経験したあとでは、何時間も待ちつづけたような気持ちになりました。このとき、家畜の出産経験が豊富な獣医師が、「家畜だったら迷わず引き出す！」と言ったのを思い出しました。もう時間はありません。意を決して、介助することにしました。

馴れている個体とはいえ、はじめての出産です。柵越しに、こちらにお尻を向けた瞬間を狙い何度かトライしたところ､案外簡単に赤ちゃんが出てきました。ところが、赤ちゃんの呼吸がはじまりません。耳がぴくぴく動いているので、死産ではありません。何とか呼吸をさせなければ……。胸を圧迫してみたり、逆さにして喉にたまった羊水を吐き出させたり、いろいろやってみましたが呼吸ははじまりません。もう時間がない！ 無線で動物病院の受け入れ準備を依頼しながら、走りました。酸素を吸わせながらの人工呼吸も試みましたが、結局その赤ちゃんは呼吸をすることなく、死んでしまいました。

あとでわかったことですが、体重を計ってみると、通常の赤ちゃんの半分ちょっとでした。まだ赤ちゃんが未熟な状態の早産だったのです。原因はよくわかっていませんが、クロサイの初産の赤ちゃんは、流産などでうまく育たないことが多いそうです。

それから数カ月後、ベテランの母親が出産を迎えました。「この子はいつも安産だから安心だな」と思ったのも束の間。最初に見えてきたのは、やはり後ろ足でした。前回の１時間待って死なせてしまった記憶が蘇りました。急いで何とかしなければと思い、迷わず出産介助に入り、無事にかわいい赤ちゃんが生まれてきました。

その後、海外の話ですが、サイが逆子で介助なく無事に出産したケースをいくつか耳にしました。そのときはじめて気がつきました。手足が短く頭が大きなサイの赤ちゃんは、どっち向きでもちゃんと生まれてくるんだということに……。

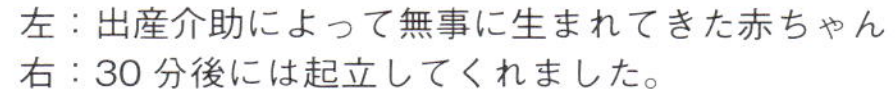
左：出産介助によって無事に生まれてきた赤ちゃん
右：30分後には起立してくれました。

そうです、クロサイに逆子なんて言葉は無用だったのです。

一生の出産数

野生動物では、メスは、大人になると間を開けることなく妊娠・出産・子育てを繰り返すのが普通です。クロサイだと５歳前後ではじめての発情が来て、その数カ月後には妊娠し、１年３カ月後には出産を経験します。母親は子育てをしながら、半年後くらいには徐々に発情が戻ってきます。数回目の発情で再び妊娠し、前の子が２歳になるころ、遅くとも３歳になるころには次の子が生まれます。当園での同じ個体による出産の最短間隔は、ちょうど２年でした。

母親は30歳くらいまで出産をすることができます。生涯で１頭のメスが出産できるのは、10頭～最大13頭くらいでしょうか。世界最高齢まで生きたハナは、何度か流産も経験しましたが、10頭の子どもを育てあげました。国内では一番の子だくさんです。

母乳は薄い？

産まれたばかりの赤ちゃんは、しばらくの間、母乳だけで育ちます。毎日１～1.5kgも体重が増えるので、さぞかし濃厚なミルクなのだろうと思い、分析用に少し絞らせてもらったことがあります。見た目は濃厚とはほど遠く、牛乳瓶をすすいだ水みたいな薄さでしたが、不思議と少し甘みを感じました。のちに、動物のミルクに詳しい研究者に伺ったところ、シマウマなど乾燥したサバンナに暮らす動物では、子どもは母乳から水分を補給するため、成分が薄めなのだそうです。ミルクの濃さはタンパク質と脂肪分の量で決まるのだそうで、クロサイのミルクをウシのミルクとくらべてみると、タンパク質は約半分、脂肪分に至ってはたった６分の１しか含まれていないとのことです。こんなに薄いミルク、一体どのくらいの量を飲めば体重があんなに増えるのでしょうか？

クロサイの授乳期間はおよそ１年半です。母乳を飲んでいた子どもは、下の子が生まれる前に完全に離乳し、独り立ちします。動物園では下の子が生まれたあと、放飼場で再び母親と生活することになります。すると、いつの間にか、またミルクを飲みはじめるのです。「赤ちゃんの分がなくなる……」とヒヤヒヤしますが、赤ちゃんはしっかり育ちます。なかには、２度目の離乳を済ませたはずの、間もなく５歳になるお姉ちゃんがまた飲んでいた、なんてこともありました。

クロサイの思春期

思春期というより、「独り立ちの時期」といった方がよいかもしれません。本来、単独性とされるクロサイは、次の子が生まれる前に上の子をなわばり外に追い出すことは、すでに述べました。追い出された子どもはまだ２歳か３歳くらいで、大人より二回り以上小さい状態ですが、その日から独り立ちするしかありません。

大人のサイは天敵がほぼいないほど無敵ですが、子どもは、ライオンにでも襲われるとひとたまりもありません。そこで、その時期の子どもたちは、過剰なくらいに神経質になり、近づくものすべてを排除しようとさえします。野生では、これくらいがちょうどよいのかもしれませんが、動物園だと少しばかり厄介です。昨日まで撫でてくれと飼育技師にすり寄って来ていたサイが、突然、角を振り上げ、突進してくるのです。でも、これも数カ月、長くても１年足らずでおさまり、元ののんびりした性格に戻ってくれます。この時期を私は「クロサイの思春期」と呼んでいます。

オス親を含む他個体との同居

赤ちゃんは、出産翌日には走り回ることができます。数日～10日あまり母親と室内で暮したあと、穏やかな天気にあわせ、はじめて放飼場に出します。このときは、母親と赤ちゃんの２頭だけで放飼します。最初は30分くらい出し、徐々に時間を長くします。半日くらい出ることができるようになるころには、赤ちゃんは放飼場のどこに何があるのかを覚えてきます。これはとても大切なことです。母親が赤ちゃんを守るため、ほかの個体に対して過剰に反応し闘争になった際に、赤ちゃんがプールに落ちたり壁にぶつかったりしないで済みます。

赤ちゃんが環境に慣れたころ、まずはきょうだいや別のメスと同居させてみます。たまに、母親が「フーッ」と鼻息を荒げることはありますが、たいていは穏やかにはじまります。それから数週間後、赤ちゃんが少し丈夫になったころを見計らってオス親との同居を試みます。血統的には父親ですが、そこは単独性の動物、あくまでオス親であって「父親」ではないのです。間違いなく、母親はオス親を警戒し、近寄ってくる素振りをみせた途端、自分より一回り大きなオス親に向かっていきます。こんなときオス親はそっと身を引くことを知っています。ですから、あまり大きな闘争にはならず、いつの間にか、出産前の平和な状態に戻ります。

赤ちゃんの初放飼

「ヘイルストーン」と「サツキ」

1971 年の開園以来、当園では多くのクロサイの繁殖を経験してきましたが、そのすべてがアフリカからやってきた「クロ」と「ハナ」の子どもでした。一時は、国内に 11 頭しかいなかったクロサイの飼育数を回復させてくれたペアでしたが、遺伝子の多様性を維持し、100 年先の動物園でもクロサイを展示できるように、どうしても新しい血統が必要でした。そのころ、アメリカの動物園でオスが多く生まれ、メスを欲しがっているとの情報が流れてきました。ちょうど、クロとハナの最後の子どもたちが 3 頭続けてメスだったことから、末娘の「サツキ」をお嫁に出し、オスを迎え入れることとなりました。

クロサイは群れで飼育できるとはいえ、血縁のない大人のオス同士を一緒にすると、最悪の結末になることは火を見るより明らかでした。そこで当園では、非公開ながら新たに第 2 の飼育場を準備しました。クロ・ハナを引っ越しさせたのち、1999 年にホノルル動物園から新たなオス「ヘイルストーン」を迎えました。その後、サツキのすぐ上の姉である「サキ」とヘイルストーンの同居・繁殖は順調に進み、新たに 7 頭の子どもが育ちました。

逆輸入されたメトロ

当園以外でも、新たな血統の導入が進められていました。日立市かみね動物園では、アメリカのマイアミメトロ動物園（現：マイアミ動物園）から、オスのメトロ（旧名：Tonka）を導入しました。

クロサイのレジェンド「ハナ」

実はこのメトロ、クロ・ハナの長男「トシ」の息子だったのです。クロ・ハナの孫とはいえ、アメリカで別のメスの血を引き継いでいますから、十分に新たな血統といえるでしょう。

当園が西の繁殖センターとすると、かみね動物園は東の繁殖センターでした。そこで生まれた子どもたちも各園館に移動していきましたが、特に横浜の金沢動物園を拠点に、たくさんの子どもが育ちました。それでも、やはり国内の血統の多様性は、徐々に失われていきました。

そこで2015年に、これまでクロサイでは交流のなかったドイツから、よこはま動物園ズーラシアと天王寺動物園に新しい血統のメスがそれぞれやってきました。それぞれの動物園には、クロ・ハナやヘイルストーンの血を引くオスが飼育されています。新たな血統を迎え、これからの繁殖が期待されるところです。

クロ・ハナの子ども・孫たちは国内のみならず、世界の動物園をまたにかけ活躍しています。長男のトシを含め3頭がアメリカに、2頭が台湾に行きました。孫たちもスリランカやイギリス、中国に行っています。2023年までに、クロ・ハナのひ孫のひ孫（昆孫（こんそん））が生まれました。なかには老衰などで亡くなってしまった個体もいますが、国際的な血統登録簿に記載された親族の数は90頭を超えています。

いつの日か、このなかからアフリカの大地に戻ることのできるクロサイが出てくるといいなと思っています。

文・写真：畑瀬　淳
（広島市安佐動物公園）

オカピ

Okapia johnstoni

日本初の挑戦

- 鯨偶蹄目キリン科
- 頭胴長：オス1.9～2.5m、メス1.9～2.5m
- 尾長：約40cm
- 体重：オス220～300kg、メス280～350kg
- 生息地：コンゴ北東部・中部の熱帯雨林
- IUCNレッドリスト：EN

どんな動物？

体の大部分は赤みがかった茶～黒褐色で、白～クリーム色の水平のストライプが、お尻と前足の上方部分にあります。オスには皮膚でおおわれた2本の短い角があります。飼育下での寿命は20～25歳ですが、最高33歳まで生きた例もあります。

野生のオカピは、アフリカ中央に位置するコンゴ民主共和国の北東部および中部の熱帯雨林に生息しています。東部の森林山、西部の湿地森林、北部のスーダンの砂漠周縁部の草原地帯・サバンナ、南部の開けた森林を境とした、限られた場所にしかいません。主に標高500～1,000mに生息していますが、東部の森林山では、1,000m以上での発見の報告もあります。ただし、500m以下のコンゴの湿地帯には生息していません。

お尻のしま模様。子どものときは白い毛の方が長いのですが（右）、大きくなっても模様は変わりません。

生息地の破壊

生息地であるコンゴの熱帯雨林は、希少金属（レアメタル）の採掘や森林伐採などにより、破壊が進んでいます。オカピの生息数は1万頭以上と推測されていますが、熱帯雨林は生息数の把握が困難なため、正確な数は不明で、3万5,000～5万頭と推定する情報もあります（IUCN：国際自然保護連合）。

ズーラシア（以下、当園）にオカピが導入された1990年代後半、飼育下のオカピは世界中で150頭ほどしかいませんでした。現在は190頭程度まで増えてきていますが、まだまだ少ないのが現状です。当時、新規飼育を始める動物園

オカピの繁殖学

妊娠が長い

性成熟はオスで２～４歳、メスで1.5～３歳とされています。飼育下の場合、発情周期は約15日間（13～16日）で、発情は２～５日間続き１年中みられますが、しばしば不規則になり、長い間みられないことも時々あります。オカピの場合、尿中に発情ホルモン（エストロジェン）が少ししか含まれないため、人が尿から発情周期を知ることは困難です。一方、糞中には高いレベルで含まれるので、糞の方がみつけやすいとされています。

発情適期のメスは、頭を低くし、尾を水平に持ち上げます。交尾する直前、オスは胸をメスの生殖器に近づけ、メスの背中を舐めることもあります。このときペニスは直立していることが多く、その後オスは後ろ足に体重をかけ、頭と首を高く上げて、メスにマウント（乗駕）します。オカピの交尾は、ウシやキリンと同じように、１突きですぐに終わります。

妊娠期間は長く、414～493日です。基本的に１産１子ですが、これまでに４回だけ双子の例があります。しかし、残念ながらすべて死産か早産でした。出産直後の赤ちゃんの体重は平均22kgほどです。１カ月後に２倍に、２カ月後に３倍になります。授乳期間は約６カ月です。

発情が来たメスは、しっぽを水平に持ち上げ、お尻をオスの方へ向けます。

には、１頭または同性の２頭が送られてきて、オカピという種の飼育を数年経験した後、ペアでの飼育が許されるような流れになっていました。しかし、アジア初の飼育園となった当園には、はじめからペアのオカピが送られるという破格の対応を受け、繁殖に期待がかかっていました。

1
オスが自分の胸部をメスのお尻に
押しつける

2
乗駕する前にオスがペニスを出す

3
乗駕してペニスを挿入すると同時
に射精。わずか数秒で終了する

オカピの交尾

日本初の挑戦

1997年11月。アメリカからペア（オス：キィァンガ、メス：レイラ）で導入された当園のオカピですが、日本初ということで、飼育担当者も一緒に来日しました。彼女の助言に従い、早めに2頭の同居を開始しました。相性がよいことも幸いし、しばらくは日中のほとんどで同居を実施しました。

1998年11月28日、首を回しながら落ち着きなく歩き回る行動が、レイラにみられるようになりました。この行動が周期的であったことから、発情行動と推察しました。

1999年6月1日、レイラに発情と推測される行動がみられるようになってからのキィァンガとの同居は、休園日とこの行動が重なったこの日から実施しました。この同居は朝から夕方まで実施しました。午前中はサブパドックで、午後は展示場での同居を6日間続けました。その後も朝から夕方まで、主に展示場での同居を続けました。

6月16日、オスの追尾行動が頻繁にみられ、ペニスを出したり乗駕を試みたり、交尾をしようとしたりする様子が観察されました。このような行動ははじめ

【同居時の２頭の様子】

年	日付	♂		オカピの様子
		乗駕	追尾	
1999	6/1	×	×	レイラに発情行動がみられるようになってからの同居開始
	6/2	×	×	レイラの後ろにキィァンガが接するように立つ様子
	6/16	○	◎	交尾をしようとする様子あり
	7/10	△	△	
	8/13	○	×	
	8/26	◎	◎	
	9/6	○	○	レイラの体重が増加傾向
	9/20	○	○	この日以降、発情行動なし→妊娠か？
2000	6/28	妊娠発覚！		
	11/21	出産		

てでした。しかし、降雨の多い梅雨は、土でおおわれた展示場は大変滑りやすく、転倒する危険があったため、２日後に同居を中止しました。

９月20日、この日を最後に発情行動がみられなくなったため、妊娠が推測されました。発情行動は、この間平均して約15日の周期で観察され、1～４日間(平均約1.7日）継続しました。

どうやって妊娠を判断するの？

「発情がみられなくなった」ということは「妊娠の可能性がある」ということですが、元々オカピのお腹は丸みをおびているのでお腹の膨らみはわかりづらく、また展示場には死角が多かったせいもあり、交尾も確認できていませんでした。

当時は検査の精度も現在とくらべ低かったと思いますが、妊娠しているかどうか調べるために、レイラの糞のホルモン（黄体形成ホルモン）を測定しました。しかし、妊娠の可能性はきわめて低いという結果でした……。

その後も発情行動は表れませんでしたが、体重は順調に増加していました。オカピは太りやすい動物なので、日頃から体重測定をするように、複数のアメリカの担当者から助言を受けていました。体重は1999年の９月より増加しはじめ、翌年５月を頂点にやや減少する傾向がみられました。

ペアで導入した以上、繁殖が期待されるのは当然のことですが、交尾を確認できていなかったため、妊娠の確信はありませんでした。導入時は２歳に満たないペアでしたので、妊娠はもう少し先になるのではないかという甘い見通しもありました。監視カメラなどの設備もなかったので、行動のチェックもできず、同居中のすべてを観察する時間もありません

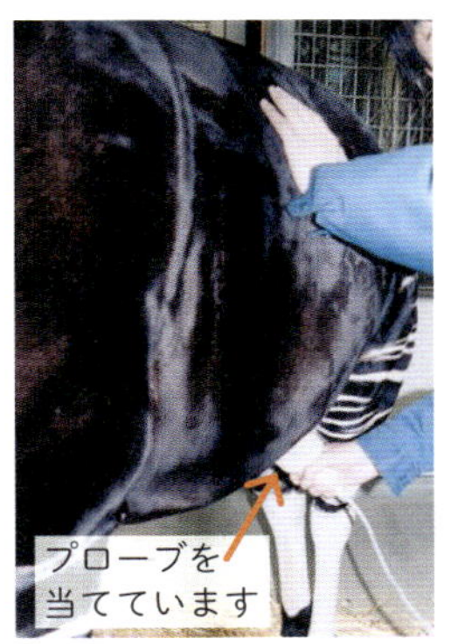

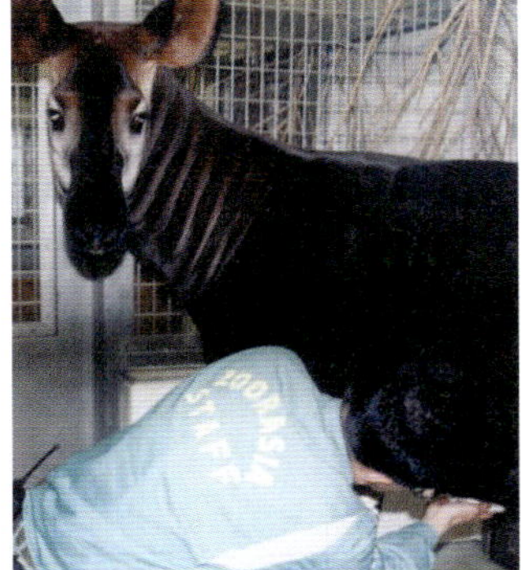

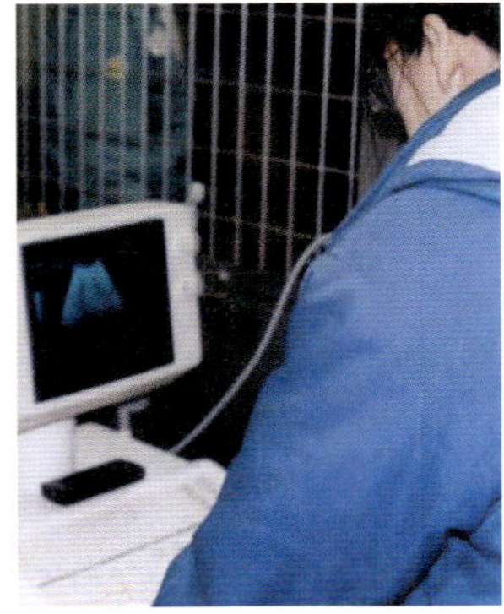

部屋に入り、超音波検査をしています。信頼関係があってこそできる検査です。

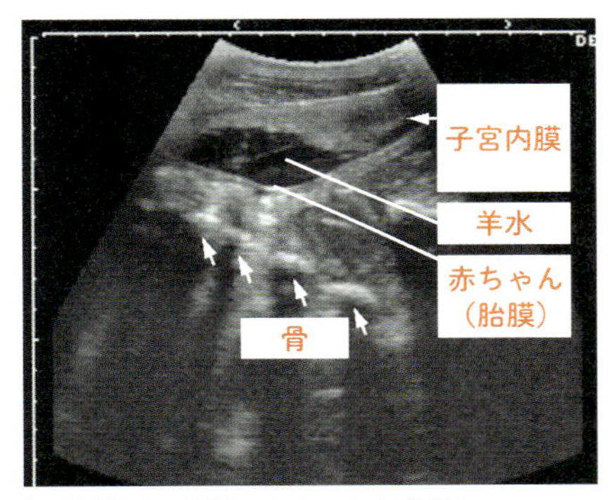

超音波検査の画像、赤ちゃんを確認！

カーテンの設置

でした。そのため、妊娠を確定できたのは、超音波検査（エコー検査）を実施したときでした。レイラは大変人に馴れているため、私が一緒に部屋に入り、超音波診断装置のプローブが届く場所に誘導し、検査を行いました。その結果、動く胎子が確認できました！

その後、体重が９月より再び増加し、296kg だった体重が出産６日前には 352.5kg にまで増加し、最大値を示しました。体重の変化から妊娠の可能性が示唆されました。

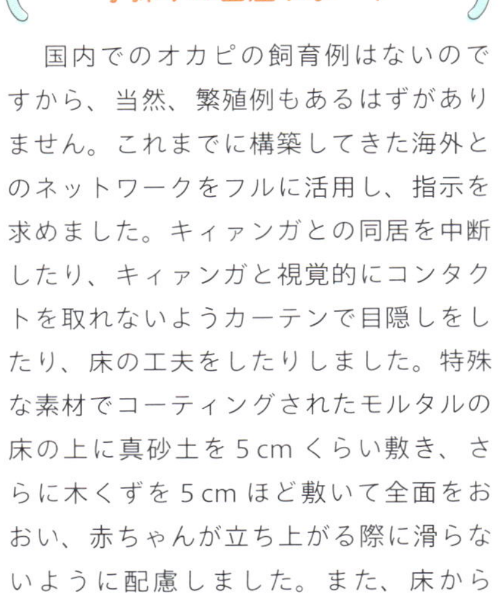

手探りの出産サポート

国内でのオカピの飼育例はないのですから、当然、繁殖例もあるはずがありません。これまでに構築してきた海外とのネットワークをフルに活用し、指示を求めました。キィァンガとの同居を中断したり、キィァンガと視覚的にコンタクトを取れないようカーテンで目隠しをしたり、床の工夫をしたりしました。特殊な素材でコーティングされたモルタルの床の上に真砂土を５cm くらい敷き、さらに木くずを５cm ほど敷いて全面をおおい、赤ちゃんが立ち上がる際に滑らないように配慮しました。また、床から

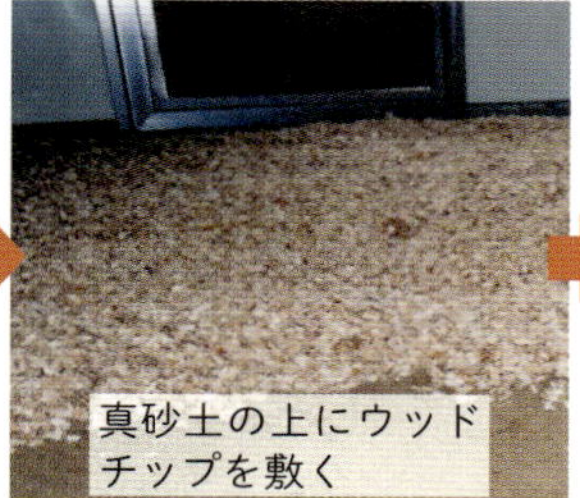

寝室の床面の工夫。それぞれ厚さは５cmほど

40cmの高さに設置されている水飲みやエサ箱は、出産時、赤ちゃんがぶつかる危険があったため、通路側に移動し、代替え品を１m以上の高さに設置しました。

2000年11月20日（出産前日）の夕方、レイラの様子に変化がみられました。発情時のように首を回しながら室内を歩く様子が、モニターで確認できたのです。早速獣舎に確認に行くと、いつもと同じように人に対して反応し、歩くのをやめて寄ってきました。腹部は下がってきていて、陰部は緩んでいたので、同行した獣医師とともに「出産するかもしれない」と判断しました。その後、歩き回って乱れた産床の再整備をしたり、ヒーターの設定温度を20℃から22.5℃に上げたりして出産に備えました。この時期の平均気温は12℃前後で、夜間は10℃を下回ることもあります。赤ちゃんは体温調節が苦手なので、より室温の確保に気をつけました。

その後は、レイラにプレッシャーを与えないように、観察はモニターのみで行いました。オカピは人が見たりしていると、陣痛を抑え、出産を遅らせてしまうこともあるそうです。

いよいよ出産！
でも授乳しない！？

翌11月21日の午前５時36分、胎胞の一部が陰部より現れ、午前５時51分に破水しました。午前６時７分、鼻先が出ているのを確認し、２分後に頭が出るのと同時に全身が娩出されました！

午前６時16分、赤ちゃんが頭を動かしはじめ、立ったり転んだりを繰り返しながら、午前７時７分に完全に起立しました。この赤ちゃんは後に「ピッピ」と名付けられました。この間もレイラは非常に落ち着いていて、赤ちゃんを丹念に舐めていました。

起立してから３分ほど経過したあと、赤ちゃんが乳房の方に近づきましたが、レイラは授乳を拒みました。30分ほどたつと、拒絶するように後ろ足で赤ちゃんを蹴りはじめ、その後何度となくこの行動がみられました。しかし、授乳は嫌がるものの、赤ちゃんの頭や体を頻繁に舐め、面倒をみていました。

数カ月前に渡米した際に、授乳の確認ができるまで親子には近づかない方が無難だと聞いていたので、赤ちゃんが乳房に吸いつくまでは獣舎に入らず、モニ

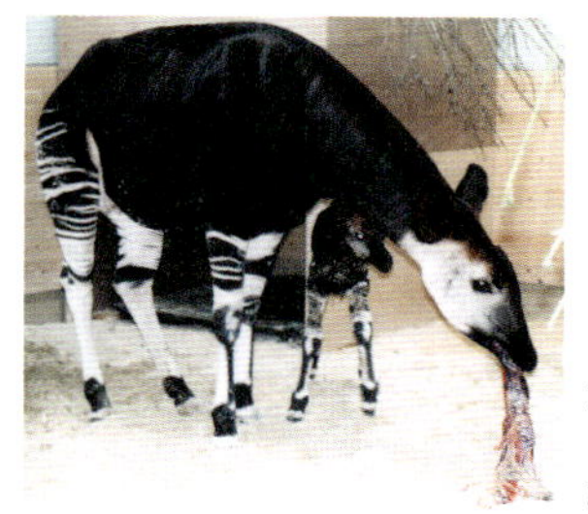

左：出産の様子。前足が見えており、
羊水を舐めています。
右：後産（胎盤）を食べるレイラ

ターのみの観察としました。しかし、このまま手をこまねいていたのでは、事態は悪い方に推移してしまう可能性が高かったので、とりあえずいつもレイラと接している私が、様子を見に行くことにしました。

正午前、獣舎に入り、親子の前に歩みを進めました。私の目に飛び込んできたのは、今までみたことのないような形相でこちらをにらみつけるレイラでした。出産したての母親はたいがい目を見開き、人に対して非好意的に接すると聞いていましたが、まさしくそんな形相でした。この寝室に入ることは自殺行為に等しいと思い、早々に引き上げ、しばらくモニターで様子をみることにしました。

なぜ、早めにレイラの攻撃から赤ちゃんを取り上げ、人の手で育てる「人工哺育」にしなかったのかというと、蹴る行動以外、レイラは赤ちゃんをよく舐めて、かいがいしく面倒をみていたからです。すべての行動が赤ちゃんに対して攻撃的であったり、明らかに敵意むき出しで攻撃していたのであれば、私たちは躊躇なく人工哺育に切り替えていたでしょう。また、レイラは今後も、２回目、３回目と、出産・子育てを経験していくでしょうから、「母親としての自覚をもってもらいたい」という思いもあり、母性が目覚めるのを待ちました。

授乳大作戦！

午後３時、レイラの面倒をみるために、私は再び獣舎に入りました。レイラの表情は穏やかになっていたので、この状態なら中に入れると判断しました。乳房はパンパンに張り、硬くなっていました。出産前からレイラの乳房に触る練習をしていたためか、触ることは可能でしたが、赤ちゃんはレイラの周りにいて、相変わらず乳房の方に行っては蹴られていました。

午後７時過ぎ、授乳拒否が続くため、レイラに鎮静剤を飲ませ、私と獣医師の２人で入室し、介添えを試みることとしました。しかし、薬が効いたせいかレイラは座ってしまい、介添えはできませんでした。そこで、乳房をマッサージして数滴の母乳を手のひらに取り、それを赤ちゃんの鼻先につけました。赤ちゃんはそれを舐めてくれましたが、十分な搾乳はできなかったため、飲むまでには至りませんでした。

翌22日午前3時32分、親子を間仕切りで分けました。あらかじめ冷凍保存し

出産直後のレイラと赤ちゃん

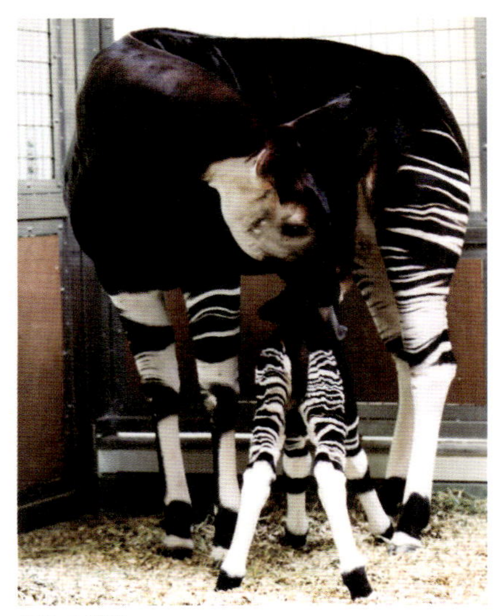

授乳の様子

ていたウシの初乳を温め、500mL のペットボトルにヤギ用の乳首を装着して赤ちゃんに飲ませようとしました。しかし、赤ちゃんは逃げ腰で、ほとんど飲みませんでした。この間、親子はお互いに呼び合い、長時間の分離を許さない状況だったため、15 分ほどで終了しました。その後も、レイラが母乳を求めてくる赤ちゃんを蹴る行動は収まりませんでした。

午後 1 時 40 分、前回同様、鎮静剤をレイラに飲ませました。薬の効果が出てきて座ったレイラの乳房をマッサージして、少量の母乳を採取しました。それを指先につけて赤ちゃんの口先にもっていくと、赤ちゃんはそれを吸いました。しかし、レイラはすぐに立ってしまい、搾ることができなくなってしまいました。次に、幅広のバットにウシの初乳を入れて、床に置いて飲ませようと試みました。しかし、赤ちゃんは飲もうとして近づいたものの、足の長さの割に首が短いため届かず、その間にレイラがそれを飲んでしまいました。赤ちゃんも疲れてきたのか、座ることが多くなっていました。

午後 7 時過ぎ、再度ペットボトルからウシの初乳を飲ませたところ、少量ではありましたが、赤ちゃんが飲んでくれました。そして、赤ちゃんは再び母乳を求めてレイラに追従をはじめました。赤ちゃんの方もレイラに蹴られるパターンを覚えてきたのか、同一方向からではなく、真後ろから股の下に入って乳首に吸

いつくなど、懸命に母乳を求めていました。レイラも徐々に赤ちゃんを許容しはじめました。

午後10時45分、赤ちゃんは乳首に吸いつくようになり、モニターを通して赤ちゃんののどと頬が動いているのが確認できました。その後もレイラが赤ちゃんを蹴る行動はみられましたが、徐々にその回数は減り、授乳回数が徐々に増えていきました。通常、授乳までの時間は出産後21分～2時間といわれており、これまでの報告では5時間39分が最長でした。今回はこれを大きく上回る、41時間あまり経ってから、母乳を飲ませてもらえたのでした。

翌23日午前8時過ぎ、私は様子を見に獣舎に向かいました。ちょうど授乳中でしたが、レイラの目つきは鋭くなり、母親としての自覚・風格が出てきたようにみえました。5分程度の観察中にも、赤ちゃんののどは動いていて、口の周りには白い泡がついており、間違いなく授乳はできていました。

初うんちは1～2カ月後!?

赤ちゃんは生後5日目に最初のうんちをしました。普通に考えると「遅いのではないか？」と思うかもしれませんが、オカピの赤ちゃんがはじめて排便する時期は生後28～74日とされています（詳細は不明）。ほかの哺乳類は分娩後2～4日ほどで排便し（胎便）、普通のうんちも数日後にはみられます。

赤ちゃんは排尿を含め、固形便および下痢便に近い軟便を排泄し、レイラが軟便を中心に食していました。しかし、赤ちゃんの下痢が続くため、12日齢より整腸剤の内服を開始しました。翌日から改善したため、5日間で整腸剤を終了しました。その後、排便は65日間止まり、次の排便は77日齢のときでした。このときが、本来最初に排便する時期であったと思われます。少量ながらも、本来の母乳と組成が異なるウシの初乳を与えたことが、5日齢での排便につながったと考えられます。その後、順調に母乳を飲むことにより、本来の消化・吸収がなされ、排便が長期間停止したと推測されます。

舐めすぎて困る

実は、父親のキィァンガのしっぽの先には毛がありません。これは母親が舐めすぎたためです。アメリカの動物園では、母親の子どもに対する舐めすぎ行動

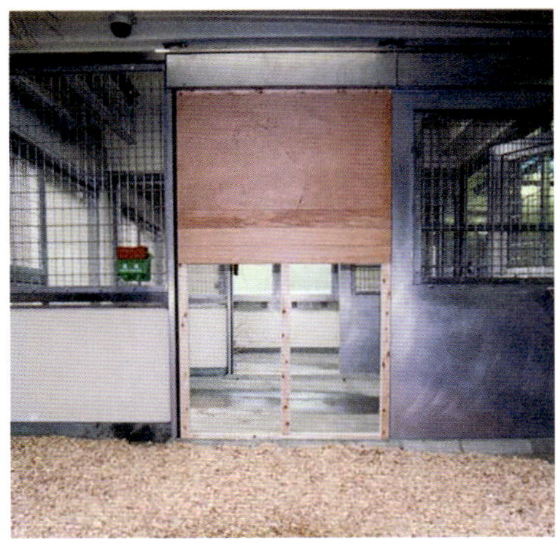

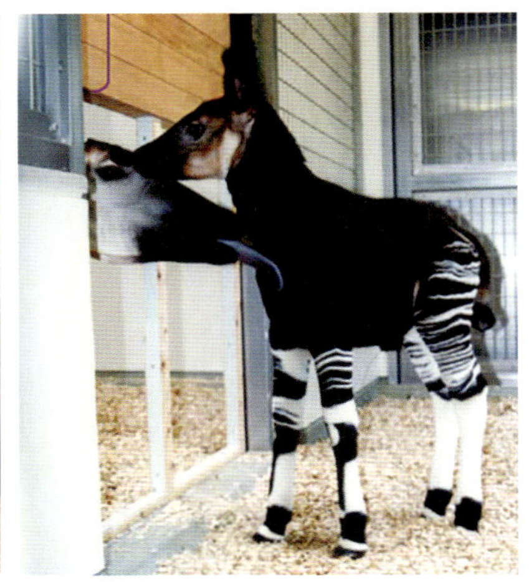

クリープドア。赤ちゃんだけが通れる特別なドア

により、しっぽの先が欠損した事例がありました。この行動を防止するため、寝室間の１カ所に、赤ちゃんのみが通れる特製の仕切扉を設置する準備をしました。懸念していたように、レイラの舐めすぎ行動は顕著だったため、赤ちゃんだけが１室のみ使用できるように、９日齢で仕切扉を設置しました。赤ちゃんはレイラの舐めすぎ行動により、お尻を触られることを嫌がりはじめていて、仕切扉を出入りしてレイラから離れることをすぐに覚えました。

まだまだ難しいオカピの繁殖

このレイラの出産が、国内最初のオカピの繁殖成功例となったわけですが、このペアは2003年10月にも繁殖に成功しています。その後、もう１回出産しましたが、このときは残念ながらすぐに赤ちゃんが亡くなってしまいました。また、レイラの子のピッピは２回繁殖に成功しましたが、そのうちの１回は死産という残念な結果になってしまいました。

これまでにオカピは、アフリカ、ヨーロッパ、アメリカ、そして日本の施設や動物園で、800頭以上が飼育されてきました。飼育下での繁殖数は600例以上ありますが、そのうち約150例は生後すぐに、または１年以内に赤ちゃんが死亡しています。このような状況は近年も継続的に確認されており、いまだに改善されていないように思われます。

国内では、第三世代による繁殖が試みられています。2024年７月に、約10年ぶりにようやく繁殖に成功しました。これをきっかけとして、今後も順調に繁殖が続いてほしいものです！

文・写真：石和田研二
（元 よこはま動物園ズーラシア）

キリン

Giraffa camelopardalis

予想外の出産と子育て

- 偶蹄目キリン科
- 全高：オス5.3m、メス4.3m、体重：オス1,100kg、メス700kg
- 生息地：中央アフリカから南アフリカにかけてのサバンナ地帯と森林地帯
- IUCNレッドリスト：VU

どんな動物？

キリンは、中央アフリカから南アフリカにかけて、主に乾燥したサバンナ地帯とまばらな森林地帯に生息しています。通常は、主食となるマメ科植物のアカシアが散在する茂みにいます。

キリンはすべての哺乳類のなかで最も背の高い動物で、全高は最大5.8mにまで達します。全高は亜種によって異なりますが、平均としてはオスで5.3m、メスで4.3mです。模様は、明るい黄褐色の下地に、多様な形や大きさの暗赤色から栗茶色の斑紋からできています。

キリンの現状

アフリカの野生下において、キリンの生息数は減少しています。主な原因としては、森林伐採や農業活動の拡大、人口増加による生息地の喪失、民族紛争や軍事活動を伴う内乱、食肉や皮革を目的とした密猟などの違法狩猟といったことが挙げられます。1985年ごろには10万頭以上いるといわれていましたが、2015年には7万頭以下となり、調査により30%以上も減少していることが判明しました。

また、キリンの群れの大きさは、1900年初頭は20～30頭ほどといわれていましたが、今日調査されている多くの群れは、平均6頭以下となっています。ただし、開けた場所では、50頭以上の大きな群れが記録されることもあります。

繁殖する意義

キリンがはじめて日本に来たのは1907年です。当時の動物舎は木造の不完全なもので、無事に冬を越すことができず、1年程度で死んでしまいました。その後、しばらく間があり、1933年にオス・メス1頭ずつが再度日本に導入され、本格的にキリンの飼育がはじまりました。

1962年の全国調査では、戦後、91頭輸入され、そのうち生き残っているキリンは33頭ということがわかりました。繁殖もしていましたが、短命なことも多く、当時、キリンの飼育はかなり難しいという認識が一般的だったようです。その後、エサの改善や必要な栄養素の研究などが進み、徐々に繁殖も行われるようになりました。

日本へのアフリカ野生由来のキリンの導入は 1984 年が最後となりました。その後は、度々アメリカから導入されることはありましたが、国内のキリンを維持していくためには、国内で繁殖していかなければなりません。首や足が長い特徴的な体形による事故やケガも多く、施設の構造や運動場の土や柵などの改善もまだまだ必要な状況です。

また、近年では、突然死症候群[*1]と呼ばれる事例が一時期多くみられました。現在では、こうした症例はほとんどみられなくなりましたが、原因はいまだによくわかっていません。

継続的に繁殖していくことは個体数の維持だけではなく、飼育技術の向上や飼育環境の改善、栄養学や繁殖生理の研究の成果向上にもかかわってきます。

＊１：外傷など起立不能に陥る原因などがなく、突然の起立不能から死亡する病態。

キリンの繁殖学

わかりやすい発情

キリンは、オスもメスも４歳前後から繁殖できるようになります。繁殖年齢に達したメスの発情周期は約 14 日ごとで、１～２日の発情を繰り返します。メスが発情すると、引き締まった陰部がブヨブヨに腫れたり、粘液が出たりして、外見上に変化が表れます。オスが同居していれば、しきりにメスの後を追い、メスが立ち止まると背後に回ってペニスを出すなど、日ごろとちがう行動をするため、見逃すようなことはまずありません。

発情期間中、オスは後ろからメスの腰に乗り上げるような交尾行動を頻繁に行います。メスが妊娠すると、こういった交尾行動は全くみられなくなるので、妊娠したと判断できます。妊娠期間は約 450 日で、最後に交尾した日にちを起点にします。

交尾

生まれた赤ちゃんは、最初の１～２週間は母親のお乳を飲むだけですが、その後は徐々に大人と同じような葉を食べるようになります。生後１～２カ月すると、ほとんど大人と同じものを食べられるようになりますが、授乳期間は約１年もあります。

赤ちゃんの拒否

キリンの産室

多くの動物園では、夜間はオス・メスそれぞれ個別の部屋に収容し、日中の飼育員がいる時間帯のみ同居させるので、交尾を見逃すことはありません。しかし、多摩動物公園（以下、当園）では、十数頭の群れで飼育しており、オスは昼夜問わず群れの中で過ごしているので、まれに交尾を確認できないことがあります。気づいたときにはメスのお腹が大きくなってきており、「どうやら妊娠しているな……」と思うわけですが、交尾を見ていないので正確な出産予定日を推定することができません。

出産は、基本的に産室と呼ばれる部屋で行われます。部屋の床材はコンクリートのため、上にワラなどを敷き詰めます。通常、妊娠したメスは出産予定日の大体１カ月前から産室に隔離され、糞尿でワラを踏み固めてもらいます。新しいワラを足しながら徐々にワラの層を厚くしていき、いざ出産するときには分厚いワラになっています。このワラが多量の羊水＊2を吸ってくれると同時に、クッションの役割も果たしてくれます。赤ちゃんは２m以上の高さから産み落とされるため、そのショックを和らげてくれるのです。

そして、最も重要なのは、赤ちゃんがしっかり立ち上がれるよう、滑り止めの役割を果たしてくれることです。通常、キリンは産まれてから立ち上がるまでに30分～１時間かかります。その間、何度も転んでは休んで、また立ち上がろうとします。足元が滑ってしまう状態だと、いつまでも立ち上がることができず、やがて赤ちゃんは衰弱して死んでしまいます。

＊2：子宮にいる赤ちゃんの周囲を満たしている液体。圧力や衝撃を軽減し赤ちゃんを守るなど、子宮内の環境を整えています。

左：1960年代の多摩動物公園の様子
右：現在の多摩動物公園

外での出産

先ほどの出産予定日が不明なキリンは、結局、外の運動場で産気づいてしまいました。産室へ収容しようとしましたが、急に入れようとしても慣れていないためか入るのを拒み、コンクリート床の小運動場で出産してしまいました。幸い、８月上旬の暑い日の夜だったので、寒さを心配する必要はありませんでした。しかし、コンクリート上に多量の羊水が広がってしまったため、赤ちゃんは滑って立ち上がることができませんでした。

余談になりますが、キリンは産まれるとき、まず両前足から出てきます。その後、頭が出てきて首、肩と続きます。胴体の中央あたりを過ぎたところで産み落とされるわけですが、そのとき頭は地上から50cmくらいの高さなので、下が硬いコンクリートでもケガをするようなことはありません。

また、産まれたばかりの赤ちゃんの蹄(ひづめ)の先には、「蹄餅(ていべい)」と呼ばれる、蹄と同じ角質（タンパク質）でできた、白くてやわらかいお餅のようなものが付いています。これは、母親の子宮や産道を、赤ちゃんの蹄による損傷から守るためのものです。蹄をもつ動物には共通してあります。

この蹄餅は、立ち上がって歩くようになると、自然にすぐ落ちてしまうものですが、この赤ちゃんの場合は滑りやすさを助長させていました。このままでは、赤ちゃんは立ち上がることはおろか、死んでしまう可能性もあるので、衰弱する前にいったん赤ちゃんだけ、ワラが敷かれた部屋に運びました。濡れた体を拭いて乾燥させ、立ち上がって歩けるようになるまで部屋の中で過ごさせました。その間、母親は何度か部屋を覗きに来ましたが、決して部屋の中には入ってきませんでした。

約１時間後、しっかりと歩けるようになった赤ちゃんを外へ出してみると、母親に近づいて行きました。最初は、母親は赤ちゃんの体を舐めるなどしていまし

分娩中。両前足が最初に出てきて、次に頭が出てきます。

しっかり起立できるようになるまでに、蹄餅はすっかり落ちてしまいます。

たが、その後赤ちゃんが近づくと足で軽く蹴るなどして、なぜか赤ちゃんを嫌がるような行動を取るようになりました。近づくことができない赤ちゃんは自ら部屋の中に戻り、そのまま寝て朝まで過ごし、母親もそのまま外で過ごしました。

翌朝、さらに母親は赤ちゃんを嫌がるようになり、赤ちゃんが近づくと逃げるなどして、完全に拒否するようになりました。子育てをしない母親から赤ちゃんを離して人工哺育をした場合に、同じような状況になることがあるので、何か本能的な要因があったのかもしれません。

数日間、母子を同じ空間に同居させましたが、赤ちゃんの拒否は続き、一向に子育てする様子がなかったため、人工哺育に切り替えることにしました。ミルクは子牛用の代用乳を使いました。最初は1日に4～5回ミルクを与え、成長にあわせて徐々にミルクを与える回数を減らしていきます。

キリンに限らないことですが、人工哺育で最も気をつけることは、人に対する「刷り込み」を最小限にすることです。体の成長に関係のないところで人が干渉しすぎると、大人になってから交尾ができなかったり、子育てができなかったりする可能性が高くなるといわれています。そのため、ミルクを与える以外は姿を見せないようにし、柵越しでも、赤ちゃんとキリンの群れが触れあう時間が多くなるようにしました。

人工哺乳の様子。管（矢印）は、空気を取り入れて乳が出やすいようにするためのものです。

乳首は４つ
あります。

また外で出産→拒否 !?

その後、この赤ちゃんは無事に成長して群れに戻ることができましたが、実は後日談があります。成長して大人になり、はじめて出産するとき、実の母親と同様に外で出産してしまいました。土の上で産んだので、赤ちゃんが滑って立てないという心配はありませんでしたが、母親は徐々に赤ちゃんから離れていくようになり、ついに戻って来なくなりました。

そこで、母親を産室に隔離し、急いで赤ちゃんのところへ行き、飼育員３名で赤ちゃんを母親のいる産室まで運びました。時間にして５分ほどでした。当初、母親は落ち着いた様子でしたが、次第にイライラする様子をみせるようになったため、産室と小運動場を行き来できるようにしました。すると、次第に赤ちゃんのいる産室で過ごす時間が長くなっていき、赤ちゃんの顔や体を舐めるようになりました。そして、ついに授乳するようになったのです。母子を一緒にしてから約６時間後のことでした。

たった５分の空白に６時間も要したと考えると、何時間もの空白は母親にとってはとてつもなく長く、子どもが子どもではなくなることが不思議ではないことなのだと認識しました。

１カ月で３頭の出産

十数頭もいる群れの飼育では、ダイナミックな動きは迫力があり、また年齢による個体ごとの大きさや性格のちがいなども、興味深く観察できるという魅力があります。繁殖可能な大人のメスも複数いるため、発情時期が重なると、同時多発的に妊娠してしまうことがあります。

以前、１カ月で３頭の出産予定日が入ってしまったことがありました。キリンの妊娠期間は約450日ですが、これはあくまでも平均であって、統計上は450 ± 30日までが範囲となり、前後１カ月ほどの範囲があります。出産予定日どおり順番に産まれてくれることを期待して、まずは一番早い予定のメスを産室に隔離しました。産室は１部屋しかなく、あとは搬出や搬入するための部屋が１つあるのみです。

５月のよく晴れたある日の朝、運動場を観察していると、見慣れない小さなキリンがいました。普通にしっかり歩いていたのですぐには気づかなかったのですが、出産予定日が一番遅いはずのキリンが運動場で夜の間に出産してしまっていたのです。群れの中での出産は問題ありませんが、そのままにすると、ほかのキリンたちに授乳を邪魔されてしまうので、群れから離さなければなりません。これで２つの部屋が埋まってしまいました。

そして、９日後の晴れた朝、またしても運動場で小さなキリンが歩いているのを発見したため、２組の親子を同じ部屋と小運動場で同居させることにしました。しかし、キリンは自分の子どもではないキリンに対しては、追い払うなど厳しい態度をとるため、２日後、同居は困難と判断し、最初の親子を群れに入れることにしました。通常、親子が群れに入るのは、子どもの成長にあわせて出産１～２カ月後です。生後11日目の子どもを群れに入れるのは大変心配でしたが、無事に育ってくれました（運がよかったのかもしれませんね）。

結果として、15日間で３頭の出産がありました。３頭とも無事に育ち、群れで過ごせるようになりましたが、ほぼ同年齢の子どもが３頭もいるケースは、過去においてもほとんどありませんでした。野生のキリンは、子ども同士で集まる習性があるといわれていますが、そのとおり、この３頭もよく一緒に過ごしていました。何世代も日本で飼育されてきても、習性が変わらない様子を間近で観察でき、嬉しく思いました。

左：15日間のうちに産まれた３頭。子ども同士は集まる習性があります。
右：複数頭で同時にお乳を飲むこともあります。

エサの見直し

日本でキリンの飼育がはじまった当初は、樹葉のほかに根菜類や穀物、油粕類、ヌカ類など様々なものが与えられていました。その後は、ウシの仲間という認識が影響したのか、イネ科の牧乾草や、トウモロコシの入った配合飼料など、ウシと同じようなエサが与えられるようになりました。しかし、本来キリンは樹木の新芽、若葉など、比較的栄養価の高い植物を主に採食する反すう動物です。また、同じ反すう動物でも、主にイネ科を食べるウシとはちがいます。しかも、好んで食べる樹葉はマメ科の植物が中心です。

これまで、家畜やペットを対象として発展してきた動物栄養学が、近年、動物園などで飼育されている野生動物にも適用されるようになり、体に合わないエサを与えると様々な病気を引き起こすことがわかってきました。キリンにはイネ科の牧乾草やトウモロコシは体に合わないとの研究結果により、全国的にこういったエサの使用中止と、マメ科の牧乾草への変更が行われるようになりました。

キリンのこれから

2010年、当時国内で飼育されていたキリンは約150頭でしたが、そのころから繁殖生理の調査・研究が行われるようになり、また同時に、栄養学の視点から与えるエサの内容が見直されるようになったことで飼養管理が改善され、多くのキリンがより健康的に飼育され、より長く生きられるようになりました。

2023年末時点で、国内で飼育されているキリンは約200頭となりました。この数は国内の動物園等で飼育できる最大頭数に近く、飼育スペースはほぼ限界となっています。オスは大人になるとメスを巡ってオス同士でネッキング（首を振って自分の頭を相手の体にぶつけて優劣を決める闘い）をするようになるのと、近親交配を防ぐ意味もあり、ほかの動物園に移動させる必要がありますが、受け入れ可能な動物園がほとんどありません。そのため、生まれたオスは将来的に両親と分離して飼育するか、繁殖できなくなるよう去勢手術を行う必要が出てきました。どちらも対応が難しいため、現在はほとんどの動物園でキリンの繁殖をやめています。

その代わり、動物福祉の観点からよりよい飼育環境を目指し、与えるエサの種類を増やしたり、ハズバンダリー・トレーニングという手法を使って伸びた蹄を削ったり、採血したりする動物園が増えてきました。

コロナ禍で止まっていた海外とのやり取りも徐々に回復しつつあるため、今後はアメリカから新しい血統のキリンが導入されたり、日本のキリンが海外に搬出されたりするなど交流が盛んになれば、日本のキリンにとっては遺伝的多様性が保たれるので、今後、また繁殖を再開できる日まで安心して待つことができます。

文：清水　勲（多摩動物公園）
写真：（公財）東京動物園協会

Column　アメリカから来たメイ

2001年当時、宇都宮動物園（以下、当園）では、オスのハツカ（9歳）1頭のみを飼育していました。当時の国内でのキリンの繁殖率はよいものではなく、キリンを飼育している園ではキリンの繁殖を待ち望んでいました。当園でも単独飼育の状況で、新たにキリンを導入したいところでしたが、導入するのは困難な（特にメスは難しい）状況でした。そうしたところ、アメリカの動物園で「渡したいキリンがいる」という情報が届きました。ただ、その話は定かではなく、結局は当園に来るという話にはならないだろうなと思っていました。すると園長から「行きましょう！」の一言があり、アメリカ行きが決定しました。

当園のキリン飼育は、1974年にオス1頭・メス2頭からはじまり、繁殖も順調に進んでいました。個体は変わりながらも、そのころの3頭の血を受け継ぎながら、1980年～2023年までに22頭の出産を経験してきました。出産は個体によって異なり、難産で5時間かかるときや、授乳まで一晩かかるときもあります。かと思えば、2時間で授乳まで完了するときもあります。また、展示場での雨の中の出産などもありました。私は、そのほとんどに立ち会ってきました。順調に繁殖してきた当園で、まさか単独飼育になるときが来るとは思ってもいなかったので、逆にこれは特別な機会だと感じました。

2002年3月、私たちは一路アメリカのフロリダ州にあるライオン・カントリー・サファリへ向かいました。かなりの長旅のあと到着したこちらのサファリは、日本ではみることのできないくらいの規模と恵まれた自然環境で、動物保護区ではないかと思うほどでした。キリンは、広大な敷地内で悠然と過ごしていました。サファリスタッフの案内でみせてもらったのは、2頭のキリンでした。ちょうど反すうをしていたメスのキリン（のちのメイ）が目にとまったので、このキリンを選びました。また、アメリカでは動物園巡りもしました。フロリダではほかにマイアミ動物園、ディズニー・アニマル・キングダム、ニューヨークではブロンクス動物園なども視察し、改めて生きものを飼育するための環境づくりは重要なことだなと感じました。

その後、私たちは日本へ帰国しました。アメリカからのキリンの移動は順調に進み、2002年5月、30日間の検疫が無事終了し、5月27日に当園に搬入されました。獣舎への移動も無事終わり、室内での様子や採食、排便も異常ありませんでした。飼育員側の動作で興奮しないように気を遣いましたが、それもなく落ち着いた様子で安心しました。この1歳半のキリンは、サファリから名前をとり「メイ」と名付けられました。9歳になるオスのハツカとの対面では、メイの周りを離れずにいる姿を観察できました。

順調に月日が経ち、2004年11月27日、ハツカの行動にかなり興奮した様子がみられました。休むことなく動きつづけ、室内の敷きワラは粉となるほどでした。次の日、先にメイを、次いでハツカを運動場に放しました。扉をすばやく開けたところ、ハツカは一目散にメイのところまで走り寄りました。午前中、何度かマウントと交尾がみられ、夕方まで続きました。その後は落ち着き、エサの時間には寝小屋へ素直に入室しました。このあと2週間ほど観察して、ハツカが落ちついた行動を維持していれば妊娠の可能性は高いこ

上段左から：雨の中での展示場での出産／ライオン・カントリー・サファリ／ロープで赤ちゃんの足を引っ張っています。
下段左から：無事、出産！／今はたくさんのキリンがいます。

とになります。そして、妊娠期間が約450日と長いキリンは、今回妊娠していれば、正月を2度迎えることになります。ハツカはこのあとも落ち着いており、メイの妊娠が示唆されました。

2006年2月16日午前8時10分、出産がはじまり、小さい前足が2本出てきました。11時半に、やっと前足から口先まで出たものの、展開がなかったので引き出すことにしました。赤ちゃんの足に帯を巻きロープを掛けて、飼育員数人でメイの陣痛にあわせて引きました。メイは暴れましたが、止めることはできないと続けた末、午後1時21分に出産となりました。赤ちゃんの生存を確認後、あとはメイに任せようと観察していました。しかし、メイは赤ちゃんに近づきませんでした。普通は舐めてあげるはずなのですが、「私たちが余計なことをしたのか……」、そんな思いが頭をよぎりました。こうした心配をよそに赤ちゃんは順調に立ちはじめ、母乳を求めてメイのもとへ行きました。ところが、近づく赤ちゃんを怖がってメイは逃げ回りました。疲れた赤ちゃんは途中座りこんでしまい、また立ち上がってメイのもとへ行くものの、メイは逃げてしまいました。こんなことがしばらく続いたので、人工哺育も考え、近くの牧場に初乳を手配し、泊まりこみを決めて様子をみながらウトウトしていると、お乳を吸う音で目が覚めました。

2月17日午前2時ごろ、授乳が確認できました！ 約12時間後のことでしたが、やっとの思いで安心することができました。こんなに大変な出産と授乳は、この時が最初で最後でした。メイの2回目のお産後も、赤ちゃんを怖がった場面はありましたが一時的でした。メイはきちんと子育てをこなし、現在では10頭の子どもを産み育てた安心できる母親となりました。メイのおかげで、たくさんのキリンが園にいて、にぎわっています。

文・写真：磯　哲雄（宇都宮動物園）

海に生息する
哺乳類

シャチ
Orcinus orca

繁殖から生態の謎を解く

- 分類：クジラ偶蹄目マイルカ科
- 体長（最大）：オス9m、メス7.9m（マイルカ科で最も大型の種）
- 生息地：世界中の海
- IUCN レッドリスト：DD（情報不足）

どんな動物？

シャチは、頭の両側に「アイパッチ」と呼ばれる長円形の白い模様があります。オスの背びれや胸びれは大きく成長し、背びれは1.8 mにまで達します（二次性徴）。世界中の海に生息しており、現在では「エコタイプ」（環境型）と呼ばれる、形態、生態、遺伝学的に異なる個体群が確認されています。NOAA（アメリカ海洋大気庁）によると、シャチの生息数は世界全体で5万頭と推定されています。

哺乳類、海鳥、ウミガメ、サメやエイを含む魚類、頭足類をエサとしています。浅瀬に乗り上げてアシカの仲間のオタリアを捕まえたり、群れで魚を追いこんだり、クジラを襲ったりなど、多様な戦略を用いることが知られています。

野生下での最高齢はオス60歳、メス80歳といわれています。シャチの飼育が開始されて60年程度ですが、世界で最も飼育歴の長いメスは現在60年目です（2024年時点）。

飼育と繁殖の歴史

1960年代前半に、カナダのブリティッシュコロンビア州で偶然捕獲されたことがきっかけとなり、水族館での飼育がはじまりました。「Killer whale」（クジラの殺し屋）という英名のとおり、どう猛な生物と思われていましたが、飼育してみると賢く感情豊かな動物であることがわかり、その後、飼育が広まりました。

野生のシャチの入手先は、1980年代はアイスランド、2000年代はロシアでしたが、現在、各海域での捕獲が許可されなくなり、野生からの入手は困難となっています。

世界の水族館で（2000年代に飼育を開始した中国などを含めて）約55頭のシャチが飼育されています。また、日本では、1970年にカナダからシャチが導入され、飼育が開始されました。2024年時点で、3施設で合計7頭が飼育されています。

飼育下での繁殖はアメリカで1985年に成功し、人工授精による出産は同じくアメリカで2001年に確認されています。

日本では、7頭のうち6頭が飼育下で繁殖されたシャチです。また、世界では55頭のうち29頭が飼育下で繁殖されたシャチなので、これは繁殖に成功しているといってよいでしょう(2024年時点)。

シャチを取りまく現状

世界に目を向けると、近年、鯨類の飼育を取りまく環境に変化がみられています。イルカの飼育自体を禁止する国や都市が現れ、実際に飼育を終える施設も出てきています。シャチについては、アメリカの水族館が2016年から繁殖を中止するという決定を下し、飼育についても、現在飼育されているシャチの代で終了するというのです。これは、2013年のドキュメンタリー映画により、飼育への批判の声が高まったことがきっかけになったといわれています。

それでは、日本ではどうでしょうか。日本は海に囲まれた島国であり、太古の昔から魚を食してきました。また、縄文時代前期(約5000年前)の遺跡である、石川県能登町の真脇遺跡などで大量の鯨類の骨が出土していることから、昔からイルカを食していたことがわかります。「イルカ漁」「クジラ漁」という言葉があるように、漁業の一環として採り食する文化が古くからあったわけです。また、第二次世界大戦後は、捕鯨によって得られたクジラ肉が、重要なタンパク源として食されていました。こうしたことから日本では、今も身近な海の動物として、シャチを含めたイルカ類やクジラに親しみを感じているのではないでしょうか。

シャチの繁殖学

かかあ天下

[メス]

性成熟は８歳です。繁殖の季節性はあまり強くなく、42 ～ 45 日の周期を数回繰り返します。飼育下では、６カ月程度の偽妊娠（あたかも妊娠しているようなホルモン変化を示す）が認められることがあります。シャチを含むイルカ類の子宮は、双角子宮という形態です。双角子宮とは、子宮頚部が１つで、子宮角が２つに分かれている子宮です。左右どちらかの卵巣から卵子が排卵されて、排卵した側の子宮角で卵子と精子が出合い授精します。１産１子、妊娠期間は 18 カ月であり、着床遅延（条件が整うまで受精卵が着床せずに待機している状態）はありません。シャチの妊娠期間は、野生での観察では 15 カ月とされていましたが、飼育を通して 18 カ月であることが明らかになりました。シャチやイルカなどの鯨類では、鰭脚類（アシカやアザラシなど）やラッコのような着床遅延はなく、受精卵はすみやかに子宮に着床し、成長がはじまります。

[オス]

性成熟は 10 歳です。１年を通して繁殖が可能です。ちなみに、体の大きなオスよりもメスが優位となる「かかあ天下」です。オスの精巣は腹腔内にあり、またペニスも収納式です。ペニスは交尾のときに生殖裂から出て、長さは１m を超えます。

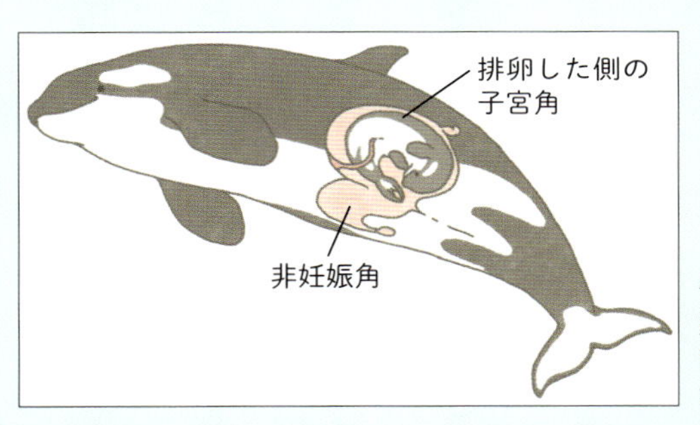

体内（双角子宮）の模式図。胎子は排卵した側の子宮角で育ちます。胎盤は反対側の非妊娠角にまで広がります。

協力あっての健康管理

シャチの飼育が開始された 1970 年代から、水族館の飼育技術の向上、トレーニングの考え方、エンリッチメントなど、よりよい飼育のために改良や努力がなされてきました。栄養管理、健康管理、飼育施設や環境、同居動物、餌料（エサ）管理など、様々な要素と取り組みによって、飼育下繁殖の成功に道が開けたといっても過言ではないでしょう。飼育者としての誇りは、動物が飼育場所を「生活の場」として認めてくれるということです。「出産する」ということは、生活の場として認めてくれたという解釈が成り立つのです。

受診動作による体長測定

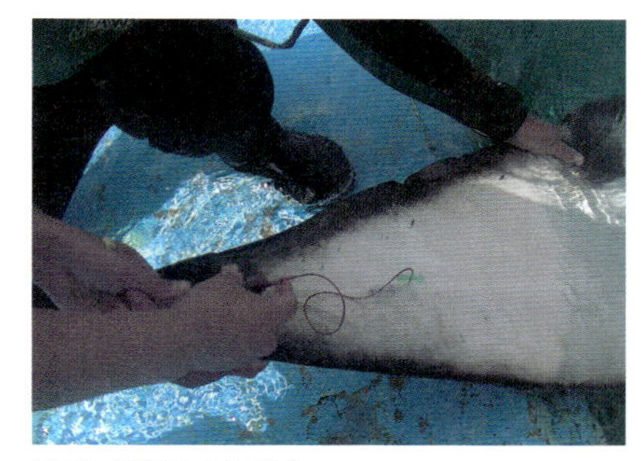
尾びれ腹側からの採血

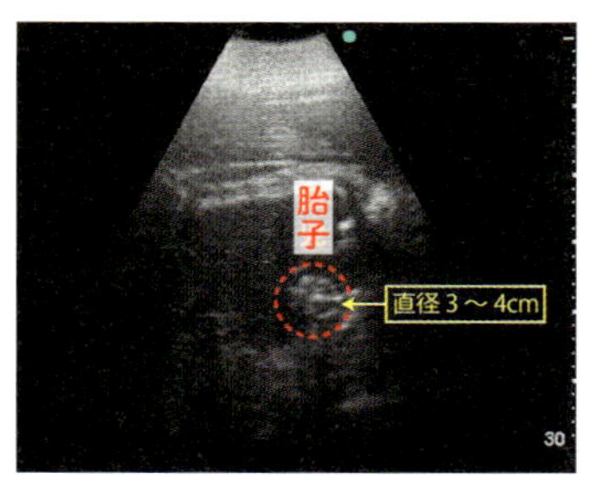

左：超音波検査実施中
右：２カ月齢の胎子の超音波写真

具体的には、1980年代から、シャチの健康管理のための採血や体温測定、体重測定、体長測定などは、主に受診動作（シャチ自ら診察を受けること）で行われるようになりました。動物に協力をしてもらうこの方法は、動物・飼育員の両方にとって簡便で安全な方法です。この受診動作によって、定期的に性ホルモンの分析もできるようになりました。オスでは男性ホルモン（テストステロン）、メスでは卵胞ホルモン（エストロジェン）と黄体ホルモン（プロジェステロン）を２週間ごとに採血し検査することで、繁殖季節や発情周期などを知ることができます。

超音波検査（エコー検査）により、体の外から卵巣を描出することができます。排卵は、3 cm以上の卵胞（主席卵胞）を確認し、その消失により確認できます。また、尿の検査により、腎臓の機能や性ホルモンの推移を確認します。採血では針を刺しますが、尿の採取はカップに受けるだけなので、動物に負担がなく実施できる検査です。これらの検査はすべて受診動作によって行われるので、担当トレーナーとシャチの信頼関係があってこそ成り立つものです。

妊娠の確認

妊娠中、血液の黄体ホルモンの値は常に一定以上を維持し、特に妊娠初期は黄体期（排卵後の期間）よりも数倍高くなります。このことから、発情期に交尾行動を確認できれば、その後は黄体ホルモンの上昇によって妊娠の判定が可能です。そして、数カ月のうちに超音波検査によって胎子を映像としてとらえることができます。

シャチの出産

体温低下は出産のサイン

2000年代になると、健康管理のために測定している体温が、出産の予知につながることがわかりました。イヌやヒツジなどと同様に、シャチも分娩前に体温が低下します。通常よりも１℃低下してから１日以内に出産することがわかったのです。

この体温低下の現象は、飼育しているシャチのみならず、飼育しているイルカ全体の出産に大きな恩恵を与えました。体温をとらえることで、分娩に向けた準備や分娩の詳細な観察ができるようになり、出産の成功と赤ちゃんのその後の成長にも大きく貢献したのです。「朝、出勤したら母親と赤ちゃんイルカが一緒に泳いでいた」という、体力のあるイルカが偶然に出産した時代が終わったのです。

尾びれから産まれる

水族館での観察では、イルカの赤ちゃんはほとんどが尾びれから生まれます。これはシャチも同様です。

話は変わりますが、肛門から尾びれの付け根までを尾柄部（陸上動物のしっぽにあたる部分）といいます。

尾びれの先端まで尾椎（尾の骨）がありますが、尾びれの左右に広がった部分には骨がありません。また、背びれにも骨はなく、母親の胎内で赤ちゃんの背びれは体側にぴったりと沿っており、尾びれの両端は内側に丸まった形をしています（146ページ、体内［双角子宮］の模式図参照）。

破水（赤ちゃんを包んでいる卵膜が破れて羊水が外に流れ出ること）が確認されると、いよいよ出産がはじまります。破水から１～２時間の間に、母親の生殖裂（産道）から赤ちゃんの一部が見え隠れします。ここでいう赤ちゃんの一部とは、通常「尾びれ」を指します。それから全身が産み出されるまでのおよそ２～

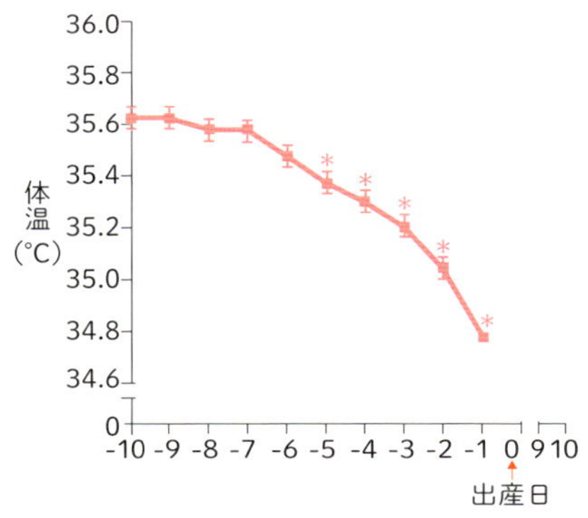

出産前の体温下降現象

色づけした部分が尾柄部

尾位。シャチでは正常

頭位。シャチでは逆子

4時間の間に、丸まった尾びれはピンとまっすぐになります。へその緒が切れて全身が海中に出てきた瞬間に、尾びれを力強くあおって自力で水面まで泳いで、最初の呼吸をします。この最初の呼吸が人の「産声」に当たります。

それでは、頭から産まれる場合はどうでしょうか。頭から産まれると、最後に尾びれが母親の胎内から海中に飛び出します。つまり、尾びれがピンとまっすぐになる時間はなく、丸まってやわらかいまま海中に出てきます。クタクタの尾びれをあおって水面にたどり着くのは大変です。このことから、イルカやシャチの赤ちゃんが主に「尾びれから産まれる」という現象は、赤ちゃんの生存にとって有利なものと考えられるのです。

え!?　逆子!?

筆者も、頭からの出産を経験しました。この出産は、分娩間近のシャチとその長女・次女が同居するかたちではじまりました。普通の出産では、破水を確認すると、次に「尾びれが見えました！」と連絡が来ます。イルカやシャチは、尾びれから産まれることが圧倒的に多い動物です。しかし、そのときは頭から出てきました。「えっ！ 無事に産まれてくれるだろうか……？」皆がそう思い、固唾をのんで観察を続けました。すると突然、母親はくるくると高速で横回転しながら泳ぎはじめました。次の瞬間……赤ちゃんがスポーンと海中に産みだされました。そして、なんと2頭のお姉さんシャチが親子に寄り添い、見事な連携で赤ちゃんを水面で囲み、呼吸を補助したのです！それは見事な連携でした。母親と姉2頭の連携によって、赤ちゃんは無事に産声をあげ、しっかりと泳げるようになったのです。

野生のシャチの研究では、シャチは母系家族で生活し、群れの文化が継承されるといわれています。飼育下のシャチを1つの個体群として考えれば、姉たちも出産を学習していたと思われます。文化は継承され、この子たちもきっと良い母親になるにちがいないと思える出来事でした。

群れ遊泳。母親と赤ちゃんを姉２頭が囲んで、遊泳を助けています。

胎盤もビッグ

後産（胎盤）は、分娩が終了してから半日くらいの間に水中に排泄されますが、それを母親が食べることはありません。水族館では、排泄された後産を回収して、胎盤が途中でちぎれて母体に残っていないか確認します。ただし、体長2.5m、体重350kgの胎子を育んでいた後産は、たたみ２畳分くらいの大きさがあり、重さも15kgくらいあります。

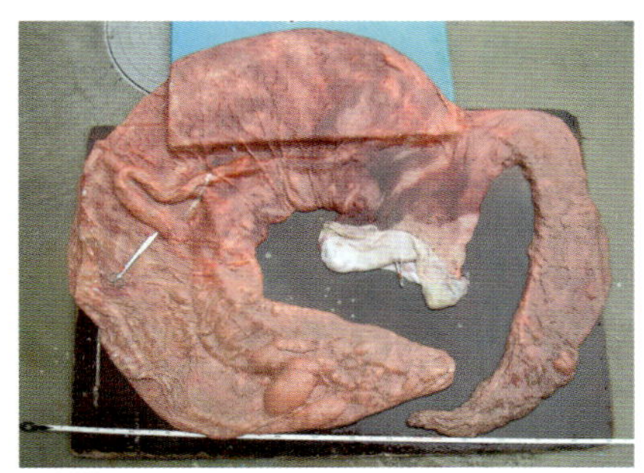

胎盤。左側が妊娠した子宮角、右側が非妊娠の子宮角の胎盤。産道を通り、真ん中から産まれました。たたみ２畳分、15kg くらいあります。

産まれたあともホッとできない

出産が終わったあと、安定して親子の遊泳がみられれば、母子に良好な関係が構築できたと考えられます。次は授乳の確認です。探乳（赤ちゃんが母親の体側に舌を出して吸いつこうとする行動）の様子がみられれば、赤ちゃんはお乳を欲しがっており、母親は授乳させたいとわかります。そうしているうちに、１対ある下腹部の乳頭に赤ちゃんが吸いつきます。もちろん、泳ぎながらの授乳です。母親はスピードをゆるめて、飲みやすい体勢をとります。そして、赤ちゃんが太ってくれれば、母乳が十分に出ているとわかります。ここまで、出産からおよそ１週間、ようやくホッとできます。赤ちゃんが育ってこそ、繁殖が成功したといえるのです。

このように、シャチの飼育下繁殖では、１個体を長期間にわたって観察できるという特徴があります。赤ちゃんの成長、成熟時の体長や年齢、繁殖時期、交尾行

泳ぎながらの授乳

動、妊娠期間、分娩時行動、育児行動など詳細なデータをとることができます。

なぜ繁殖させるの？

シャチは、「絶滅の危機に瀕しているために飼育下で増やし、野生復帰させる」という絶滅危惧種ではありません。では、なぜ繁殖の必要があるのでしょうか？少し多角的にながめてみます。

そもそも、海の中にいる鯨類の生態調査は困難を極めます。一方、飼育動物では、分娩の仕組みや経過を間近で観察し、知ることができます。へその緒が取れる時期、縦しわの消える時期、体色の変化、歯の萌出など、野生のシャチの観察では知ることのできない出生からの変化を知ることができます。シャチは、成長するにつれて縦しわがなくなっていき、体色もオレンジから白色になっていきます。また、離乳期になると母親が子どもに魚などのエサを分け与えるなど、野生での観察ではわからない部分を補填することができます。これらの情報を野生のシャチの観察と組み合わせることで、シャチへの理解を深めることができます。

研究の成果

最新の研究により、野生の鯨類の皮膚をバイオプシー（針を刺して皮膚の一部を採取）することで、正確な年齢を知ることが可能となりました。この研究の基礎として、年齢が明らかである飼育下繁殖のシャチの血液や皮膚が用いられ、この方法が正しいことが証明されています。

認知科学にも貢献しています。鏡を用いた実験で、鏡に映った姿を自分と認識できるのは、チンパンジーなどの霊長類、アジアゾウ、カササギなどの鳥類ですが、鯨類ではシャチとバンドウイルカがそのテストに合格しています。また、海に生きる鯨類の記憶、問題解決、推論、コミュニケーションなどの研究は、トレーニング技術を用いた実験方法が取られるため、飼育下の鯨類が役に立ちます。いえ、真骨頂といえるでしょう。

知床の白いシャチ

最新の研究で進むシャチの解明

現在、シャチを含めた野生の鯨類研究では、ドローンが活躍する時代となりました。今までは船上や陸からの観察でしたが、ドローンを使えば真上から動物を撮影し、観察できるのです。体長測定、肥満度、行動観察など、新しい研究分野が開けています。

世界自然遺産である北海道・知床の海には、毎年春から夏にかけて、シャチの群れが頻繁に訪れます。観察に適したシーズンは５～７月で、観光船が運航され、野生のシャチを間近で見ることができます。彼らはどこから何のためにやって来るのか、知床の海で何をしているのか、といったことは、最新技術を用いた研究により解明されていくでしょう。飼育されているシャチから得られた繁殖や成長に関するデータ、行動が、生態の解明や保全の基礎となることが期待されます。

参考文献

1. 粕谷俊雄．イルカ概論：日本近海産小型鯨類の生態と保全．東京大学出版会，2019.
2. 村山司．イルカの認知科学～異種間コミュニケーションへの挑戦～．東京大学出版会，2012.
3. 村山司．シャチ学．東海教育研究所，2021.
4. 村山司．海獣水族館：飼育と展示の生物学．東海大学，2010.
5. 海洋と生物 174 号　水族館における鯨類の繁殖．生物研究社，2008.
6. Wikipedia. Captive orcas. https://en.wikipedia.org/wiki/Captive_orcas. 参照 2024-10

文・写真：勝俣悦子
（鴨川シーワールド）

アメリカマナティー

Trichechus manatus

やさしい海のベジタリアンの介添え哺育への挑戦

- 海牛目マナティー科
- 全長：2.6〜3.5m、体重：280〜700kg
- 生息地：熱帯・亜熱帯の大西洋沿岸海域・河川、湖沼など
- IUCNレッドリスト：VU

どんな動物？

海牛目は大型の海棲哺乳類で、マナティー科、ジュゴン科の２科に分類されます。マナティー科はアメリカマナティー、アマゾンマナティー、アフリカマナティーの３種に分類されています。また、アメリカマナティーは、生息域や特徴のちがいからフロリダマナティー、アンティル（カリビアン）マナティーの２亜種に分けられています。

大型の哺乳類でありながら、干満の少ない沿岸海域から河川、湖沼など、水深１〜５ｍまでの浅い水域で暮らしています。浮草や沈水植物、藻類、川岸の植物など、様々な植物をエサにする植物食で、１日に体重の７〜15%もの大量のエサを食べます。

ウマと同様、主要な消化機能は後腸（盲腸や大腸）ですが、反すう動物以上の優れた消化力をもっています。さらに、７日もの長い時間をかけて消化管を通過させることで、低栄養の食事からも効率のよい消化・吸収を可能にしています。

マナティーの大きな丸い尾びれをはじめ、比重の重い分厚い皮膚や骨は、水中を高速で移動するというより、水底で安定しやすい体のつくりになっています。

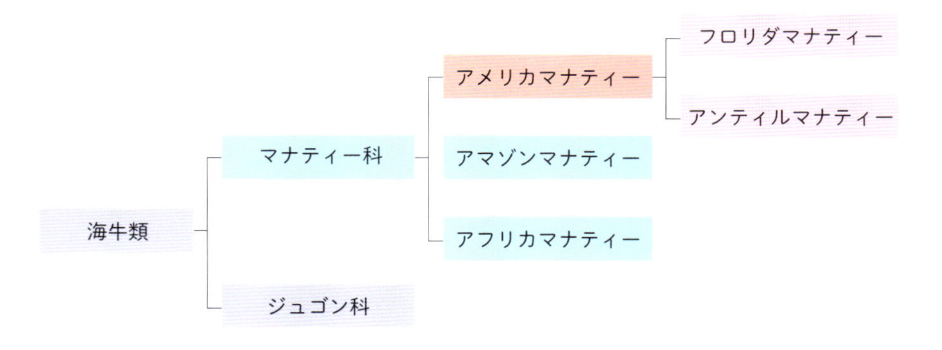

水底での移動は、前足で歩くように進みます。写真は親子です。

ほかの海棲哺乳類とくらべても動作は非常にゆっくりとしており、水底を移動する際は、前足で歩くように進みます。昼夜どちらの時間帯でも行動し、食事や休息に多くの時間を費やします。

マナティーは系統的にゾウと近縁であると考えられています。分厚い皮膚やまばらに生えた体毛、前足にある半月形の爪などの外見に加え、体の仕組み（歯の生え変わり、心臓、子宮、精巣など）にも共通の特徴があります。

マナティーの今

マナティーは、浅い水域に生息していることから人間の活動の影響を受けやすく、開発による生息環境の悪化、生息地の分断による繁殖機会の減少などが原因で生息数が減り、絶滅が心配されています。他生物による捕食事例はほとんど確認されていないことからも、一番の天敵は人間だといわれています。海牛目に属していたステラーカイギュウは、人間による乱獲のため1768年に絶滅が確認されました。このような悲しい出来事が二度と起こらないためにも、水族館や動物園のような施設が行う、積極的な種の保存への取り組みが重要となってきています。

マナティーの生態についてはまだわかっていないことの方が多く、野生下での繁殖行動の観察例もほとんどありません。水族館での繁殖の試みは、それだけで絶滅危惧種の保存にもつながりますが、繁殖生態を詳しく知ることは、単に動物への理解を深めるだけではなく、保全プログラムにとっても重要な役割を担っています。

マナティーの繁殖学

争いはしない

マナティーは基本的に単独行動で、母子以外の明確な群れはつくりません。オスは巡回移動し、発情したメスに出会うと複数のオスが交尾群として集まり、2～4週間もの間、メスを追跡し、交尾を試みます。メスは複数のオスと交尾を行い、交尾を終えたオスは、次の相手を探しに離れます。野外において観察される、複数のマナティーが派手に水しぶきを上げてもつれあう様子は一見激しい争いにもみえますが、牙などの武器を一切もたないため、相手を傷つけるようなケンカにはなりません。競い合って強い1頭が交尾できるわけではなく、自分のチャンスを粘り強く待つことで交尾の機会を増やしているようです。成熟していないオス個体が交尾群に加わり、繁殖行動を学ぶこともあります。飼育下でも、オスがメスに行うアピールは、とにかく熱心です。口部や前足を使って相手に触ったり、抱きついたり、メスにその気がなくても粘り強く続けます。

交尾では、背中を丸めたオスがメスの体に巻き付くようにして腹合わせに抱き合います。交尾は数秒といわれていますが、数時間にわたることもあります。沖縄美ら海水族館（以下、当館）では、20分以上の交尾行動を確認しています。

人と同様に、周年繁殖が可能な動物とされていますが、野生下では地域によって出産する時期が異なるようです。フロリダマナティーは、低水温時期の出産を避ける傾向があります。一方、熱帯の淡水域に生息するアマゾンマナティーは、水量が減少する乾季を避け、増水期に出産します。環境やエサとなる植物の生育時期なども、出産時期を決定する要因になっているようですが、詳細については明らかになっていません。

当館の繁殖成功例でも4月、6月、10月とばらばらです。妊娠期間は12～14カ月で、授乳期間は18～24カ月前後であるため、野生下での妊娠間隔は3～6年の間のことが多いようです。1度の出産で生まれる赤ちゃんは通常1頭で、大きさは体長120～140cm、体重30kg前後です。

性成熟に達するのは、メスでは平均8～9歳（体長260cm以上）、オスでは9～10歳（体長275cm以上）といわれています。しかし、生息環境の諸条件などによる地域差が大きく、特に飼育下では早く性成熟を迎えることもあるようです。当館の例では、メスのメヒコ

交尾。体の大きい方（中央）がメス

が推定16歳（体長258cm）、マヤが推定14歳（体長277cm）、またオスでは、ユカタンが8歳（体長200cm）で、はじめて繁殖にかかわっています。

当館でのマナティー繁殖成功例は、1990年のユメコ（メス）、2001年のユマ（メス）、2021年のキュウ（オス）の3例になります。

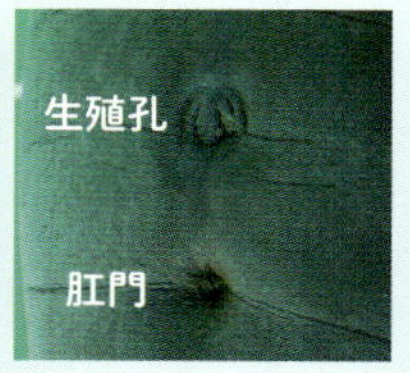

オス・メスの見分け方
オス・メスどちらも、お腹のやや上の方にへそのくぼみがあり、尾びれの付け根付近に肛門があります。メスは、肛門のすぐ上に生殖孔があります。オスは、へそのすぐ下に生殖孔があり、生殖器は普段、体内に収納されています（写真右は生殖器が出てきた状態）。

初の繁殖例・ユメコの誕生

当館でのマナティー飼育は、1978年にメキシコ政府から寄贈されたメヒコ（メス）、ユカタン（オス）の2頭からスタートしました。メヒコは1996年までに5回出産しましたが、低体重での出産や死産が多く、1990年4月26日に誕生したユメコ（メス、体長111.5cm、体重23kg）が国内初の繁殖成功例となりました。ユメコは人工哺育で育てられましたが、1998年に消化器疾患により死亡してしまいました。

繁殖2例目・ユマの誕生

新たに繁殖を推進するため、1997年に、マヤ（メス）と琉（りゅう）（オス）の2頭がメキシコ政府から寄贈されました。2000年1月にマヤとユカタンの同居を開始したところ、4～5月にかけて数回の交尾が確認されました。

交尾が確認されると、血液検査を行い、定期的に妊娠の指標となるホルモン（プロジェステロン）の数値をモニタリングしていきます。マナティーの採血は前足の付け根にある血管から行うため、作業はプールの水を完全に抜いた状態で実施します。交尾後、マヤのプロジェステロンが高値を維持していたことから、妊娠を確定しました。

最初の交尾を観察してから約18カ月後の2001年10月13日に、ユマ（メス、推定体長120cm、推定体重30kg）が誕生しました。

マヤはなかなか授乳しようとせず、飼

育員たちをハラハラさせましたが、出産から28時間後、ようやく最初の授乳を確認することができました。マナティーの飼育がはじまってから23年、これが当館ではじめて実際に見たマナティーの授乳シーンになりました。

その後、マヤは安定して授乳を行い、授乳行動は4年8カ月間続きました。これは、野生で観察されている18～24カ月よりもかなり長い授乳期間です。ユマは2024年10月に23歳の誕生日を迎え、体長309cm、体重630kgと順調に成長し、現在も、国内での繁殖個体の長期飼育記録を更新しています。このユマの誕生・成長を通して、授乳も含め母親が育てることの重要性に改めて気づかされました。

20年ぶり！
繁殖3例目・キュウの誕生

2001年のユマの誕生以降、何度かオス･メスでの同居を試みたものの、マヤ･ユマともに妊娠には至りませんでした。ところが2020年5月、マヤ、ユマ、琉の3頭を同居させたところ、マヤと琉の交尾行動が観察されました。複数頭で行う本来の繁殖行動を考えると、この同居が交尾成功に寄与した可能性も考えられますが、詳細は不明です。

今回は血液のプロジェステロン値のモニタリングに加え、超音波検査（エコー検査）による観察も行いました。しかし、マナティーの腹部の大部分を長い腸管が占めているため、糞便やガスが多く、妊娠初期の段階では確認することはできません。超音波検査で元気に動く赤ちゃんの姿がはじめて確認されたのは、交尾確認から5カ月後の同年10月のことでした。

マナティーの体型は腹部が太い紡錘形のため、体型の変化がはっきりわかるのは妊娠後期になってからです。12月になると、少しずつお腹がふくらんできたのがわかるようになり、そこから徐々にお腹のふくらみは後方に移動していきました。さらに5月に入ると、生殖孔周辺も大きく盛り上がり、乳房も張ってきました。

2021年6月16日早朝3時、いよいよ

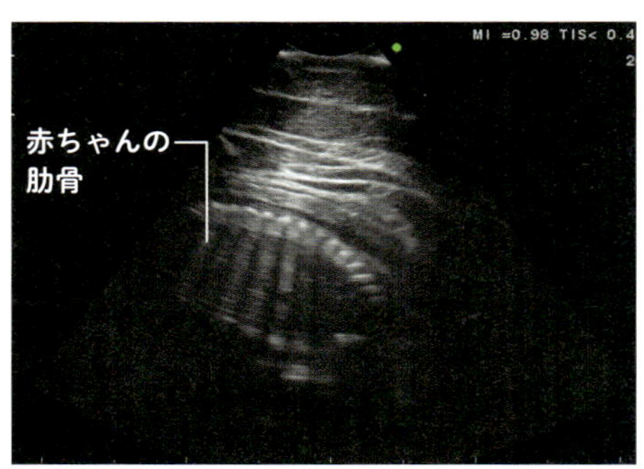

超音波検査の様子（左）と描出された画像（右）。体が浮く程度の水位に調整し、超音波を腹部から当てて、胎子の様子を超音波画像で確認します。

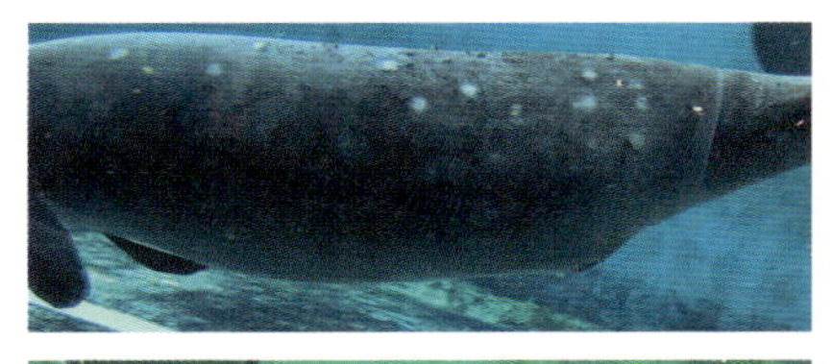

出産１カ月前。お腹が大きくふくらみ、生殖孔の周囲が盛り上がってきます。

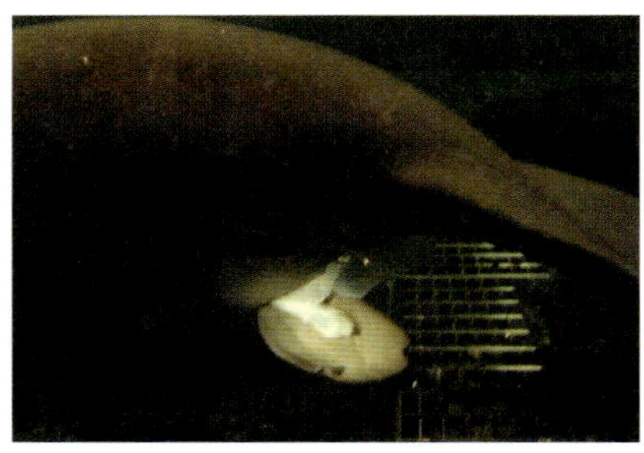

出産開始。生殖孔から尾びれの一部が出てきました。

20年ぶりの出産がはじまりました。生殖孔から羊膜の一部が排出され、徐々に白い風船のように膨らんできました。７時を過ぎるころには、破れた羊膜の中から赤ちゃんの尾びれが見えてきました（通常、マナティーの赤ちゃんは尾びれから生まれてきます）。両端が折りたたまれた尾びれは、時間の経過とともに少しずつ広がりしっかりとしてきました。７時33分、赤ちゃんの体の1/3ほどが出ると、マヤが力んだタイミングで、一気に水中へと産まれ出てきました。

マナティーの体は比重が重いため、誕生直後は勢いよく水底に沈んでしまいます。赤ちゃんは体を反らし、小さな前足をもがくように動かして、必死に水面を目指します。水面に出て呼吸するまではほんの数分ではありますが、何ともいえない息の詰まるような時間です。誕生したキュウ（オス）は、体長123cm、体重33.5kgでした。

生後１日目のキュウと母親のマヤ

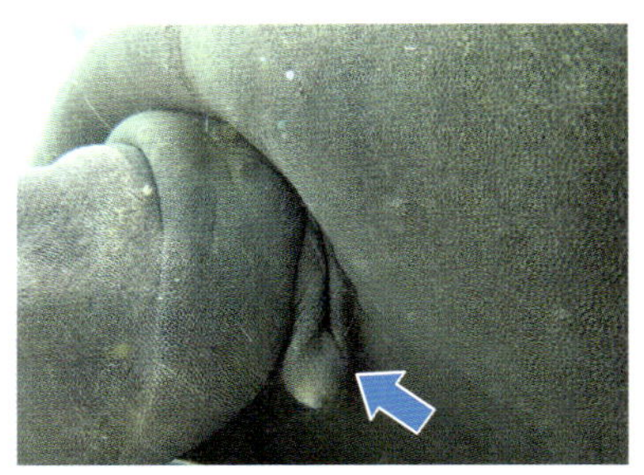

左：マナティーの乳房。脇の下にあります（矢印）。
右：授乳（マヤとキュウ）

授乳も順調と思いきや……

マナティーの乳房はゾウと同様、両脇の下にあり、授乳は水中で行われます。赤ちゃんが小さな高い声で鳴きながら近づくと、母親は脇を開いて誘導します。キュウの初授乳が確認されたのは、出産から3日後……。ユマとくらべ、かなり時間はかかりましたが、順調な滑り出しに、見守ってきた飼育員たちもほっと胸をなでおろしました。

マナティーの乳房はお乳を溜めておくことができないため、授乳は頻繁に行われます。ユマでは、1回1～3分程度の授乳が、1日に平均55回程度観察され、授乳回数や1回ごとの授乳時間も日を追うごとに増えていきました。

ところが、今回のキュウでは、授乳回数は1日平均16回と少ないものでした。さらに出産から8日目を境に授乳回数は徐々に減り、16日目にはほとんど授乳の様子がみられなくなってしまいました。

キュウの体表には大きなしわが寄り、痩せや脱水の心配も出てきました。また、調べてみると、マヤの乳房からはほとんど母乳が出ていないことが判明したため、人工哺育の実施を決断しました。

介添え哺育への挑戦

ユメコの人工哺育は、親子を完全に分けて行いましたが、可能な限り母親の育児への関与を分断したくありません。

植物食の動物の腸内には、植物のセルロースやヘミセルロースを分解する酵素をもった細菌がすみついており、細菌が植物を分解する際に出た副産物（短鎖脂肪酸）を吸収し、エネルギーにしています。動物の腸内細菌の獲得は誕生直後にはじまり、授乳期を経て、エサを食べはじめる時期へと徐々に変化していきます。それらは、母親がもつ腸内細菌や、周囲の環境中の細菌から子どもに伝わると考えられています。マナティーをはじめ、海棲哺乳類については、いまだ詳細は解明されていませんが、同様なことは十分に期待できます。

授乳期間中、親子が常に一緒に過ごすことは、母親から行動や社会性を学ぶだけでなく、消化に必要な腸内環境を整えるうえでも重要なのかもしれません。マヤは母乳が出なくてもキュウに寄り添うことを継続しています。そこで、哺乳だけ人が介在する「介添え哺育」を行ってみることにしました。

哺乳を行うには、プールの水位を低くし、１日に何度もキュウを捕まえなければなりません。はじめは親子を同居させたままの哺乳を試みましたが、警戒心の強いマヤには大きなストレスになりそうなことがわかりました。そこで、毎朝キュウを取り上げて、育児専用の水槽（育児プール）に移動して夕方まで哺乳を行い、夜間は親子のプールに戻す「半日哺育」を行うことにしました。

本来、マナティーは水中で授乳しますが、哺乳は水面に頭を出した状態で行います。哺乳にはヤギ用の乳首や哺乳びんを使用しましたが、道具の選定も簡単ではありませんでした。特に乳首は事前にいくつも準備しておいたものの、なかなか合うものがみつからずに苦労しました。やっと気に入ってもらえる大きさの乳首がみつかったと思ったら、今度は、マナティーの大きく分厚い口唇が乳首の通気孔をふさいでミルクが出てこない、ミルクの温度が合わないらしい、抱っこを嫌がる……など、次々に新しい問題にぶつかりました。乳首の大きさや硬さ、ミルクの温度や授乳の体勢など、一つひとつ、その個体に合わせていくしかありません。

「少しでも早くたくさん飲むようになってほしい……」、焦る気持ちとは裏腹に、スムーズにミルクを飲んでくれるようになるまで、哺乳方法や道具の改良の試行錯誤がかなり続きました。

大豆からできたミルク

マナティーの人工ミルクの配合については、海外の飼育施設や保護施設が研究・使用しているレシピが公開されています。マナティーは乳糖（ラクトース）を分解できないため、牛乳由来の材料は使用できません。乳糖が含まれない、大豆由来の粉ミルクをベースに、大豆プロテインや、中鎖脂肪酸の含まれるココナッツオイル、マカダミアンナッツオイル、MCT オイルなどの油脂を配合して人工ミルクを作製しました。

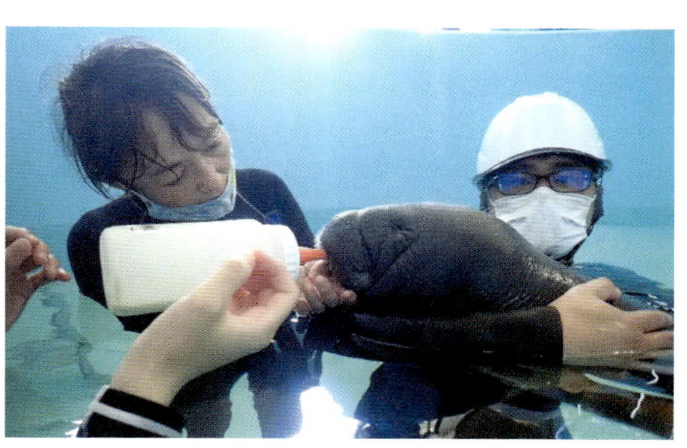

左：育児プールへの移動作業
右：人工哺乳初日

便秘との闘い

子どもの消化器官は繊細です。母乳成分についても研究は行われていますが、わかっていないことの方が多く、人工ミルクに変更することで、下痢や便秘などの不調を起こすこともあります。下痢が進行すれば脱水を起こす危険性があり、便秘が続けば腸の動きが止まり、死亡することもあります。腸内環境の不調は、長い腸管をもつマナティーにとっては、まさに命取りです。

生後17日目から人工哺乳を開始しましたが、35日目には排便が確認されなくなりました。X線（レントゲン）検査や超音波検査で腸の状態をみてみると、小さな便のかたまりやガスが重積し、腸の動きも低下していることが確認できました。

腸の動きを促進するため1日に何度もお腹のマッサージを行い、カチカチになった便を少しずつほぐして取り出す毎日が続きましたが、便秘の根本的な原因を解決しなければ、現状は変わりません。

便秘の改善には何が有効なのでしょうか？ まずは、人工ミルクの浸透圧（濃度）を見直してみることにしました。母乳は、子どもの成長に応じて吸収しやすい濃度にその都度調整されています。一方、人工ミルクは、濃すぎると下痢に、薄すぎると便秘に傾くなど、濃度が消化・吸収機能にも影響を与えている可能性もあります。体液に近い浸透圧になるまで、10日間ほどかけ、少しずつ配分を変えながら濃度を調整していくと、徐々に便の状態がよくなってきました。

もう1つの改善案は、野菜の繊維をとることで腸内細菌を整えれば、腸内の環境も改善するのではないか？ というものです。

エサを食べはじめるのはいつ？

マナティーの子どもは生後数日で母親の食べているエサに興味をもち、口に入れるようになりますが、はじめは消化できず、飲み込んだ野菜の欠片はそのまま便の中に出てきます。植物の消化には腸内環境の準備が必要なのでしょう。キュウでも、生後2日目にはエサや母親の便

超音波検査で消化管内の流れを確認しています。

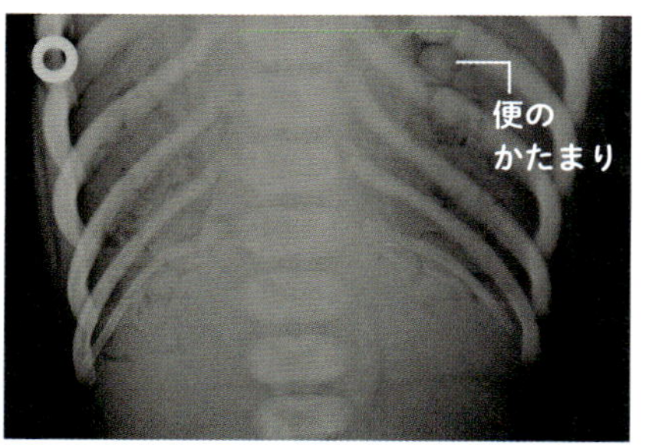

X線画像。小さな便のかたまりが重積しています。

を咀嚼するような行動が観察されています。そういった意味では、消化に必要な腸内細菌叢は、母親と一緒に過ごすことで自然に得ることができるのでしょう。

実際、人工哺育で育ったユメコは、生後111日目に野菜を食べはじめ、173日目から消化が確認されましたが、母親と一緒に育ったユマは、生後17日目に野菜を食べはじめ、44日目に消化が確認されています。

そこで、育児プールにいる日中も、マヤと過ごすときと同様、いろいろな野菜をプールに入れ、キュウが食べはじめるタイミングを観察しました。しばらくは咀嚼の動作だけでしたが、生後40日ごろから少しずつ食べる様子が確認されるようになりました。そこで、生後67日目からは、食物繊維の添加を目的に、人工ミルクの中にも粉砕した小松菜やバナナ、プルーンなどを少量ずつ配合してみることにしました。その結果、93日目には消化された細かな野菜の繊維が便の中に混じるようになりました。

人工ミルクの調整に加え、野菜を食べはじめたことで腸内の環境は安定し、66日目（浸透圧調整から７日後）には、便はやわらかく正常な状態に戻りました。また、体重は一時29.2kgまで減少し、誕生から100日間で2.9kgしか増えませんでしたが、それ以降の100日間では34kg増加しました。

その後も順調に成長し、２歳のころには体重281kg、体長227cmになり、母乳で育ったユマの２歳時の250kg、193cmと同程度以上の成長が確認されました。改めて、マナティーの人工哺育では、「野菜を食べはじめるまで」の生後２～３カ月までが最も重要で、飼育員

お腹のマッサージ。肛門付近の便やガスの排出を促します。

にとっての正念場でもあることを実感しました。

マナティーの授乳期間は長いため、授乳方法も続けられる方法を考えながら、変えていく必要があります。体重が増加していくにつれ、育児プールへの移動作業が難しくなってきます。そこで、親子が一緒に過ごしながら哺乳を続けられるように、生後4カ月目からは哺乳方法を少しずつ変更し、キュウがプールの水面に自発的に接近して哺乳ができるようにしました。これで、親子は終日一緒にいることができます。半日哺育を開始して約5カ月後には、親子での完全同居に切り替えることができました。

哺乳量は生後100日までは1日平均750mL、200日までは1,024mLほどでしたが、最大で1日3,000mL飲むこともありました。1歳半ごろからは少しずつ哺乳回数を減らし、2年3カ月で哺乳終了としました。

生後40日ごろから野菜を食べるようになりました。

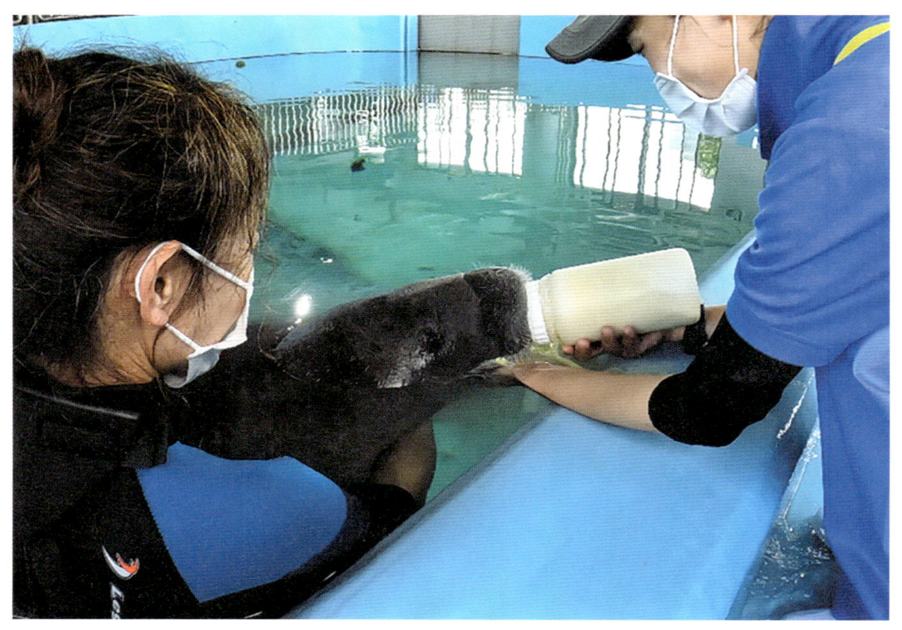

親子同居での哺乳開始

【キュウの成長】

2021 年 9 月

2021 年 10 月

2021 年 10 月

2022 年 2 月

2022 年 3 月

2022 年 5 月

2022 年 8 月

2022 年 11 月

2023 年 2 月

2023 年 8 月

2023 年 9 月

2024 年 6 月

キュウ（左上）、琉（右）、ユマ（左下）（2024 年 5 月）

マナティーの今後

野生のマナティーでは、親子は 2 年ほど一緒に暮らし、子どもは母親からいろいろなことを学びます。当館では、オスの子どもの成長過程を観察できるのもはじめてのことになりますが、キュウの他個体とのコミュニケーションや社会行動などは、興味深い新たな発見があります。その観察や記録を進めながら、親子を分離しない介添え哺育を行えたことは、今後の保全を視野に入れたマナティーの飼育技術の向上に貢献できるものと感じています。

引き続き、マナティーの飼育や繁殖を行い、一つひとつの課題に向き合い、マナティーの保全に貢献していきたいと考えています。

文・写真：真壁正江
（沖縄美ら海水族館）

鳥類

ニホンライチョウ

Lagopus muta japonica

奇跡の1羽からの復活計画

- キジ目キジ科
- 全長・体重：37cm、400〜600g
- 生息地：本州中部の高山帯
- 環境省レッドリスト：EN、特別天然記念物

どんな動物？

　ニホンライチョウは、１年の大半を涼しい高山帯で過ごし、主に高山植物を食べて生活しています。春から夏にかけては、標高2,200〜2,400m以上の高山帯で子育てを行います。厳冬期は高山植物が雪でおおいつくされてしまうため、より標高の低い亜高山帯に降りてきて、樹木の冬芽を食べて冬を乗り切ります。比較的人を恐れない鳥のため、運がよければ登山道からもその姿を間近に観察することができ、登山者にとても人気がある鳥です。

　世界にはライチョウの仲間が複数いて、たとえばヨーロッパやシベリアにいるヨーロッパオオライチョウ、ユーラシア大陸北部にいるクロライチョウ、北アメリカにいるアオライチョウなどがいます。日本には、ライチョウの亜種である「ニホンライチョウ」と、エゾライチョウの亜種である「エゾライチョウ」の２種類がいます。北海道にいるエゾライチョウは、Hazel Grouseという英名です。この「Grouse（グラウス）」が付くライチョウは、冬になっても白くならず、１年中同じ羽の色です。一方、ニホンライチョウはRock Ptarmiganという英名が付けられていて、「Ptarmigan（ターミガン）」は、冬に白くなるライチョウのことを指します。

装いのちがい

　一般的に、鳥の換羽は繁殖期の前後で行われるので年２回ですが、ニホンライチョウは例外的に年３回換羽します。ニホンライチョウはその名のとおり、冬には雪景色に溶けこむような真っ白な姿です（冬羽）。オスとメスは、「過眼線」（くちばしの基部から目元へ伸びる黒い線）

真っ白な冬羽

の有無によって、見分けることができます。過眼線があってまるでサングラスをかけているように見えるのがオス、過眼線がないのがメスです。

春から夏の間は、オスの上面は黒褐色、メスの上面は黒褐色や茶色等のまだら模様になり（夏羽〔繁殖羽〕)、オスとメスで装いがちがうので見分けるのは簡単です。

最も見分けづらいのが、秋羽の時期です。繁殖を終えた秋には、オスもメスもややくすんだような茶色になります。どこで見分けるかというと、目の上にある赤い「肉冠」の有無です。メスにもないわけではありませんが、ほとんど目立ちません。オスの肉冠は、緊張したり興奮したりすると目立ちますが、落ち着いているときはメス同様、ほとんど目立ちません。

ライチョウの保全

ニホンライチョウは、環境省が公表しているレッドリスト（絶滅のおそれのある野生動植物種のリスト）では、2012年以降、絶滅危惧IB類（EN、近い将来、野生での絶滅の危険性が高い種）に分類されています。それまでは、絶滅のおそれがより低いとされる絶滅危惧II類（VU、絶滅の危険が増大している種）に分類されていましたが、生息数の調査で約3,000羽（1980年代）から2,000羽弱（2000年代）に減少したことがわかり、絶滅のおそれが高まっていると判断されました。そこで環境省は、ライチョウを絶滅させないために、2012年に「ライチョウ保護増殖事業計画」を策定しました。2014年から「第一期ライチョウ

夏羽。左：オス、右：メス

こっちを見て！

ニホンライチョウの

ニホンライチョウの繁殖シーズンは４～７月です。この間に、オスのなわばり形成、つがい形成、交尾、産卵、抱卵、ふ化、育雛が行われます。オスは春先になわばりを形成し、そこにやってきたメスに求愛行動をします。鳥の求愛行動といえば、エサを口移しであげたり、魅力的なダンスを見せたり、立派な巣をつくったりなど様々です。ニホンライチョウの場合は「ディスプレイ」という、オスが尾羽を扇子のように開いてお尻を上げ、翼を下げて頭を地面すれすれに下げながらメスに近寄り、「こっちを見て」とアピールします。メスはそれを見て、はじめのうちはたいてい逃げますが、相性がよければ徐々に受け入れるようになり、すぐ近くでディスプレイされてもじっと見守るようになります。そのころには一緒にエサをついばむようになり、休息もすぐそばで行い、行動を終日共にします。

その後、交尾してメスは産卵に入ります。卵は１日おきに５～８個産み、最後の卵を産み終えたら抱卵に入ります。抱卵はメスだけが行い、抱卵期間は約 22 日間、その間メスは１日に３～４回しか巣から出てきません。巣から離れる時間は１回あたり数十分程度で、急いでエサを食べます。ときに抱卵糞といわれる、普段より 10 倍ほど大きい便をしますが、決して、巣の中で排泄をすることはありません。オスは、抱卵期間中は巣を守るため、なわばりの警戒にあたりますが、ヒナのふ化後はなわばりを解消し、あまり姿を見かけなくなります。育雛はメスのみで行い、ヒナは約３カ月後に独り立ちします。

オスの求愛ディスプレイ

保護増殖事業実施計画」が策定され、日本動物園水族館協会（JAZA）も生息域外保全[*1]を担うかたちで、2015 年からついにニホンライチョウの飼育がはじまることとなりました。

実際に行われているニホンライチョウの生息域内保全[*2]には、テンやキツネなどの「捕食者対策」、ヒナの成育率を上げるための「ケージ保護」、エサとなる高山植物を守るための「イネ科植物の試験的除去」、一度は絶滅した生息地に動物園で育てた個体を再定着させる「野生復帰」などが含まれます。

一方、生息域外保全としては、実際にニホンライチョウを飼育し、飼育や繁殖に関する技術開発に取り組んでいます。ライチョウを展示し来園者に見ていただき、その種が置かれている厳しい現状などを知ってもらい、興味をもってもらうことも重要です。

スバールバルライチョウの飼育

話は少しそれますが、スバールバルライチョウをご存じでしょうか。ノルウェーのスバールバル諸島に生息するライチョウで、亜種は異なりますが、ニホンライチョウと同じ種です。寒い場所に生息し、冬には白くなります。現地では狩猟対象になるほど数が多い種ですが、ノルウェーのトロムソ大学では1970年代から飼育や繁殖に取り組み、研究が進められてきました。

上野動物園の小宮輝之元園長は、ニホンライチョウの飼育技術を確立するために、まずは同じライチョウの仲間である「スバールバルライチョウ」を研究する必要があると考えました。2008年、トロムソ大学に職員を派遣し、お土産にスバールバルライチョウの卵を譲り受けました。上野動物園でふ卵に挑戦したところ、数羽のヒナがふ化し成育しました。翌年も卵を譲り受け、ほかの動物園でもスバールバルライチョウの飼育がはじまりました。

現在、ニホンライチョウを飼育しているすべての園館は、ニホンライチョウを受け入れる前に、まずスバールバルライチョウの飼育を数年行い、そこで得られた知識・経験をニホンライチョウの飼育管理に活かしています。しかし、厳密にいえば、代謝やエサのちがいなど、細かい相違点がたくさんあります。野生のニホンライチョウは、ふ化後1カ月以内に半数以上のヒナが死亡するといわれていますし、飼育下でも、前日まで元気だったのに翌日急に死亡してしまうこともあります。マニュアルどおりにきっちり進めたとしても、なかなか容易に飼育できる種ではありません（簡単に飼育できるのであれば、そもそも絶滅危惧種にならなかったはずですよね）。ニホンライチョウの飼育技術は確実に向上していますが、まだまだ技術開発に取り組まなければなりません。

＊1：動物園など、生息地とは離れた場所でその種を保全すること。

＊2：生息地でその種を保全すること。

日照時間の調整

動物園では、野生にくらべてふ化率やヒナの育成率が低いことが課題となっています。これには「卵の質」が関係しているのですが、卵とはつまりメスの「卵胞」です。卵胞の発育には、ホルモンが関与しています。ホルモンが正常に分泌されるためには、光や温度などを調整して、その種本来の生理状態にする必要があります。鳥類の繁殖は、主に日照時間によって調節されています。そのほかにも、気温やエサ、ニホンライチョウの場合は降雪量などが関係しているといわれています。

動物園では、ニホンライチョウの生息地である乗鞍岳の日照時間に合わせて、照明の時間を調整しています。しかし、日照時間の調整は装置を使ってできますが、高山帯の紫外線量や光のスペクトルの再現、生息地に合わせた気温の調整（特に低温環境をつくるのが難しい）、高山植物等のエサの調達は現状では難しく、

改良した巣

ハイマツの葉の下に
隠れていた卵

ましてや降雪量のコントロールはいくら頑張ってもできません。野生下での条件を完全に再現することは不可能なので、少しでもライチョウに適した環境をつくり、繁殖の成功につなげようと各園で努力しています。

快適な巣

努力の一例として、動物園での営巣環境（産卵する場所）についてご紹介します。動物園における営巣環境は、ここ数年で大きく改善したと思われます。野生では、ハイマツの下の空間に、ハイマツの枯葉で器用にお椀型の巣をつくり、5～8個の卵を産みます。

那須どうぶつ王国（以下、当園）では2020年まで、プラスチック製の巣箱の底に川砂を敷き詰めて、その上に笹の葉を細く切ったものを巣材として入れていました。母親はそこで産卵・抱卵し、ヒナのふ化まで至りました。しかし、10個以上産んでしまうこともありましたし、ふ化に至らない発生中止卵が多かったのが問題でした。多産になってしまうのはエサの影響もあるかもしれませんが、専門家からは巣の構造にも問題があると指摘を受けました。

2021年に、中央アルプスの野生個体を受け入れて、2022年にこれらの個体で4家族形成を目標に、繁殖に取り組みました。このとき、ライチョウ研究者である信州大学の中村浩志名誉教授が、前年に長野県の茶臼山動物園で作製した巣の構造を参考にしました。深さ20cmのプラスチックケースに15cmほど土を入れて、その上に園芸用水苔とハイマツの枯葉をふかふかに敷き詰め、アカマツやハイマツの枝葉で周囲をおおい、母親が巣に出入りするときに少しかがむような構造にしました。すると、驚いたことに、今まで私が見たことのあるライチョウの卵は、巣材の上にちょこんと乗っているようなものでしたが、この巣で産卵された卵は、ハイマツを深く掘ってしっかり探さないと卵があるかどうかもわからないほど巧みにハイマツの葉で隠されていました。産卵の確認は毎日行っていましたが、そんな深いところにあるとは思わず、卵の一部がたまたま露出していてようやく気づくことができました。

その年、４羽のメスで計37卵、ふ化に至った卵が26個、１羽あたり平均９個、ふ化率70%だったので、まずまずの結果だったと捉えています。それでもなお、多産傾向だったのは、冬季に体重が減少し、繁殖期に向け体重増加を狙って、高栄養なエサを産卵期前に与えてしまったことが要因だったと考察しています。その反省を活かし、2023年は高栄養なエサを与えずにみたところ、産卵数は７個に抑えられました。しかし、ふ化率は57%に下がってしまい、一筋縄では行かないのがニホンライチョウの繁殖だなと改めて感じました。

特殊な腸内環境

ニホンライチョウは、主に高山植物を食べる草食性の鳥です。一般的に、草食性の動物は立派な盲腸をもっていて、盲腸にいる腸内細菌が植物を分解して、体に必要な栄養素に変換します。ニホンライチョウもとても大きな盲腸をもっており、体長37cmの体の中にある盲腸はなんと45cmほどの長さになります。また、高山植物の一部には毒性成分が含まれているものもありますが、ニホンライチョウは特殊な腸内細菌でその毒素も分解していることが知られています。

そのほかにも、コクシジウムという小さな寄生虫が腸管にいて、生体に何らかのメリットをもたらしていると考えられています。コクシジウムが増えすぎると下痢などを引き起こしますし、腸内細菌が減ってしまうとエサを消化・分解することができません。ニホンライチョウの腸内では、コクシジウムと腸内細菌が絶妙なバランスで存在し、健康を保っています。

うんちの移植!?

実は、野生と飼育下では腸内環境が全く異なります。飼育下のライチョウは高山植物を食べて育っていないので、腸内細菌叢が乏しく、このまま山に帰しても高山植物を食べて生きていくことができません。同様に、コクシジウムに寄生されたことがないので、山の土壌中にいるコクシジウムに寄生されると、耐性をもたない飼育下のライチョウは、あっという間に下痢を引き起こして死んでしまうかもしれません。

ただ、腸内環境に関する研究は、中部大学の牛田一成教授と土田さやか准教授の尽力でここ数年で飛躍的に進み、この問題に対する解決策がみつかりつつあります。腸内細菌の問題に対しては、野生個体が排泄した盲腸糞を凍結・乾燥させ

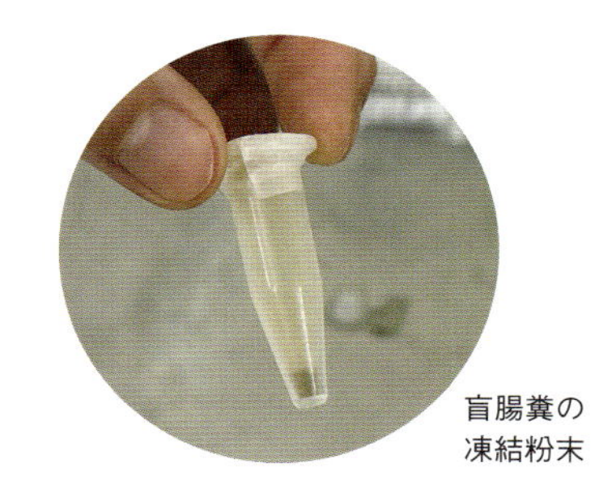

盲腸糞の
凍結粉末

ヒナ

て粉末状にし、飼育個体のエサに混ぜて食べさせる「糞便移植」という方法があります。コクシジウムについては、大阪公立大学の松林誠教授とともに研究を進めました。急にたくさんのコクシジウムに寄生されると致命的になるので、少ない数から感染させて、コクシジウムに対する免疫を獲得させる「少量感染」という方法が取られています。実際に当園でも、野生復帰に向けた取り組みを行っていますが、この2つの手法を用い、野生に近い腸内環境を維持した個体をつくり上げようと試みています。

一夫二妻制

ニホンライチョウは基本的に一夫一妻制ですが、一夫多妻の場合もあります。実際に当園で2022年に繁殖させた際も、一夫二妻制でペアリングを試みたところ、問題なく交尾・産卵まで至りました。

といっても、同じ空間でオス1羽とメス2羽を同居させるわけではありません。午前中にメス1羽と同居させ、午後はメスを交代してもう1羽のメスと同居させる、といった方法を取ります。夜間は別々の場所で過ごします。

野生のニホンライチョウは、まずオスがなわばりを形成し、そこにメスがやってきて、つがいを形成します。ほかのオスがなわばりに侵入しようものなら、すぐに追い払いに行きますし、メスの産卵期や抱卵期も周囲への警戒を怠りません。このように、オスがメスに常に寄り添うような本来の環境をつくってあげることが理想ではありますが、前述のように、繁殖期のオスは警戒心が強く、単独で飼育しなければ闘争につながりとても危険です。また、夜間の同居は思わぬ事故を引き起こす可能性もあります。動物園の限られたスペースで、最大数の家族を安全に形成させるには、一夫多妻制を取らざるを得ない場合もあります。

中央アルプスでの個体群復活事業

ニホンライチョウの分布は本州中部の山域に限られており、北アルプス、南アルプス、頚城山塊、乗鞍岳、御嶽山の計5カ所のみとなっています。かつては、中央アルプス、八ヶ岳、蓼科山、白山にも生息していましたが、これらの個体群は絶滅しています（ただし、2009年に、白山で70年ぶりにメス1羽が確認され、3年にわたり生存が確認されました）。ニホンライチョウを絶滅危惧「IB類」から「II類」にダウンリストするためには、生息地を6カ所に増やす必要があります。

2018年に、中央アルプスで約半世紀ぶりとなる、ニホンライチョウが発見されました。中央アルプスにはライチョウが生存できる植生が残っていることがわかったため、これを受け「第二期ライチョウ保護増殖事業実施計画」に中央アルプスでの個体群復活事業が盛り込まれました。これが成功すれば、レッドリストのダウンリストに大きく貢献することになります。見つかったこの1羽は遺伝子検査の結果、どうやら乗鞍岳から飛来してきたメスだということがわかりました。この事業では「飛来メス」と呼ばれ、奇跡の1羽として扱われています。

中央アルプスでの復活事業は、様々な検討をもとに計画が練られていますが、あまり悠長に試験や検討を続けている状況ではありません。この飛来メスがいなくなってしまい、復活計画が白紙になってしてしまう可能性があるため、大胆かつスピードをもって進めることが重要です。

2019年には、この飛来メスに乗鞍岳から採卵した卵を抱卵させましたが、ふ化後のヒナは、天敵による捕食もしくは悪天候によって全滅しました。2020年には、動物園から卵を輸送して抱かせましたが、ふ化後にサルの群れが近くを通り、それに驚いた飛来メスが巣を飛び出してしまい、結果的にヒナは全滅してしまいました。

同じ年、乗鞍岳から3家族19羽をヘリコプターに乗せて中央アルプスに移植したところ、2021年には飛来メスも含め18羽が生存していることがわかりました。その個体群から形成された5家族をケージ保護で守り、その一部を当園と茶臼山動物園に移動しました。動物園に移動した目的は、今後どこかの山域でニホンライチョウが絶滅した場合に、生息域外から個体を供出できるように、それに向けて飼育や繁殖の方法を確立するためです。このように、復活事業は怒涛のスピードで進んでいます。

さらに2022年には、動物園に移動した個体で繁殖に取り組み、計22羽を中央アルプスに戻しました。最近の調査によると、2024年夏には、そのうちの少なくとも6羽が生存し、繁殖に寄与していることが確認されました。この6羽を含め、中央アルプスには少なくとも120羽が生存していることがわかっています(2024年にふ化したヒナを除いた数)。飛来メスも生きており、この怒涛の6年間で、ここまで増やすことができました。

2022年は、野生から連れてきた個体で繁殖に取り組みました。2024年には、動物園で生まれ育った個体を繁殖させ、そのヒナを人の手で育てて野生復帰させる試みが行われました。当園から2羽、大町山岳博物館から5羽のヒナ（ど

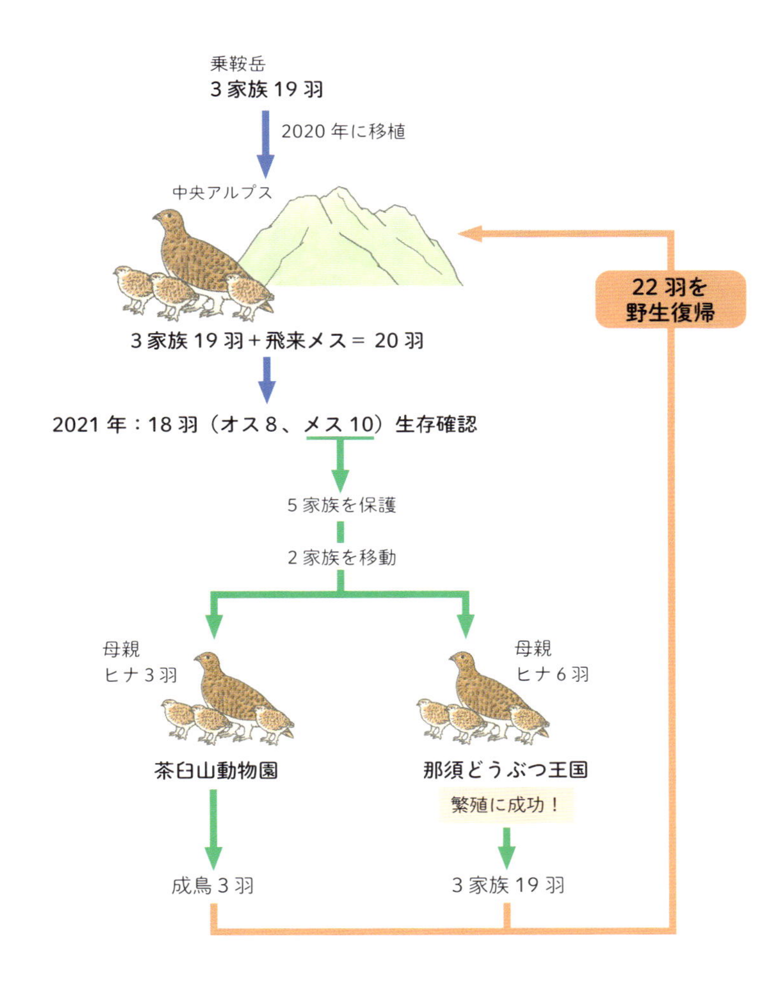

ちらも2カ月齢）を中央アルプスに移送しました。個体数が順調に増えている中央アルプスに、なぜわざわざ動物園のライチョウを移動させるのかと思われるかもしれませんが、その大きな目的は、中央アルプスの遺伝的多様性を保つためです。中央アルプスの個体群は飛来メスと、乗鞍岳から移送した3家族によって構成されています。つまり、父系が3系統、母系が4系統です。今後、この個体群だけで繁殖を進めていくと、近親交配が生じ、無精卵が増え、奇形のヒナが生まれる可能性が高まります。そのため、動物園由来の新たな血統を山に入れることで、このリスクを抑えようという作戦です。動物園から移動したライチョウたち

（写真提供：環境省）

が厳しい冬を生き抜き、来春には繁殖に寄与してくれることを祈るばかりです。

目標までもうすぐだが……

目標としている75～125羽にはほぼ到達していますが、同時にキツネやテンなどの天敵対策も必要です。しかし、これらの捕食者も元々その山にいたわけですから、根絶やしにしてはいけません。ニホンライチョウと捕食者がよいバランスで共存できるような生態系を取り戻すことが、最終的な目標です。

ニホンライチョウに限らず、生態系を乱し、希少な動植物種を絶滅の危機にさらしているのは、紛れもなく人間活動です。絶滅してしまったらもう元に戻すことはできません。ライチョウ事業にかかわる多くの人たちは、この種を絶滅させたくない一心で多方面から取り組んでいます。

文・写真：原藤芽衣、佐藤哲也
（那須どうぶつ王国）

トキ
Nipponia nippon

野生絶滅からの復活

- ペリカン目トキ科
- 全長：75cm
- 体重：1,400〜1,800g
- 生息地：現在は新潟県佐渡地域
- 環境省レッドリスト：CR、特別天然記念物、国際保護鳥

どんな動物？

Nipponia nippon（ニッポニア・ニッポン）という学名が示すように、トキは日本を象徴する鳥のひとつですが、国鳥ではありません（国鳥はニホンキジ）。トキ科の鳥は26種ほどいるといわれていますが、ほとんどが熱帯から亜熱帯にすんでいます。雪が降る温帯にすむのはトキだけです。また、1属1種で近縁種はいません。トキはやや大型の鳥で、水田や湿地でエサをとる渉禽類（しょうきんるい）です。

顔は赤い皮膚が裸出し、後頭部には冠羽（かんう）（長く伸びた羽根）が発達しています。下に曲がった長いくちばし（170mm前後）をもっています。オスとメスは外見上、ほとんど区別がつきませんが、オスの方が体重やくちばしがやや大きくなっています。

湿地では、主に歩きながらくちばしをやや開いて泥に差し込み、浅い水辺では、ヘラサギのようにくちばしを左右に振ってエサを探します。骨格標本をみてみると、くちばしの先端にスポンジ状の小さい穴が密集しています。この穴には多数の神経の末端が開口していると考えられます。

野生下では、巣間距離が広いコロニー（集団営巣地）を形成するほか、単独で営巣するルースコロニー性（ゆるい集団営巣）です。飼育下では、なわばりをつくるため、1つがいに1ケージ必要となります。

現在、日本にいるトキはすべて中国産由来です。そこで、かつての日本産トキと中国産トキの遺伝的な差について、ミトコンドリアDNAを比較しました。その結果、全塩基配列の差は0.06%ほどであり、個体間の変異程度にとどまっていて、同種であることが確認されました。

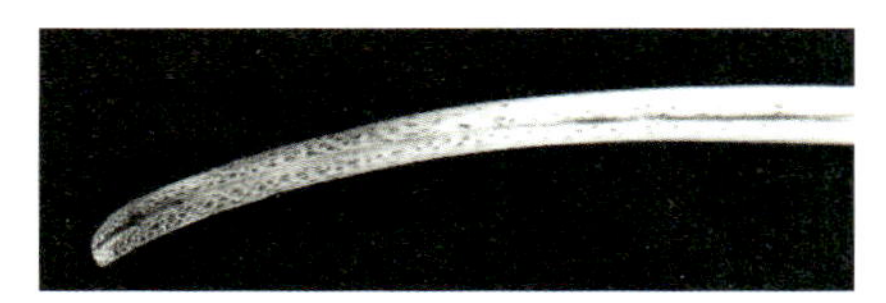

トキのくちばし（上顎骨）の先端

トキの飛翔（秋、右から２羽目は当年生まれの幼鳥）

小学生とトキ

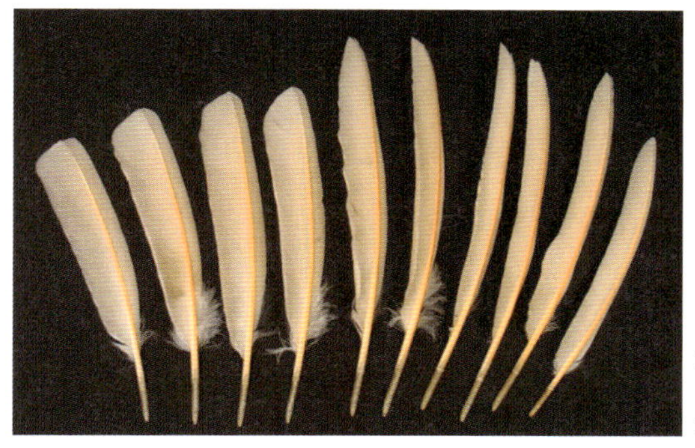

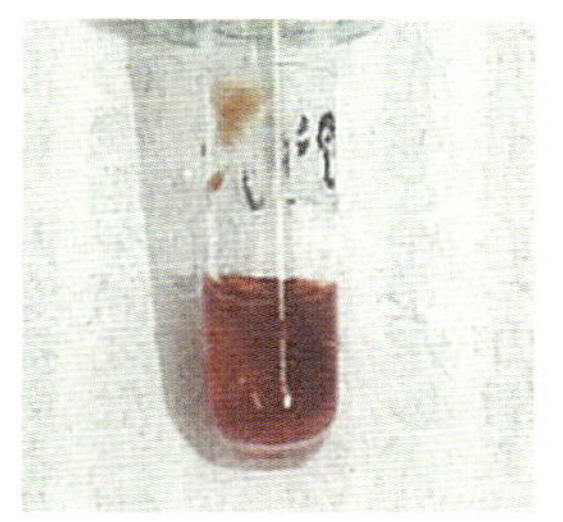

左：トキの翼の先端側（初列）の風切羽
右：トキの血漿

ねぐらのトキ

色の謎

トキは淡いピンクがかった白色ですが、風切羽（かざきりばね）（翼の後方に付いている羽）や尾羽は「トキ色」といわれるオレンジがかったピンク色をしています。このトキ色は飼育下では、カンタキサンチン（カロテノイドの一種）を含むエサを与えると、色が鮮やかになります。野生下でも、サワガニやザリガニなどの甲殻類を採食することにより、アスタキサンチンやカンタキサンチン等に代謝されて、トキ色を維持していると考えられます。

一般的な鳥の羽毛の発色は、羽毛内部のカロテノイド色素やメラニン色素によるものと、構造色によるものに大別されます。トキはこれらとは別に、エサ由来のカロテノイドが羽軸[＊1]（羽根の中心）から羽枝に移行することによって、色を発現していると思われます。フラミンゴの羽のピンク色も、同じメカニズムです。

また、トキは筋肉や脂肪、骨までオレンジ色です。昔はトキを煮ると汁が赤くなり、気味が悪いので、夜に食べる「闇夜汁」と言い伝えられていました。さらに、血液の血漿（血球を除いた液体成分）もオレンジ色なので、採血に失敗したときにみられる溶血血漿（血漿が赤い）と間違えられることがあります。

＊1：鳥の羽根は大きく羽軸、羽枝、小羽枝からなります（正羽）。羽根の中心である羽軸から左右に羽枝が生え、そこからさらに小羽枝が生えています。

トキの繁殖学

生殖羽の謎

トキは一夫一婦で年に１回繁殖し、繁殖期は１～６月ごろです。野生下では繁殖に失敗すると、最大３回まで繁殖をやり直します。性成熟は２歳ごろと考えられています。野生下では繁殖期になると、それまで集団で暮らしていたのが、つがいで行動するようになります。

また、つがいの形成と維持のために、「小枝渡し」「相互羽づくろい」「擬交尾」などの求愛行動が増えていきます。小枝渡しとは、気に入った相手に小枝や草、葉などを渡す行動です。相互羽づくろいとは、お互いの羽を整えてあげる行動です。擬交尾とはメスの背中にオスが乗って交尾に似た行動をとることで、同性でも行うことがあります。

産卵は通常、１日おきに３～４個で、オス・メスともに抱卵や育雛（いくすう）をします。卵は卵円形で、薄青褐色の地に褐色の斑紋が散らばっていて、重さは65～85gです。ところで、一般的な鳥の産卵で、卵は丸い方から出てくるか、尖った方から出てくるか、ご存じでしょうか？ 人間の出産が頭から出てくるので、多くの人は丸い方から産卵すると思っているようですが、実は尖った方から出てきます。ふ化までの日数は、中国の野生下では平均28日です。この日数に合うように、人工ふ化でのふ卵温度は37.2℃に調整しています。

トキの繁殖期の最大の生態的特徴として、「生殖羽の着色行動」があります。この行動はオス・メスともにみられます。首の上の方の黒い皮膚がはがれ落ち、これを水浴後に体にこすりつけて、上半身を黒く染めます。羽枝（うし）・小羽枝（しょううし）は溝状の特殊な微細構造をしており、黒色の物質を吸着するようになっています。黒色は皮膚のメラニン由来だと考えられていますが、詳細は不明です。こうした羽に何らかの物質を塗りつけて着色する行動は、サイチョウやペリカンなど、少なくとも150種類で知られています。しかし、自ら色を出して着色するのは、世界で約9,000種いるとされる鳥類のなかでも、トキだけといわれています。

擬交尾の様子。羽色は生殖羽（夏羽）です。

トキの卵

トキの歴史

トキはかつて東アジア一帯に広く分布していました。しかし、日本では明治時代以降、乱獲などにより急速に数を減らし、昭和のはじめには、生息地は能登半島と佐渡だけになりました。

戦後、懸命な保護活動が行われましたが、1970年には能登半島からいなくなりました。佐渡でも数が減ってきたため、1981年に最後に残った5羽を保護のため捕獲し、日本の野生のトキはいなくなりました。飼育下繁殖もうまくいかず、1995年には捕獲した5羽のうちの最後のオスである「ミドリ」が死亡しました。2003年には、1968年から飼育されてきたメスの「キン」が36歳で死亡し、日本産のトキは絶滅しました。

一方、1999年に中国から1つがいが贈られて、佐渡トキ保護センターで繁殖に成功しました。その後も、中国から個体の供与もあり、現在の飼育個体群が確立されました。また、高病原性鳥インフルエンザなどの病気や災害などによる危険分散のために、多摩動物公園など5カ所で分散飼育をしています。

佐渡では、これらの飼育繁殖個体について、2008年から野外への放鳥を行っています。2012年には、放鳥したトキの野生下での繁殖に成功しました。こうして、2022年以降は推定値ですが、放鳥個体と野生繁殖個体あわせて500羽以上が生息しています。

日本以外では、1970年代に中国や朝鮮半島などで絶滅したと考えられていましたが、1981年に中国の陝西省洋県(せんせいしょうようけん)で、7羽のトキが再発見されました。中国では保護政策がうまくいき、現在では陝西省以外でも、飼育や野外に放鳥されたトキが順調に増えて、2020年には野外で6,000羽以上が生息していると発表されました。

また、韓国では、2008年に中国から1つがいが寄贈されて以降、個体数を増やしてきました。そして、2019年からは野外への放鳥がはじまっています。

トキの保全

日本産トキが2羽になった状態の1991年にはじめて、環境省のレッドデータブック(当時の名称はレッドリストではない)に、絶滅危惧種(E)として掲載されました。その後、1998年に環境省のレッドリストの野生絶滅(EW)に選定されました。そして、中国から供与された個体による飼育下での繁殖が進められ、野外への放鳥もはじまり、野生個体群も継続的に維持していることから、2019年のレッドリストでは絶滅危惧ⅠA類(CR)にランクダウンされました。

トキの野生復帰は、種の保存法(絶滅のおそれのある野生動植物の種の保存に関する法律)に基づく保護増殖事業の一環として進められています。種の保存法の施行直後の1993年11月に策定されたトキ保護増殖事業計画は、飼育下繁殖を中心とした計画でした。

しかし、事業の対象となった日本産のトキがいなくなったことや、1999年に中国からの個体によって飼育下での繁殖技術がほぼ確立され、今後の個体数の増加見通しが得られたこと、トキの保護協力に関して中国政府と合意（日中共同トキ保護計画）が得られたことなど、事業を実施する環境が1993年とは大きく変化していたことから、計画を変更する必要が生じました。そして、2004年1月に計画は変更されました。詳しい内容は割愛しますが、かつてのトキの生息地であった佐渡島への再導入を目標に位置づけ、新たなトキ保護増殖事業計画が策定されました。

種の保存法に基づく国内希少動植物の鳥類45種（2024年2月時点）のうち、当初計画の策定後に計画が変更された種としては、トキのほかにはアホウドリの例があります。2006年に、繁殖地を形成する場所として伊豆諸島の鳥島に加えて、新たに小笠原群島が追加されました。

野生復帰ステーションの開設

トキ保護増殖事業計画の改定を受け、環境省は佐渡島における野生順化施設の整備に着手し、2007年に佐渡トキ保護センター野生復帰ステーションが開所しました。

当ステーションの中心施設となる順化ケージは、奥行き80m、幅50mの巨大なもので、内部には、かつてトキが餌場として利用していた山間の棚田をイメージした池が整備されました。トキはこの中で3カ月程度飼育され、飛翔力、採餌能力、群れとしての行動、人や車への慣れといった、放鳥後に生き抜くために必要な能力を身につけていきます。また、トキの飼育下における自然繁殖を積極的に進めていくために、一棟一棟が独立した繁殖ケージ8棟もあわせて整備されました。

環境省では、2022年に佐渡島以外に本州での放鳥に向けた議論をはじめました。これを受けて、放鳥候補地として石川県と島根県出雲市が選定されました。早ければ、2026年度に放鳥がはじまるかもしれません。

トキの成長

ヒナは幼綿羽（ようめんう）*2におおわれていますが、目は閉じていて、晩成性*3です。自力での体温調節ができないため、30日齢ごろまで親が抱いて温めます（抱雛（ほうすう））。

左：野生復帰ステーション。八角形の繁殖ケージ（写真内右）と順化ケージ（同左）
右：順化ケージ内部

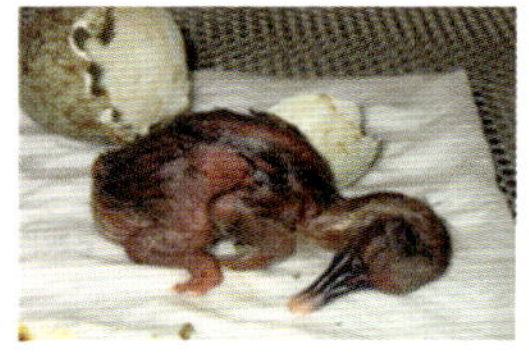

左：ふ化直後のヒナ
右：生後7～14日のヒナ

Column トキとともに絶滅したトキウモウダニ

トキを宿主とするウモウダニは、羽の古い油脂やフケなどを食べる、相利共生（利益を互いに得られる共生関係）するダニです。日本産トキの「ミドリ」や「キン」には、トキウモウダニとトキエンバンウモウダニの2種がついていました。ところが現在、佐渡に生息する飼育下や野生下のトキを調べたところ、トキエンバンウモウダニだけしかおらず、トキウモウダニは1個体もみつけることができませんでした。したがって、トキウモウダニは、日本産トキとともに絶滅したと考えられました（Waki T, Simano S. 2020）。その結果、2020年にトキウモウダニは、環境省のレッドリストにおいて、野生絶滅（EW）から絶滅（EX）に変更されました。これは、宿主のトキがEWから絶滅危惧IA類（CR）へランクダウンしたのとは、逆の方向に修正されたことになります。

左：トキウモウダニ
右：トキエンバンウモウダニ
（写真提供：法政大学・島野智之先生）

飼育下でも、育雛器や電気ヒーターで加温します。

給餌は親のくちばしにヒナがくちばしを挿し入れると、吐き戻して与えます。給餌回数はヒナの日齢に従って増加し、23日齢ごろに最も多くなります。人工哺育では、注射器の先端を切って給餌用器としています。エサの内容は、小松菜、イヌ用粉ミルク、成鳥用馬肉（人工）飼料に加え、犬猫用経腸栄養食（入院食）をミキサーにかけた流動食です。初期にはドジョウを使用していましたが、ドジョウ由来の大腸菌に感染して死亡したことがあったため、現在は経腸栄養食にしています。

巣立ちは、野生下でも飼育下でも40日齢前後です。日本では、巣立ちは「両足が巣の外に出たとき」と定義されています。片足はすんなり巣の外に出ても、両足を出すのはかなり勇気がいるようです。地上に降下するのは巣立ちから３～10日ほどで、個体差があります。巣立ち後も採餌能力は十分でないため、野生下では１カ月程度、飼育下では２カ月ほど親から給餌を受けます。

＊２：ふ化したばかりのヒナにみられる綿羽に似た羽毛。正羽の先端にあり、この正羽が伸びきったときには消失します。

＊３：ふ化時点でのヒナの成熟度合いの区分。目が閉じ、ほとんど、もしくは全く羽毛がなく、親による世話（抱雛と給餌）がなければ生存できないでふ化するもの。一方、目が開き、体が羽毛でおおわれていて、直ちに動き回れる能力を備えてふ化する状態を早成性といいます。

トキ繁殖の課題

野生復帰のために飼育下で生まれたトキを野外に放していますが、野外生まれのトキの１年後の生存率は約８割です。これに対し、人間が育てたトキでは５割程度と低くなっています。また、繁殖の参加率が顕著に低いことがわかってきました。そこで、現在は人工ふ化したヒナもなるべく早く（３日齢以内）、親や仮親の巣に入れて育ててもらうようにしています。

なお、飼育下においてふ卵器で人工ふ卵すると、85%以上がふ化しますが、親による自然ふ卵のふ化率は35%程度です。飼育下での自然繁殖の成功率の向上が課題になっています。

現在、国内のトキ集団は中国から供与された７羽のファウンダー（始祖個体）がもとになっています。そこで、集団の遺伝的多様性を維持するために、ペアリング（交配）は主に血縁係数（生まれる子の近交係数）を考慮して行っています。しかし、集団の血統情報とDNA情報の評価によると、今後も中国からの定期的な個体の導入が必要になってきています。

文・写真：金子良則
（トキふれあいプラザ）

ニホンイヌワシ

Aquila chrysaetos japonica

人工ふ化・育雛の成功

- ワシタカ目ワシタカ科
- 全長：オス約81cm、メス約89cm（翼開長：168～213cm）
- 体重：オス3～4kg、メス4～5kg
- 生息地：北海道、東北～中部地方、中国地方の日本海側、四国と九州にはごくわずか。朝鮮半島にも生息
- 環境省レッドリスト：EN、天然記念物

どんな動物？

ニホンイヌワシは、全身がほぼ黒褐色で、後頭部は金色、尾羽はやや灰色を帯び、先端に幅の広い黒帯、中央に2～3本の不明瞭な黒帯があります。若鳥では尾羽の基部と翼の風切羽（かざきりばね）の基部が白色ですが、年齢とともに白色部分は小さくなります。くちばしは先が黒く、基部は黄色、足も黄色で、目は褐色をしています。

険しい山岳地帯にオス・メス2羽（ペア）で生活し、季節による移動はあまりしませんが、飛翔力が高いため、平地や海岸に現れることもあります。つがいごとに広い行動圏（約20～60km^2）をもち、その中に営巣・採餌場所を含んでいます。岩棚で営巣するのが普通ですが、高木の枝上での例もあります。

多くの場合、ノウサギ、ヤマドリ、アオダイショウをエサとしますが、テンなどの小型哺乳類や、キジバト、マムシなども捕らえます。

ニホンイヌワシの現状

ニホンイヌワシは、日本や朝鮮半島に生息するイヌワシで、国内の野生下での個体数は600羽程度と推測されています。1965年に国の天然記念物に、1993年には国内希少野生動植物種に指定され、絶滅危惧種として国が定める保護増殖事業の対象種です。現在、環境省のレッドリストでは、絶滅危惧IB類（EN）となっています。

生息数が減少している原因として、開発等による生息地の減少が考えられます。一方で、戦後の拡大造林でスギ等の針葉樹を植樹後、林業の低迷等により、森に人の手が入らなくなったことで冬でも葉が落ちず、森の中でエサとなるノウサギなどをみつけることができなくなり、エサ不足となっていることも要因のひとつです。

また、野生下での繁殖成功率が年々低下しています。全国平均で24%、東北地方では過去10年で15%となっており、少子高齢化は野生のニホンイヌワシでも問題となっています。

繁殖する意義

ニホンイヌワシはアンブレラ種[*1]ともいわれ、食物連鎖の頂点にいる動物です。ニホンイヌワシが生息するためには多種多様な生物が必要であることから、ニホンイヌワシが生きていける環境を守ることは、行動圏内にいる多種多様な動植物を保全することにもつながり、我々にとっても大事なことです。

そこで､動物園では､絶滅の危機に陥っているニホンイヌワシを守るために、普及啓発活動を行うほか、飼育を通じて生理や繁殖などを研究して、個体数を減らしたニホンイヌワシをバックアップする機能を担っていく必要があると考えています。2023年末時点で、11の動物園で約50羽のニホンイヌワシを飼育して、生息域外保全に取り組んでいます。

＊１：その地域における生態ピラミッド構造、食物連鎖の頂点の消費者。アンブレラ種を保護することにより、ピラミッドの下位にいる動植物や、広い面積の生物多様性・生態系を、傘（アンブレラ）を広げるように保護できることに由来しています。

ニホンイヌワシの

きょうだい間闘争

ニホンイヌワシはオスとメスの結びつきが強く、ペアは年中一緒に暮らします。求愛の行動は12月ごろからみられ、繁殖期特有の鳴き声（いわゆる恋鳴き：ヒーヨ、ヒーヨ、ヒーヨというような甲高い声）を発します。オスとメスは岩棚に木の枝葉を運ぶなどして、共同で巣をつくります。同じ巣を何年にもわたって使うこともあります。

１～２月に交尾をします。２月くらいに産卵がはじまり、２～３日おきに全部で２～３個の卵を産みます。１つの卵は重さが140g前後で、短径は60mm弱、長径は75mm前後です。抱卵は主にメスが行います。オスはメスのためにエサを運んだり、メスに変わって抱卵をしたりします。こうして、産卵から約42日後にヒナがふ化します。

ここで１つ問題があります。「きょうだい間闘争」です。卵は複数あるため複数のヒナがふ化することになりますが、先にふ化したヒナは２～３日後にふ化したヒナを攻撃します。これがいわゆる「きょうだい間闘争」です。これにより多くは１羽しか育ちません。これは飼育下でもみられ、先にふ化したヒナが、親から与えられるエサを独占しようとするためではないかと考えられています。親としては１羽だけ育てばよいので、ヒナ同士を競わせて強い個体が残ればよいという説もありますが、ふ化後２日の体格差はとても大きいため、後から生まれたヒナが先に生まれたヒナに勝つことはかなり難しいと筆者は考えています。

親に育てられたヒナは６月ごろ巣立ちます。しばらくは自分で上手にエサをとることができないので、親の助けを借りたり、親から狩りの技術を学んだりしますが、次の繁殖シーズンのころには、子どもは親元から追い出されてしまいます。

巣の中の親子

ニホンイヌワシの飼育史

ニホンイヌワシの飼育は、1885 年に上野動物園に寄贈された個体が最初ですが、当時は上野動物園以外に動物園はなく、現在のような動物園が各地に整備されたあとの本格的な飼育は、1970 年に秋田県内で保護された幼い２羽からはじまったと思われます。ニホンイヌワシは人目のつかないところで生活しているため、詳しいことはわかっておらず、当時は手探りの状態でした。1980 年代に入り、韓国の動物園から導入された個体や、国内で保護された個体が創始個体となり、ニホンイヌワシの飼育下個体群が形成されました。

1989 年、仙台市八木山動物公園が国内ではじめての繁殖に成功しました。1990 年代に入ると、札幌市円山動物園や多摩動物公園でも繁殖に成功しました。2000 年代には複数の動物園が繁殖に成功するとともに、様々な技術が開発されて今に至っています。これまでの 50 年間で動物園は、約 100 羽のニホンイヌワシを飼育してきました。

卵を何個産めるの？

通常、ニホンイヌワシは１度の産卵で２～３個の卵を産みます。飼育下では、ほかの鳥でもみられるように、卵を取り上げると、さらに卵を産み足すことがあります。これを「補卵」といいます。ニワトリ（産卵鶏）がたくさん卵を産むのは、この捕卵という性質を利用しているためです。

巣の卵（２個）

ニホンイヌワシが卵を何個産めるのか観察したところ、６個確認されました。ただ、産卵は母親にとても大きな負荷をかけ、母体のカルシウムが卵の殻に取られてしまいます。残念ながら、このメスは骨折がもとで死亡してしまいました。しかし、このときの観察で、産卵間隔がある程度わかってきました。一般的には２～３日おきに産むといわれていますが、秋田市大森山動物園（以下、当園）の場合は、次の卵を産むまでに平均で約 96 時間（４日）の間隔があいていました。

人工授精への挑戦

当園では、1970 年に秋田県内で保護されたオスと、1988 年に秋田県内で保護されたメスをペアで飼育していましたが、自然繁殖がうまくいかなかったため、1990 年代後半に人工授精に取り組みました。1989 年に、仙台市八木山動物公園で生まれた人工育雛（いくすう）個体のオスを用いて行いました。このオスは飼育員を繁殖相手と認識し、飼育員の肩や背中などに射精することがあったからです。

産卵間隔が約 96 時間であることは以前の観察からわかっていたので、次に産卵するタイミングを計算しました。次の産卵に合わせて、オスが恋鳴きをしたタイミングでそのオスにマッサージを施し、総排泄腔[＊2]から出てくる精液を採取しました。

採精は2人で行います。1人がイヌワシを抱えるようにして保定します。もう1人がイヌワシの腰のあたりを手のひらでさすりながら、もう片方の手の親指と人差し指で総排泄腔をつまむようにして刺激を与えます。すると、総排泄腔が盛り上がってくるので、盛り上がってきた総排泄腔をつまむようにさらに刺激を与えると精液が出てきます。

ニホンイヌワシの精液は量が非常に少ないため、1mLの注射器などを用いて、慎重に採取します。採取した精液は生理食塩水を入れて希釈し、顕微鏡で精子の数と活性を確認します。人工授精に使えると判断されたら、メスを捕まえて、総排泄腔から卵管に向けて精液を注入します。1998年2月の人工授精では、はじめて有精卵を取ることができましたが、残念ながら発生が途中で止まってしまい、ふ化には至りませんでした。

オスが自ら射精した精液は、精子の数も活性もとても質がよいものでしたが、マッサージで採取したものは尿が混じることが多く、精子の活性が悪かったり、数も少なかったりという状況でした。このため、マッサージを行う前に生理食塩水を総排泄腔に注入し、洗浄してからマッサージにより精液を採取するという方法を試みました。しかし、あまりよい結果は得られませんでした。尿などの夾雑物（余計な物）が混じってしまうと、精液に悪影響が出るようです。

人工授精については、このあとメスが自然繁殖に成功したため、行われなくなりました。

ローテーション育雛法

ニホンイヌワシの繁殖における大きな課題のひとつに「きょうだい間闘争」があります。当園では、2006年に3個の卵が産まれました。3羽のヒナすべてを無事に育てあげたいという思いから、どうしたら3羽が育つのか考えました。

まず、弱いヒナを取りあげ、元気になってから親元に戻すという方法を考えました。しかし、過去の人工育雛の経験から、親から離すことで人への刷り込み[＊3]が生じること、自然育雛と人工育雛で成長に大きな差が生じることなどの課題が挙げられました。

そこで、巣内に1羽のヒナを残し、2羽のヒナを別々の場所で人工育雛する「ローテーション育雛法」を行い、闘争を避けることにしました。親鳥との絆を保つために、数日に1度はヒナをローテーションさせて、交代で巣に戻すことを繰り返しました。また、ふ化直後最低5日間はヒナを巣内に置き、できるだけ親への刷り込みが確実なものになるようにしました。

＊2：直腸、排尿口、生殖口を兼ねる器官の開口部。

＊3：ヒナがふ化して最初に見た動くものを親と認識する学習能力。

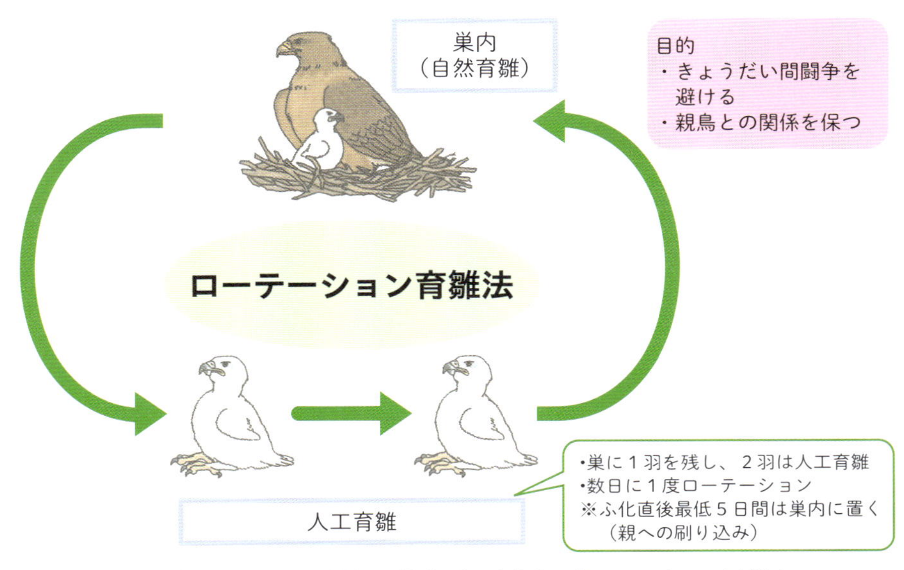

巣に１羽のヒナを残し、２羽のヒナを別々の場所で人工育雛する「ローテーション育雛法」

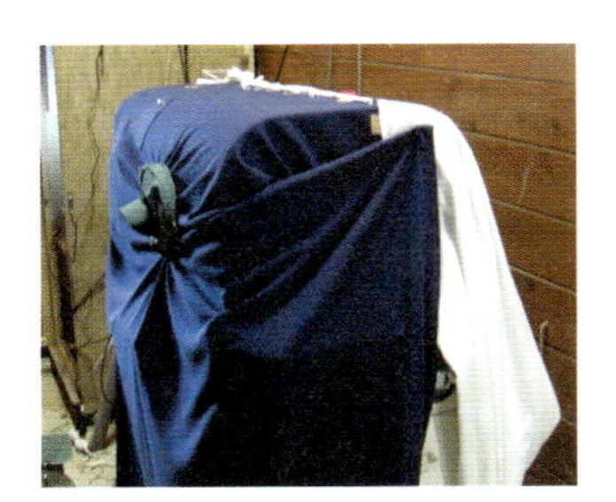

布でおおった保育器

左：パペット
右：人の手にパペットをつけてエサをあげています。人の姿が見えないようにしているのです。

人工育雛の環境は、ヒナが親鳥との関係を保つうえで、人への刷り込みを最小限に抑えることが不可欠であると考え、できる限り注意を払いました。視覚的なこととしては、人の姿を見せないように、保育器を布でおおったり、給餌の際は親鳥の頭部に似せたパペットをつけたりしました。聴覚的なこととしては、なるべく声を出さず、必要以上の音を立てないようにし、常に巣内の環境音をスピーカーで聞かせるようにしました。

ヒナの攻撃性が減弱した時期をみて、ヒナ同士の同居を試みました。きょうだい間闘争はずっと続くわけではなく、幼い時期のリスクを乗り切れば、だんだんと攻撃性も弱まってくると考えられています。その攻撃性が弱まったころを見計らって同居すればよいのですが、いつの時点で攻撃性が弱まるのかは、はっきりとはわかっていません。また、保育器の

左：人工育雛のヒナ。スピーカーから親鳥の声などを流しています。
右：ローテーション育雛法で育ったヒナ。３羽がケンカせずに過ごせています。

親子５羽。野生では同時に複数のヒナを育てることはないので、野生ではありえない光景です。

中ではうまく同居できていたのに、２羽を巣に入れると激しく闘争が起きることもあり、何度も失敗しながら同居を試みました。

巣内での３羽の同居は、第１ヒナが47日齢、第２ヒナが43日齢、第３ヒナが39日齢のときに成功しました。３羽の体格差はありましたが、闘争は起きませんでした。親鳥も、突然増えたヒナに戸惑うことはなく、何事もなかったかのように３羽の世話をするなど、親子関係も良好でした。こうして、３羽は無事に巣立つことができました。

きょうだい間闘争を回避し、複数の卵を１シーズンでふ化・育雛できるようになったことから、このローテーション育雛法は、飼育下ニホンイヌワシの個体数維持の力強い武器になりました。

有精卵とヒナの移動

きょうだい間闘争が野生下でも起きることはすでに述べましたが、２個の卵のうち１個を飼育下にもってくることができれば、ヒナが命を落とすことはなくなります。また、飼育下の個体群の遺伝的多様性にも大きく貢献できると考えました。そこで、生息域内と生息域外の間での卵の移動を想定して、有精卵等の移動に取り組むことにしました。

2010年、当園では２つのペアを飼育していました。第１ペアは、これまでたくさんの繁殖に成功してきたペアです。一方、第2ペアは、産卵はみられるものの、有精卵が取れないペアです。そこで、第2ペアにふ化・育雛の経験を積ませるため、第1ペアの有精卵とふ化直後のヒナを第2ペアに移動することにしました。第2ペアが産んだ卵を取り上げたあと、第1ペアのヒナと卵を入れたところ、迷うことなくヒナを育てはじめ、抱卵も続けてくれました。

次に挑戦したのは、100km以上遠く離れたイヌワシのペアにも、同じことができるかということです。2012年に、当園の第1ペアが産んだ卵をふ化数日前に、120km離れた盛岡市動物公園ZOOMOに移しました。車のシガーソケットから電源を取り、携帯ふ卵器に卵を入れ、車で2時間ほど移動しました。この取り組みも無事に成功し、盛岡のペアもふ化・育雛の経験を積むことができました。

その次の年には、飛行機での移動にも挑戦しました。当園の第1ペアが産んだ卵を携帯ふ卵器に入れ、秋田空港から羽田空港を経由し、いしかわ動物園に2個の卵を移動させました。これも、ローテーション育雛法により2羽とも巣立つことに成功しました。

これらの取り組みを通じて、飛行機や車を使えば、野生のイヌワシの卵を動物園に移動してふ化できる可能性があること、そして繁殖経験のないペアが、自分の卵でなくてもふ化・育雛ができることがわかりました。増やしたい系統のニホンイヌワシの卵を移動し、育てることができれば、飼育下の個体群の遺伝的多様性を維持するうえで、これもまた大きな武器になります。

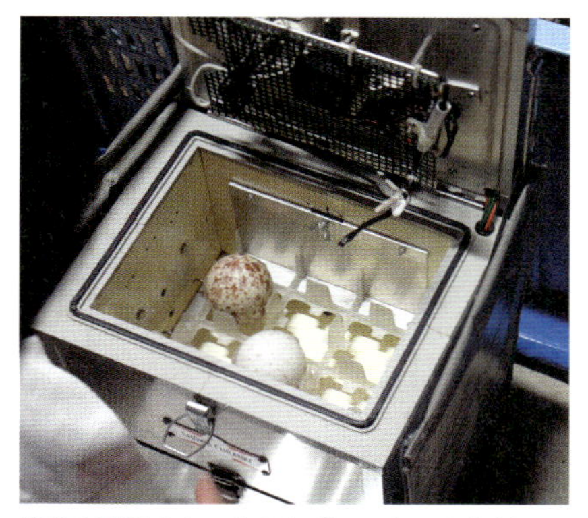

携帯ふ卵器の中。車のシガーソケットなどにつないで使えます。

移動の難しさ

これまでの経緯から、車や飛行機を使って遠くの動物園に卵を運び、ふ化させることは簡単そうに思えますが、実はいろいろと難しい点があります。

まずは、法的な手続きです。ニホンイヌワシは、種の保存法（絶滅のおそれのある野生動植物の種の保存に関する法律）で国内希少野生動植物種に指定されており、移動等に様々な規制がかかっています。卵の移動も例外ではなく、移動の前には環境大臣の許可が必要です。また、ニホンイヌワシは天然記念物でもあることから、現状変更の許可も必要です。これらの手続きを、ふ化前の移動までに終えなければならないのです。

次に、卵を出す側と受ける側のペアの産卵・抱卵のタイミングを合わせなければなりません。移動前に受ける側のペアが抱卵をやめてしまうと、せっかく移動しても預け入れることができなくなります。以前、当園から盛岡市動物公園 ZOOMO に移動したときには、受ける側が提供側よりも早く産卵してしまったため、擬卵（偽卵）等に変えて、ふ化予定日をはるかに超える60日間抱卵させて、預け入れに間に合わせたこともありました。

さらには、移動するときのふ卵器の中の温度や湿度は、一定でなくてはなりません。車や新幹線の移動ではふ卵器の電源を確保しやすいのですが、飛行機や徒歩での移動時にはバッテリー等の電源を使います。また、温度と湿度と同じくらい大事なのが、振動です。卵にできるだけ振動を与えないようにします。移動するときは、ふ卵器をていねいに扱い、なるべく水平を保つようにするなど、細心の注意を払います。

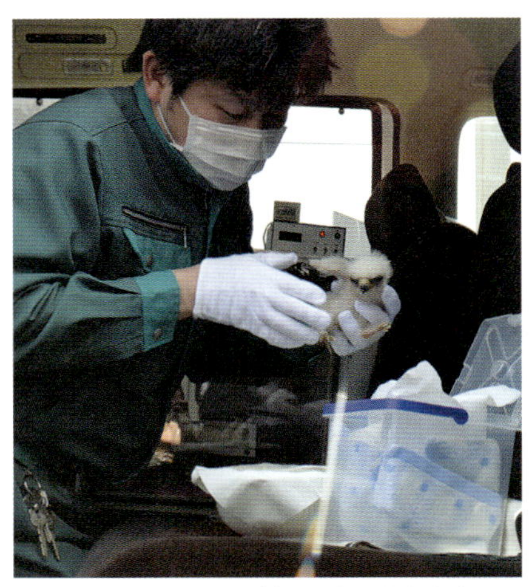

ヒナを移動するときの様子。車の後部座席にふ卵器があり、プラスチックケースからヒナを取り出しています。

なぜふ化直前に卵を移動するのか

産卵後、胚の発生がはじまる前に卵を移動できればよいのですが、産卵日が前もってわからないことや、事前に法的な手続きの準備ができないことなどから、産卵直後は移動することができません。胚の発生が進み、卵が安定した後期の方が移動に適していることから、ふ化直前の時期に移動しています。

繁殖が難しいワケ

遺伝的多様性の維持

これまでの50年間で100羽近くのニホンイヌワシを飼育してきたことは述べましたが、これらはある特定のペアや個体の子孫が大半を占めているため、飼育下個体群の遺伝的多様性を維持することが課題となっています。

秋田県の田沢湖で保護された２羽のメスは、母親が異なる姉妹でした。この２羽のメスの血を引く子どもが、飼育下個体群の大半を占めているのです。そこで現在は、この２羽の血を引かない個体で形成したペアを用いて、積極的に繁殖に取り組んでいます。

飼育が難しい

ニホンイヌワシは、野生下ではノウサギやヤマドリ、アオダイショウなどを食べています。ほかの動物にもいえることですが、飼育下では野生下のようにたく

人工ふ化・育雛のイヌワシ

さんの種類のエサを準備することができません。そこで、入手できるものを、産卵期、抱卵期、育雛期などの時期に応じて、内容を変えて給餌しています。

このほかにも、野生では巣材として、ニホンイヌワシが自ら気に入った様々な木の枝や葉を集めて巣をつくりますが、飼育下では飼育員が試行錯誤して巣材を集めています。ニホンイヌワシがすむ山奥まで行くことはできないので、近くにある様々な木の枝や葉を試して、そのイヌワシの好みを調べていきます。最近、巣材を集める時期は、高病原性鳥インフルエンザが発生している時期と重なるため、集めた巣材を消毒しないと使うことができず、より手間がかかります。

ニホンイヌワシのこれから

動物園でニホンイヌワシを飼育することは、野生下のニホンイヌワシのバックアップがいつでもできるように、飼育個体数を確保しておくことでもあります。ただ、飼育スペースには限りがあるため、現在の50羽を超える数を飼育することは難しい状況です。

また、将来、飼育下のニホンイヌワシを野生復帰させることを想定すると、定期的な繁殖により、バランスよく世代ごとの個体数を維持したり、オスとメスの数に極端な差が出ないようにしたり、飼育下個体群の遺伝的多様性を野生下のものと大きく異ならないようにしたりと、課題もたくさんあります。

今後は、大学等の研究機関にも協力してもらいながら、これらの課題を克服し、国をはじめとする生息域内の関係者とも協力して、ニホンイヌワシが絶滅危惧種でなくなるように、動物園も頑張っていかなければなりません。

文・写真：三浦匡哉
（秋田市大森山動物園）

シマフクロウ

Bubo blakistoni blakistoni

神の鳥を守る動物園の役割

- フクロウ目フクロウ科
- 全長：約70cm
- 体重：オス約3.5kg、メス約4.5kg
- 生息地：北海道・千島列島南部の島しょ部（中国、ロシア）
- 環境省レッドリスト：CR、天然記念物

どんな動物？

シマフクロウは、翼を広げると約180cmにもなる世界最大級のフクロウです。日本では北海道のみに生息し、河川や湖沼、海岸周辺の森林に生息しています。ペアは年間を通してなわばり内で過ごします。主に淡水魚を食べるほか、海水魚、両生類、甲殻類、小型の鳥類や哺乳類なども食べます。魚の捕獲は浅い水辺で行います。巣は大木にできた穴（樹洞）を使うため、ほかの鳥のような巣はつくりません。

名前の由来

シマフクロウは漢字で「島梟」と書きます。「シマ」はしま模様ではなく、北海道の昔の呼び名「蝦夷ヶ島（えぞがしま）」に由来します。

また、シマフクロウの頭の上には、2本の角もしくは耳のような羽があります。これは「羽角（うかく）」という羽で、角でも耳でもありません。羽角のあるフクロウは「ミミズク」と呼ばれますが、シマフクロウはミミズクとは呼ばれません。江戸時代にはオオミミズクとも呼ばれていましたが、明治以降、シマフクロウに統一されました。

羽角

シマフクロウの繁殖学

鳴き交わしが重要

シマフクロウは冬になると、オスが「ボーボー」と鳴き、メスが「ウー」と応える「鳴き交わし」を頻繁に行い、お互いの絆を深めます。また、オスがメスに食べ物をプレゼントする「求愛給餌」を行います。２月下旬から４月上旬にかけて１～２個産卵し、メスのみが抱卵します。約 35 日間の抱卵後にふ化します。ヒナの世話は主にメスが行い、オスはエサを運んで来るなどし、両親が協力して子育てを行います。

ふ化後、約 60 日でヒナは巣から出てきます。しかし、ヒナはまだ飛ぶことができないため、巣の近くの枝にとまり、枝伝いに移動を行います。しばらくすると徐々に飛べるようになりますが、エサは親からもらいます。秋になるころ、ヒナは自らエサを捕れるようになります。ヒナは親のなわばり近くで成長しますが、１～２年で親元から離れ自活し、相手をみつけてなわばりを形成し、次世代を残していきます。親は次の繁殖に臨み、シマフクロウの１年が繰り返されます。動物園では最長で 42 年生きたシマフクロウがいます。

アイヌ民族とシマフクロウ

アイヌ民族は、シマフクロウを村（コタン）を見守る神（カムイ）として「コタン･コㇿ･カムイ」と呼びます。さらに、フムフム・オッカイ・カムイ（フムフムと鳴く神聖な男)、カムイチカプ(神･鳥)、カムイエカシ（神・翁）など、様々な呼称があります。ただ、いずれの呼称においても、多くで敬愛される神様（カムイ）と呼ばれています。

動物の魂を神々の世界に送り返す儀礼(イオマンテ)は、ヒグマ(キムンカムイ:山にいる神)を用いたものが有名ですが、シマフクロウでイオマンテを行っていた地域もあります。

生息域内保全

シマフクロウは1971年に国の天然記念物（登録名：エゾシマフクロウ）に指定され、1993年に種の保存法（絶滅のおそれのある野生動植物の種の保存に関する法律）の施行に伴い、国内希少野生動植物種に指定されました。

ユーラシア大陸のウスリー地方には、別亜種[*1]が約1,000羽生息しています。国際自然保護連合（IUCN）のレッドリストでは、シマフクロウ全体が危機（EN)に分類され、環境省のものでは国内個体が絶滅危惧IA類（CR）に分類されています。

野生のシマフクロウ

1984年に、環境庁（当時）による巣箱の設置、給餌、標識調査、事故防止対策が開始されました。また、1993年の国内希少野生動植物種指定に伴い、保護増殖事業計画（環境省・農水省）が策定されました。1999年に、生息地100カ所、個体数200羽を目標とする「シマフクロウ野外つがい形成促進計画」(アクションプラン）が策定され、同計画に基づき、「飼育下個体群の維持・充実計画（案)」(2010年)、「生息地拡大に向けた環境整備計画」(2013年)、「放鳥手順」(2014年)が策定されました。こうした事業の推進により、個体数の回復と生息地の拡大がみられつつあります。

さらに、飼育している動物園や研究者だけでなく、日本野鳥の会や日本鳥類保護連盟など、全国規模の団体の保護活動のほか、生息地の地域住民が森や河川を守る取り組みも行われています。シマフクロウの保護活動に行政や専門家のみがかかわるのではなく、地域住民が主体的にかかわることにより地元の自然の再認識と再発見につながり、誇りと愛着が生まれることが期待できます。そして、それぞれの地域に応じた対策の立案と、継続した取り組みが期待されます。こうし

＊1（亜種）：同一種だが、地理的に離れている場所に生息していたり、少しちがう特徴（外部形態や鳴き方など）をもっていたりするグループを区別すること。

たみんなの努力で、シマフクロウは守られているのです。

かつてシマフクロウは、明治期の北海道には全体で1,000羽以上いたと推定されています。1975～1976年の調査では、生息数は70羽程度と推定されました。鳴き声や目撃情報から、1985年ごろが最も数が減少したと考えられています。生息数減少の一番の原因は、開発による生息環境の悪化と考えられています。2015年には約60つがい・約140羽、2018年には72つがい・約165羽でしたが、2022年には100つがい・200羽以上になり、生息数は回復傾向にあります。

動物園と生息域外保全

シマフクロウは日本で最初の動物園である上野動物園において、開園時の1882年から飼育がはじまり、1912年までに9羽の飼育記録が残っています。1954年から数園で飼育が再開されましたが、単羽飼育や性別不明のため、残念ながら繁殖には至りませんでした。

その後、釧路市動物園で、性別を判定しペア形成に成功し、1982年にはじめて産卵に成功しました。しかし、ふ化には至りませんでした。

日本動物園水族館協会（JAZA）は、飼育下個体群維持のため、1988年にシマフクロウを血統登録して管理することとしました。1993年には、オス4羽・メス2羽を飼育する釧路市動物園に、上野動物園のメス1羽と鹿児島市平川動物公園のオス1羽を繁殖のために移動させて、積極的な飼育下繁殖を開始しました。

ふ化21日目のヒナ

1994年にはじめてふ化に成功しましたが、巣立ち前にヒナが死亡してしまいました。1995年、同じペアから生まれた1羽が巣立ち、はじめて巣立ちに成功しました。

その後の繁殖個体のうち1羽を環境省へ移管し、トレーニング[＊2]を実施後、1999年に放鳥しました。動物園生まれの個体がはじめて野生に放たれたのです。残念ながら、この個体は行方不明となりましたが、これは価値ある出来事となりました。その後は、旭川市旭山動物園と札幌市円山動物園でも繁殖に成功し、北海道以外での飼育も再開されました（秋田市大森山動物園、長野市茶臼山動物園）。生息域外保全を担う飼育下個体群の充実が進んでいます。

＊2：動物園で育ったシマフクロウは囲いの中でエサを与えられて飼育されているため、遠くまで飛んだり、生きた獲物を捕まえたりする経験がありません。一方、野外では自ら獲物を探し、捕まえないと生きていくことができないため、飛行や狩りの訓練が必要で、これがトレーニングになります。

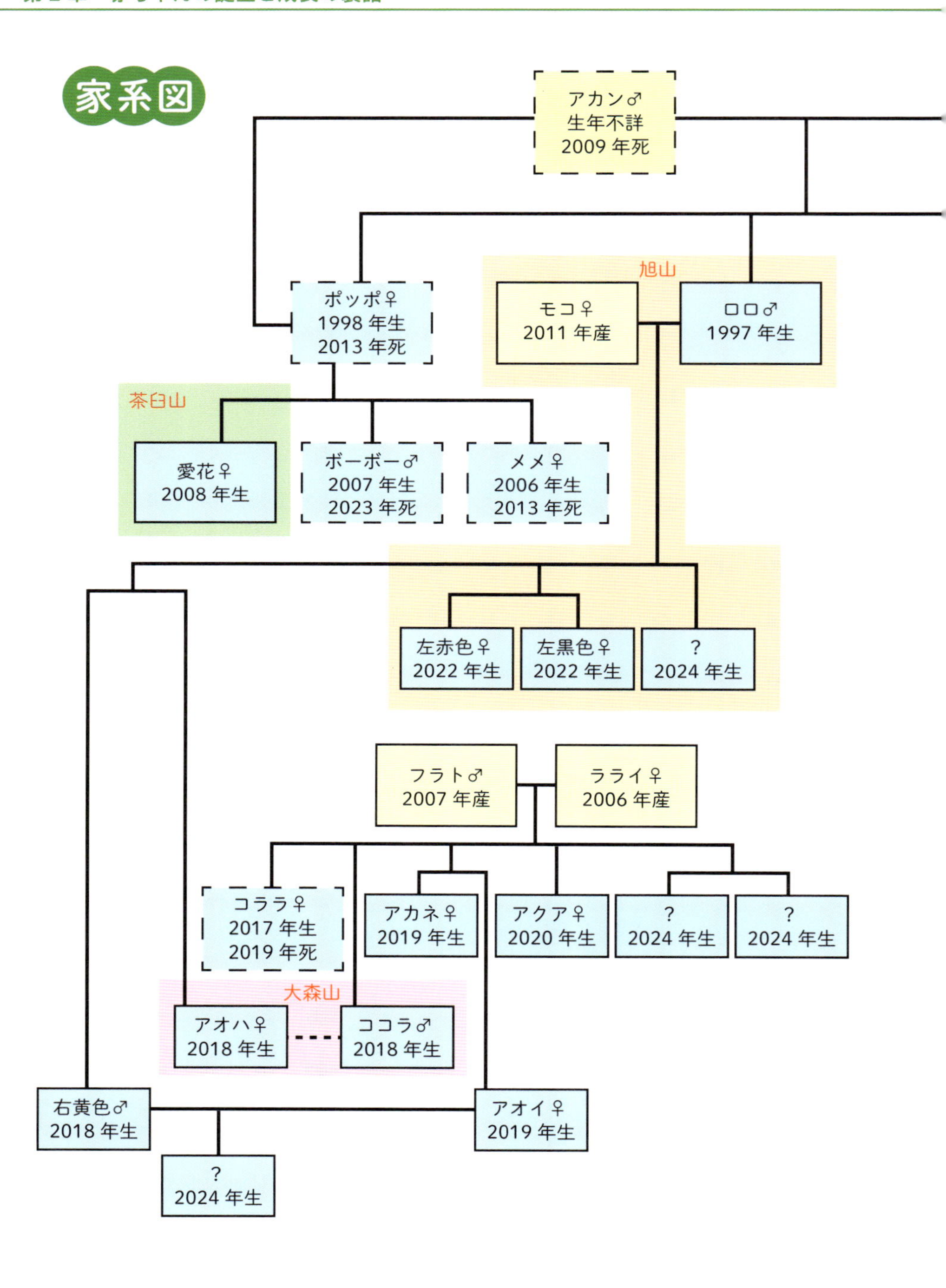
家系図
アカン♂
生年不詳
2009年死
旭山
ポッポ♀
1998年生
2013年死
モコ♀
2011年産
ロロ♂
1997年生
茶臼山
愛花♀
2008年生
ボーボー♂
2007年生
2023年死
メメ♀
2006年生
2013年死
左赤色♀
2022年生
左黒色♀
2022年生
?
2024年生
フラト♂
2007年産
ラライ♀
2006年産
コララ♀
2017年生
2019年死
アカネ♀
2019年生
アクア♀
2020年生
?
2024年生
?
2024年生
大森山
アオハ♀
2018年生
ココラ♂
2018年生
右黄色♂
2018年生
アオイ♀
2019年生
?
2024年生

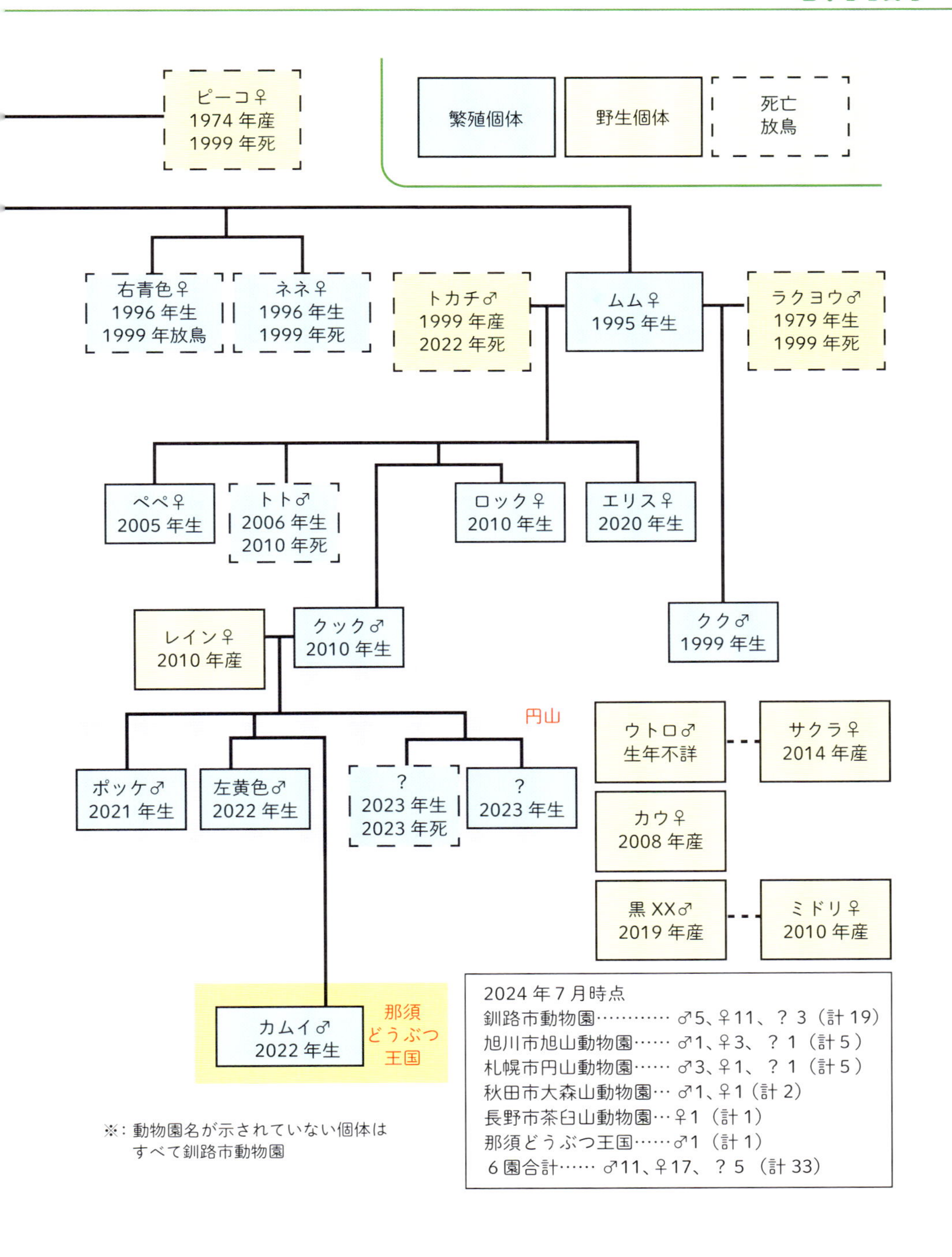
ピーコ♀
1974年産
1999年死
繁殖個体
野生個体
死亡
放鳥
右青色♀
1996年生
1999年放鳥
ネネ♀
1996年生
1999年死
トカチ♂
1999年産
2022年死
ムム♀
1995年生
ラクヨウ♂
1979年生
1999年死
ペペ♀
2005年生
トト♂
2006年生
2010年死
ロック♀
2010年生
エリス♀
2020年生
レイン♀
2010年産
クック♂
2010年生
クク♂
1999年生
円山
ウトロ♂
生年不詳
サクラ♀
2014年産
カウ♀
2008年産
黒XX♂
2019年産
ミドリ♀
2010年産
ポッケ♂
2021年生
左黄色♂
2022年生
?
2023年生
2023年死
?
2023年生
カムイ♂
2022年生
那須
どうぶつ
王国
2024年7月時点
釧路市動物園…………♂5、♀11、？3（計19）
旭川市旭山動物園……♂1、♀3、？1（計5）
札幌市円山動物園……♂3、♀1、？1（計5）
秋田市大森山動物園…♂1、♀1（計2）
長野市茶臼山動物園…♀1（計1）
那須どうぶつ王国……♂1（計1）
6園合計……♂11、♀17、？5（計33）
※：動物園名が示されていない個体は
すべて釧路市動物園

動物園での繁殖

繁殖は親に任せるのが最もよいのですが、人が行う場合もあります。卵をふ卵器で温めることを「人工ふ卵」といいます。卵からかえったヒナを人が育てることを「人工育雛（いくすう）」といいます。また、別のペアに卵を託す場合があります。これを「托卵（たくらん）」といいます。托卵は、同じシマフクロウに抱かせる場合（同種托卵）と、別種の鳥に抱かせる場合（別種托卵）がありますが、別種托卵はまだ成功していません。

繁殖にかかわれない個体からの遺伝資源の有効活用が、個体数の少ないシマフクロウでの遺伝的多様性の維持に重要になってきます。ペアの組み換えやオスからの人工採精、精液の保存、メスへの人為注入による人工授精などが考えられます。

ペアリング

シマフクロウの相性を判断する基準は、３つあります。①同じ枝にとまって寄り添っているか、②オスがメスにエサ

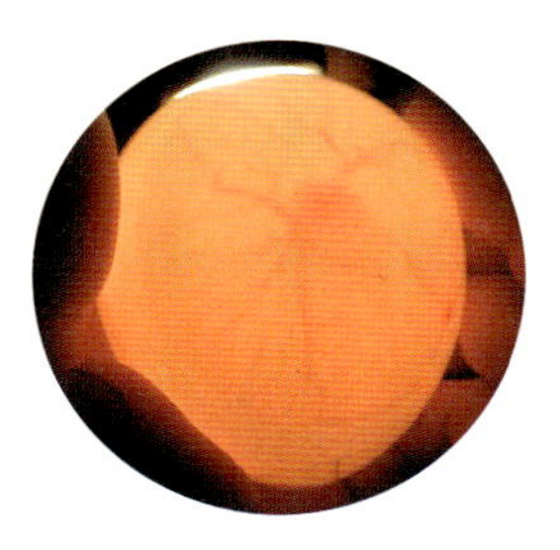

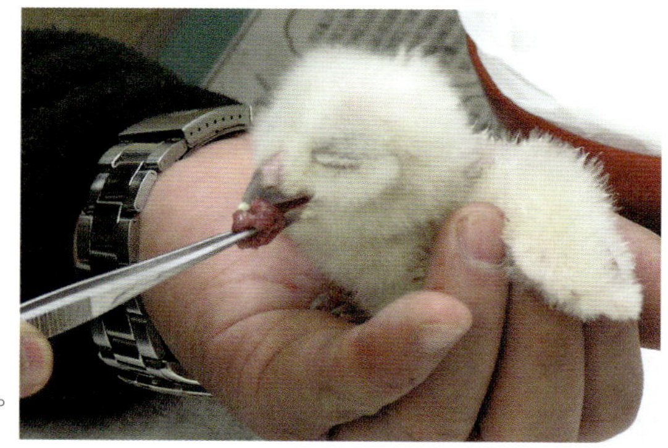

左：検卵。血管が見えています。
右：人工育雛（給餌中）

左：巣の裏側にある扉から卵を回収しています。
右：動物園で育つシマフクロウのヒナ２羽（右側の２羽、目の周りが黒くみえます）。

のプレゼントをして、メスが受け取ってくれるか、③鳴き交わしを行うかどうかです。このなかでも③の鳴き交わしが最も重要だと、私は考えています。オスが「ボーボー」と鳴き、メスが「ウー」と応えます。実際はオスの声の途中でメスが鳴くので「ボーボウー」のように聞こえます。はじめて聞いた人は、1羽が鳴いているように聞こえることでしょう。

動物園で飼育しているシマフクロウの場合は、相性を判断するために、隣のケージに候補の個体を入れて、興味があるかどうかを行動で判断します。また、鳴く個体であれば、鳴き交わしをするかどうかで判断します。しかし、相性がよいと思い、いざ同居をはじめてみると、お互いに近づかなかったり、ケンカをはじめたりなど、ケージ越しとはちがう行動を取る場合があるため、注意が必要です。ただ、ケンカのあとに仲良くなる場合もあるので、判断は難しいのが実際です。

うまく鳴けないオスは、メスから相手にされません。また、強いオスが鳴くと、弱いオスは鳴けなくなります。メスは強いオスの声にのみ反応します。シマフクロウのオスの価値は、鳴き声で決まるの

並んでとまっています。

オスからメスへの求愛給餌

鳴き交わしの最中（左がオス）

交尾

です。動物園では、複数のペアを飼育する場合、別のペアの姿や声がなるべく届かないように離れた場所で飼育するようにしています。

シマフクロウの繁殖についてはまだよくわかっていません。これまで３園で８ペアからの繁殖に成功しているのみです。少ない成功例をもとに手探りで行っていましたが、今後は例数が増えることにより、新たな知見が発見されることを期待しています。

シマフクロウのこれから

野生での保全活動は進んでいますが、人の手を離れて野生のシマフクロウが自立できる状況ではまだまだありません。しばらくは、人が十分に手を差し伸べる必要があります。

動物園ではシマフクロウの現状を知ってもらうために、個体を展示し普及啓発活動を行っています。また、野生個体群のバックアップとして、遺伝的多様性を維持しながら飼育個体群を維持していく必要があります。

文・写真：藤本　智　（釧路市動物園）

タンチョウ

Grus japonensis

保護個体を活用した飼育下繁殖群の維持

～釧路市動物園の北海道個体群～

- ツル目ツル科、全長：140～150cm、体重：6～10kg
- 生息地：北海道（主に道東）
- 環境省レッドリスト：VU、特別天然記念物

どんな動物？

タンチョウは、日本でみられる最も大型の鳥類のひとつで、日本で繁殖している唯一のツル類です。白と黒のコントラストが美しいボディに、何といっても頭頂部の赤い部分がタンチョウの一番の特徴です。タンチョウは漢字で「丹頂」と書きますが、これは体の頂にある頭が赤色であることを表しています（丹＝赤）。あの赤い部分は皮膚で、皮膚の下の血管が透けて赤く見えています。

メスの方がオスよりやや小さめですが、雌雄同色のため、外見でオスとメスを見分けることはできません。動物園では、DNA鑑定で雌雄の判別をしています。また、ペアの鳴き交わしで、「クォー」と鳴くのがオス、それに「カッカッ」と返すのがメスです。この鳴き交わしやペアで踊る求愛のダンスは、とても美しい

ペアによるダンスのひとこま（飼育下繁殖群）。オスの019（左）は、保護されたときに負っていた骨折の後遺症で、右翼が開きません。

オスとメスの鳴き交わし（野生）

光景です。

タンチョウには、１年を通じて道東を中心に北海道で生活する個体群と、ロシアで繁殖し中国沿岸等で越冬する大陸個体群がいます。北海道の個体群は、繁殖期（春〜秋）にはそれぞれのなわばりで生活し、冬は道東に点在する冬期給餌場に集まって越冬します。

日本に生息しているタンチョウは、1900年ごろに一度絶滅したと考えられていましたが、1924年に釧路湿原でひっそりと生き残っていた十数羽が再確認され、1935年に周辺住民による給餌がはじまりました。地域住民による熱心な保護活動により、2024年２月の調査で、生息数は1,800羽まで回復しています（NPO法人 タンチョウ保護研究グループ調べ）。

タンチョウの繁殖学

オス・メス協力の子育て

タンチョウの繁殖期は雪解けとともにはじまり、２月ごろから冬期給餌場でも交尾がみられるようになります。タンチョウの交尾は、オスが交尾発声をしながら翼を広げたメスの背後に近づいていき、背中を曲げたメスの背中にオスが座るような姿勢で飛び乗って、総排泄孔*[1]同士を合わせます。

３月に入ると、タンチョウたちは冬期給餌場での越冬を終え、それぞれの繁殖地（なわばり）に戻りはじめ、早ければ３月末に産卵します。なわばり内にある湿地で、ヨシ（イネ科の多年草）を重ねた大きな巣をつくり、１回の産卵で１～２個の卵を産みます。卵には「白色卵」と「有色卵」があり、個体によってどちらの卵を産むのか決まっています。卵の大きさはニワトリの卵４個分ぐらいですが、２卵目は「補助卵」（１卵目がふ化しなかったときの保険）のため、１卵目よりも小ぶりです。

抱卵期間は 33 ～ 34 日で、オスとメスが交代で抱卵します。１卵目の産卵から２卵目の産卵まで１～２日空きますが、１卵目を産むとすぐに抱卵をはじめるため、ヒナのふ化にも１～２日のタイムラグが生じます。近年は、酪農農家や畜産農家（以下、農家）の近くで生活するタンチョウも多く、エサが豊富にあるためか、ヒナ２羽連れの家族もよく目にするようになりました。何らかの理由で一度繁殖に失敗しても、５月末ごろまでは産卵が可能で、再度繁殖にチャレンジするペアもいます。早いヒナは４月末生まれ、遅いヒナは７月生まれになります。

タンチョウは、オスとメスが協力して子育てをします。ヒナがふ化して数日で両親とともに巣から離れ、なわばりの中を歩いて採餌（エサを探して捕食すること）しながら暮らします。ヒナは、ふ化後３カ月で親とほぼ同じ大きさに成長し、ふ化後 100 日で飛べるようになります。飛べるようになったヒナは「幼鳥」と呼ばれます*[2]。12 月ごろ

左：転卵中。１日に数回、くちばしで卵を転がして「転卵」します。必ず手前へ転がします。
右：タンチョウの卵。写真内の左が白色卵、右が有色卵。個体によってどちらの卵を産むのかが決まっています。

になると、家族で冬期給餌場へ飛来しますが、給餌場で暮らす３月までの間に子別れをし、幼鳥は独り立ちします。

＊１：直腸、排尿口、生殖口を兼ねる器官の開口部。
＊２：ヒナはふ化して約100日まで（まだ飛べない）、幼鳥はふ化して約100日以降（飛べるようになる）、亜成鳥は１歳～おおむね３歳（初回の換羽を迎えるまで、初列風切（しょれつかざきり）・初列雨覆（しょれつあまおおい）の先端に黒斑がある。初回換羽の時期は１歳夏、２歳夏、３歳夏とばらつきがある）、成鳥はおおむね３歳以降（初回換羽を終えて、初列風切・初列雨覆の先端が白色。以降、タンチョウの年齢は判別できなくなる）。性成熟は早いと３歳ごろからで、飼育下では５歳前後からペアリングを行います。繁殖年齢の上限は25歳ほどですが、33歳で有精卵を産んだメスもいます。

動物園での保護活動

絶滅の危機をひとまず脱したようにみえましたが、生息数の増えたタンチョウたちは、湿原を出て、農家の周辺など人の近くで生活するようになりました。しかし、人の近くには、道路や電線、線路、フェンス、ネットなど、タンチョウが事故にあう原因となるものも多くあります。事故でケガをしたり、死亡したりしたタンチョウの保護収容数も、年々増加しています。釧路市動物園（以下、当園）では、ケガをしたタンチョウを受け入れて、治療やリハビリテーションを行っています。

また、当園とその関連施設（阿寒国際ツルセンター・グルス、釧路市丹頂鶴自然公園）では、35羽を超える大規模な飼育下繁殖群を維持しています。飼育下繁殖群には、飼育下で繁殖した個体だけでなく、ケガをして保護され命は助かったものの野生復帰が難しい個体も含まれています。野生復帰は難しくても、飼育下繁殖群でペアを組み、繁殖したヒナを野生復帰させることで保護活動への貢献を目指します。

現在、環境省によりタンチョウの生息地分散が進められているところですが、2023年11月、鳥インフルエンザに感染したタンチョウの幼鳥１羽が確認されました。感染症が流行した場合など、野生個体群が大きく数を減らす不測の事態に備えるという意味でも、飼育下繁殖群の維持はとても重要です。

なお、タンチョウを飼育している施設は全国にたくさんありますが、北海道に由来をもつタンチョウを飼育しているのは、当園とその関連施設、そして、当園からブリーディングローン＊３でタンチョウを貸与している札幌市円山動物園、旭川市旭山動物園、岡山県の施設、台湾の台北市立動物園だけです。今のところ、大陸由来のタンチョウと北海道由来のタンチョウは、血統を分けて管理されています。

＊３：繁殖を目的に、動物園や水族館同士で動物を貸したり借りたりすること。

ペアリングは命がけ？

タンチョウを繁殖させるには、まず、オスとメスにペア（つがい）になってもらわなければなりません。オスとメスを隣り合うケージにそれぞれ入れ、お見合いをして相性をみます。隣同士でダンスや鳴き交わしがみられれば、次は同居を試みます。一見、相性がよさそうにみえても、同居でトラブルが起きる可能性もあります。

タンチョウのケンカは、くちばしで相手の頭を突いて攻撃します。負けたタンチョウは、時にくちばしが頭蓋骨を貫通し、脳挫傷で死に至ることもあります。野外とちがい、飼育ケージには逃げ場がありません。そこで、力では負けるメスが少しでも有利になるような配慮が必要です。なわばり（ケージ）の持ち主の方が優位となるため、同居はオスをメスのケージに入れて行います。同居後も、トラブルが起きないか注意深く見守り、何かあればすぐに離せるようにしておきます。

タンチョウは非常に愛情深い鳥で、一度つがいになると、どちらかが死ぬまで一生添い遂げる、といわれています。その一方で、最近は足に個体識別用のリングが付いた野生のタンチョウも増えていて[＊4]、その生態が少しずつ明らかになってきています。ついに離婚したペアが確認された、相手に先立たれたオスがたった1カ月後には別のメスとつがいになって元気に踊っていたなど、大多数のタンチョウは一生を添い遂げているのでしょうが、時にはたくましい野生の姿が垣間みえるようになってきています。

モテないクラノスケ

当園には「クラノスケ」というオスのタンチョウがいます。タンチョウ同士のケンカに負けて、頭頂部の赤い部分に重傷を負い保護されてきました。大きく骨が露出した頭頂部は、数年を経て何とか皮膚でおおわれましたが、大部分が傷跡として残ってしまい、赤みは若干あるもののツルツルとした印象の頭頂部となりました。

何度かお見合いを試みているのですが、毎回、クラノスケも必死でアピールするもののメスには全く相手にされず、いまだにシングルです。モテないのは、ケンカが弱いからなのか、タンチョウのシンボルの頭頂部が微妙だからなのか……。繁殖期になると、必死でコールを続けメスを呼んでいるクラノスケに、いつか彼の良さをわかってくれるかわいい相手が現れることを心から願っています。

＊4：このリングの付いたタンチョウの由来は、主に野生のヒナに脚環（環境省リング）を付ける事業（環境省、タンチョウ保護研究グループ）ですが、レスキューされた個体や飼育下繁殖した個体を放鳥する際にも装着されます。毎年20～30羽のヒナに装着されており、30年以上続いているため、リングが付いた状態で暮らしている野生のタンチョウは、道内に180羽ほどいると推定されています。

ヨシでつくった巣で抱卵中（飼育下繁殖群）。ペア相手が近くにいるときは、熟睡していることもあります。抱卵を交代するときに鳴き交わしをして、コミュニケーションを取るペアもいます。

卵の交換は飼育員も必死

自然に近い環境で飼育しているタンチョウの場合、カラスやキツネなどの天敵から卵を守るため、抱卵中の卵を「擬卵（偽卵）」（偽物の卵）と取り換えることもあります。本物の卵はふ卵器の中で人工ふ卵（親鳥の代わりに卵を温めること）を行い、ふ化が近くなると親が抱いている擬卵と再度交換して巣に戻し、ふ化したヒナは親に育ててもらいます。こうした方法で、子育ての下手なペアの卵を子育て上手なペアに預けたり、２卵ある有精卵を１つずつちがうペアに預けたりして、子育ての成功率を上げる工夫をしています。

しかし、飼育員にとっては大変な作業です。卵の交換のため巣に近づくと、親鳥は卵を守ろうと翼を広げて盛んに鳴いて、必死で威嚇してきます。時にはケガをしたふりをして、侵入者の注意を巣から逸らそうとする「おとり行動」をとることもあります。攻撃力の高いタンチョウを相手に卵の交換に行く飼育員も、タンチョウにケガをさせないように、卵を傷つけないように、自分もケガをしないように、必死で作業にあたります。

最近では、人の近くで生活しているタンチョウが、人目に付きやすい場所で巣づくり（営巣）することも増えました。もし、抱卵中のタンチョウをみつけたら、すぐにその場から離れてあげてくださいね。タンチョウたちは、必死に抱卵しています。

保護された両親から生まれた「ウミ」（オス、3日齢）。2022年生まれ。飼育下繁殖群への新たな系統の導入となりました。父親のコウは2016年に翼の負傷により保護され、母親のアミは2017年にネットの絡まりにより保護された個体です。なお、本項先頭ページ右上の写真は、ウミが成長した姿です（2024年8月15日撮影、2歳）。

人工授精を成功させたい！

当園で飼育しているタンチョウのなかには、野生からレスキューされた個体もいます。「019」という翼の骨折で保護されたオスは、飛べないため野生復帰できず、飼育下繁殖群でメスとペアを組んで暮らしています。

しかし、飛べないので交尾がうまくいかず、毎年、ペア相手のメスは無精卵（受精しておらずヒナが育たない卵）を産卵しています。実はこの019は、昔、釧路市丹頂鶴自然公園でふ化し野生復帰させた個体です。血統的には、釧路の飼育下繁殖群に最初に導入された野生のタンチョウから数えて、最も世代が進んだ第5世代に当たります。何とかこの019の繁殖を成功させ、第6世代へとつなげたいということで、人工授精に挑戦することにしました。

卵の交換の様子。親は卵を守ろうと、必死で威嚇しています。019（オス、左）とエムタツ（メス、右）のペア。

まずは、同じく保護されてきた狭いケージで飼育中のオス「コウ」で、精液を採取（採精）する練習をします。タンチョウの上にまたがり、背中やひざの外側をマッサージすると、尾羽を上げて総排泄孔の粘膜が露出してきます。その粘膜の上に見える、モヤモヤした白い粘液が精液です。

コウで採精できるようになったので、次は本命の019で挑戦します。しかし、普段から広いケージで飼育され、あまり人に馴れていない、メンタルも弱めの019は、捕まえられることに強いストレスを感じるようで、なかなか採精が成功しません。そこで、ペア相手のメスが１卵目を産卵した日の翌朝、このときばかりは巣の卵を守ろうと人に対しても負けずに向かってくる強い気持ちを逆手にとって、019を捕まえ採精を試みた結果、成功し、採取した精液をメスに注入する人工授精も無事に終えました。

抱卵中は、卵を守ろうと、人にも非常に攻撃的になります。普段はメンタルが弱く及び腰な019も、このときばかりは人に対して攻撃に向かってきたので、このメンタルを逆手にとって、興奮している（頭に血が上っている）タイミングで採精を試みたというわけです。この工夫により、途中で萎えることなく射精に至り、採精に成功することができました。

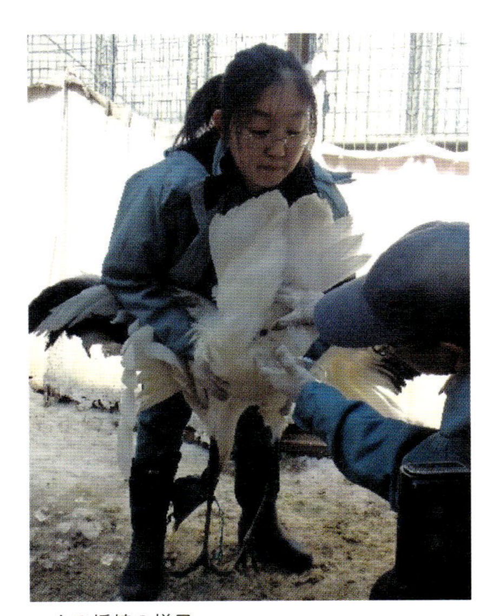

コウの採精の様子

しかし、その翌日の夕方、メスが産卵した卵は、なんと殻の形成が不完全なやわらかい「軟卵」で、産卵と同時に割れてしまいました。別の機会にも、メスを捕獲して人工授精の練習をすることもありますが、軟卵を産卵したのはこの時だけで原因は不明です。たまたま産卵シーンを目撃し、がっかりすることこの上ありませんでしたが、きっとまれにこのようなこともあるのでしょう。

以降もチャレンジを続けていますが、なかなかうまくいきません……。来年こそは、よい報告ができるように引き続き頑張ります。

義足のタンチョウのヒナが見たい！

人工授精を試みるもう１つの理由が「義足のタンチョウ」の存在です。当園では、事故で足を失ってしまったタンチョウたちが、義足を付けて暮らしています。定期的な義足のメンテナンスも必要なため、彼らは足への負担が少ない隔離ケージで単独で生活しています。当園では2024年８月時点で、５羽の義足のタンチョウを飼育しており、うち３羽を公開しています。飼育下繁殖群でペアを組んで繁殖を目指すことは難しいため、普段は動物園でその姿を来園者に見ても

義足のタンチョウ「モモ」（2017年生まれのオス、7歳）。2017年8月、約3カ月齢のときにウシに蹴られて脚を骨折して収容されました。残念ながら断脚となり、以降、義足をつけて動物園で暮らしています。2024年8月には7歳になり、すっかり大人のタンチョウに成長しました（撮影日：2024年8月15日）。

らい、タンチョウの現状や共生について考えるきっかけとなることで、保護活動への貢献を目指しています。

義足のタンチョウは、5羽のうち4羽がオスです。このオスたちは、それぞれ、保護から5～7年が過ぎ、幼かった彼らもすっかり大人になりました。35羽以上のタンチョウが飼育されているとはいえ、血縁が近くなりがちな飼育下繁殖群のなかで、義足のタンチョウから採精ができれば、新たな血統の導入という、重要な役割も果たせるようになります。

そこで当園では、義足のタンチョウからの採精にも取り組んでいます。成功までもう一息です。いつか、彼らのヒナがみられる日をとても楽しみにしています。

文・写真：飯間裕子
（釧路市動物園）

ハシビロコウ

Balaenniceps rex

お見合い大作戦

- ペリカン目ハシビロコウ科
- 全長：120cm
- 体重：４～７kg
- 生息地：アフリカ中東部
- IUCNレッドリスト：VU

どんな動物？

ハシビロコウの名前は「くちばしの広いコウノトリ」に由来しています。しかし、近年の遺伝子研究により、コウノトリよりペリカンに近いことが判明したため、ペリカン目ハシビロコウ科に分類されています。全長は120cm、体重は４～７kgほどで、両翼を広げると２ｍほどの大きさになります。鳴き声を出す「鳴管」が発達していないため、大きなくちばしを打ち鳴らす「クラッタリング」で存在をアピールするなどして、コミュニケーションを取っています。

「動かない鳥」として知られるハシビロコウですが、動かない理由は彼らの食性にあります。ハイギョやナマズといった大型の淡水魚を主なエサとしているハシビロコウは、一攫千金的な狩りをします。気配を消し、油断した魚が水面に上がってきたり、移動したりしようとした瞬間に捕らえます。一度大きな獲物の狩りに成功すれば、半日～１日はエサを捕らなくて済みますし、動かないことでエネルギー消費を抑えることができます。

この魚を狙っている様子や、必要以上に移動しない様子が、ハシビロコウが「動かない」といわれる所以です。動物園のハシビロコウには、コイやマス、ドジョウといった魚を与えていますが、野生より小さな魚を比較的安定して得られるためか、「思っていたより、よく動く」と思われる方が多いようです。

クラッタリング

ハシビロコウの現状

ハシビロコウは野生での生息密度が低いこと、生息地であるアフリカ中東部の一部では情勢が不安定で調査が困難であることなどから、その生態や生息数について不明な点が非常に多い鳥です。

野生の生息数はおよそ5,000～8,000羽とされており、絶滅が危惧されています。多くの生きものと同様に、その生息数には人間の社会活動が大きく関係しています。ハシビロコウは湿地に3～5km^2ほどの広いなわばりをもちますが、農業用地の開拓により湿地が減少していることや、工業廃水による水質汚染、違法な捕獲などにより生息数を減らしています。

しかしながら、動物園での繁殖の成功例は、ベルギーとアメリカの2例しかありません。日本は、現地を除いては世界で最も多くのハシビロコウを飼育しており、その繁殖方法の確立に重要な役割を担っているといえます。

雌雄の間違いはあるある？

日本のハシビロコウ飼育の歴史は意外と古く、初来日は1971年のことです。このときやってきたハシビロコウ2羽のうちの「ビル」は、2020年まで伊豆シャボテン動物公園で飼育され、推定50歳という世界最高齢で亡くなりました。

のいち動物公園（以下、当園）では、2010年よりペアのハシビロコウを迎え入れ、飼育を開始しました。「とと」と「ささ」です。しかし、導入後間もなく行った検査で、メスとしてやってきた「ささ」がオスであることがわかり、繁殖は望めなくなりました。

ハシビロコウはオスの方がやや大きくなる傾向にあるものの、外見による雌雄の判断は困難です。また、現地で確実な検査が行われていない場合もあり、前述のビル（オス）も、死後にメスであることが判明するなど、雌雄の間違いは結構“あるある”だったりします。こうしたことから、繁殖を目指して2015年に、新たにメスの「はるる」を導入しました。

ハシビロコウの繁殖学

育つのは1羽のみ

ハシビロコウは湿地の中の小島や浮草の上に巣をつくり、産卵・子育てをします。1シーズンに1～3個産卵し、約30日でふ化します。

抱卵、子育てはオスとメスが協力して行いますが、複数羽ふ化しても育つのは1羽のみです。ヒナはふ化から巣立つまで3カ月ほどかかります。

ハシビロコウの卵
（写真は擬卵［偽卵］）

年齢と目の色

ハシビロコウの虹彩の色は、若いころは黄みが強く、徐々に青みがかってくるのではないかと考えられており、水色っぽくなると性成熟した証しともいわれています。

当園でも「とと」は、来園時から虹彩が水色で、「ささ」や「はるる」はオレンジ色をしていました。「ささ」はうす黄色を経て、現在はやや青みのある白っぽい色に変わりました。のちに登場する「カシシ」は、推定年齢は「ささ」より少し若めですが、虹彩は「ささ」より濃い水色です。個体差もあるようですが、年齢を重ねると色が変化していくのは確かなようです。

「ささ」と「はるる」

飼育下のハシビロコウは人に馴れやすく、また単独行動ゆえか、個体によっては特定の人物（主に最も頻繁に世話をする飼育員）に対してのみ好意を寄せることがあります。特に「ささ」は、顕著に１人の飼育員には好意的に振る舞い、ほかの飼育員に対しては攻撃的です。

「はるる」を迎え入れるにあたって、「ささ」の好意が人ではなく「はるる」に向くよう、「ささ」と職員は距離を置く方針に変えました。体に触ったり、手渡しでエサを与えることをやめ、それまで行っていた公開給餌も、生態についてのガイドというかたちに変更しました。

前述のとおり、「はるる」は来園時、目の色も外見もまだ幼さが残っていました。ハシビロコウはメスよりオスの方が攻撃的になる傾向があります。他園からの情報でも、オスの攻撃的な様子に対してメスが気持ちを閉ざしてしまうと、関係修復が困難といわれています。そのため、「はるる」の成熟と環境への慣れ、「ささ」を受け入れる姿勢をみながら、ペアリングを進めていくことにしました。

「はるる」の来園から半年が経ち、格子越しに２羽のお見合いをはじめました。しかし、「ささ」がクラッタリングや、親愛行動とされるお辞儀をしても「はるる」が反応することはなく、「ささ」も攻撃的な様子をみせることがあったため、その後数年、お見合いから先には進めませんでした。

「はるる」の来園から５年が経ち、性成熟をしたと判断して「ささ」との同居を行いました。しかし、そのときも「ささ」が「はるる」を追いかけ、人が仲介しないと同居できる関係にはなりませんでした。その後、「はるる」が亡くなっ

左から「とと」「ささ」「はるる」「カシシ」の目

てしまい、２羽はよい関係を築くことなく、ペアは解消となりました。

「カシシ」がやってきた

「ささ」の単独飼育となり、国内の現状からメスのハシビロコウを迎え入れることは難しそうだと感じていたことから、日常の健康管理などを考え、投薬や体重測定のため、手渡しでのエサやりを再開していました。飼育下では、どんな動物でも日常的な飼育管理だけを考えれば、ある程度人に馴れている方が管理しやすいというのが正直なところです。

そんななか、メス１羽を飼育していた那須どうぶつ王国が、ブリーディングローン（繁殖のための動物の貸し借り）で「カシシ」（メス）を当園に移動するという、驚くべき決断をしてくれました。ハシビロコウは国内での飼育数が13羽（2024年時点）と少ないため、今後、繁殖を進めていくうえで、移動は不可欠ではあります。しかし、どの動物園でも非常に人気の高い動物なので、容易に他園に引っ越しさせるという判断ができるものではありません。自園のメリットよりも、ハシビロコウの今後を考え移動することを決めてくれた那須どうぶつ王国のみなさんや、その決断に理解を示してくれたファンの方々には、感謝の気持ちでいっぱいでした。そして、「カシシ」をしっかりと飼育管理し、「ささ」との繁殖の可能性を最大限に引き出せるよう取り組まなければという強い思いで、受け入れることとなりました。

「カシシ」の来園にあたり、「はるる」とのペアリングの経験から、現施設での課題を可能な限り改善するべく、お見合いスペースの拡充と監視カメラの設置を行いました。鳥インフルエンザの予防や、荒天時でも半屋外に出られるよう、屋根付きのテラススペースをこれまでの４倍ほどに広げ、屋外展示場にいる個体とも広い範囲でお見合いができるようにしました。

2010年に迎え入れた「さざ」

４倍ほどに拡張したテラススペース

長旅を経て来園した「カシシ」。左：輸送作業の様子、右：到着後もすぐに落ち着きをみせ、ドジョウを捕食してくれました。

お辞儀を返す「カシシ」（写真手前）、奥にいるのは「ささ」

「カシシ」

2022年12月、那須からの長旅になるので、「カシシ」は途中、系列園で古巣でもある神戸どうぶつ王国で1泊してから、当園に到着しました。輸送箱から出て、寝室を確認するように見回すと、間もなく与えたドジョウを捕食するという落ち着きようでした。「カシシ」を見にやってきた職員みんなに、律儀にお辞儀のあいさつをする様子が印象的でした。

「ささ」と「カシシ」

「カシシ」がやってきた時期は、鳥インフルエンザの影響で、感染防止のために屋外展示場に出ることができなかったため、検疫後、寝室の小窓越しに「ささ」とのお見合いを開始しました。「カシシ」を見て「ささ」は、お決まりの行動といった様子で、牽制するようにガツンッと小窓を突きました。すると「カシシ」もガツンッと扉を突き返したのです。これまで飼育員や「はるる」に同じことをしてもやり返されたことのなかった「ささ」は驚き、呆然としてくちばしを半開きにしたまま固まっていました。

その後、屋外展示場に出られるようになってからも、お見合い中にテラスの格子に「ささ」がくちばしでアタックすると、「カシシ」も負けじと突き返していました。「ささ」が突き合いをやめて離れようとしても、「カシシ」が許さず追いかけてくることもあり、「ささ」は面食らったような様子でした。「カシシ」は当園に来るまでに2羽のオス、1羽のメスとの同居経験があり、経験値は「ささ」より上のようでした。それでも2羽は、もめてばかりではなく、双方でクラッタリングをしたり、お辞儀のあいさつをしたりといったやりとりもみられました。

巣づくり

「ささ」は巣づくりの名手で、「はるる」が来園したころから、繁殖期には直径1m

「ささ」と「カシシ」の突き合い（左写真の手前、右写真の右が「ささ」）

ほどの立派な巣をつくっていました。巣づくりするための台を設けたこともありますが、植栽の上に一からつくりあげるのが好きなようで、それは使われませんでした。

「カシシ」はというと、巣材のようなものを運んでいるのはたまに見かけたのですが、プールの中に落としていたり、何でもないところに放置して（いるようにみえる）あったりして、今シーズンは１つの巣をつくりあげるといった行動はみられませんでした。他園でも、メスよりオスの方が熱心に巣づくりする傾向にあるようです。

ハシビロコウは、野生下で前年使用した巣を翌年も使用することがあるそうで、「ささ」もここ数年は、毎年同じ場所に巣をつくっていました。しかし、「カシシ」が来園してからは、屋内展示場の「カシシ」が見える位置に場所を変更していました。

巣材には、しなやかで長さのある植物が好まれます。イネ科の草やミゾソバ、ウチワゼニグサといった水辺の植物、ヤブマメなどのつる性植物や、飼育員が置いておいた細長い枝や稲わらなどをよく利用しています。「カシシ」は水辺に囲まれているところが好みのようで、プールの近くのパピルスやヤツデの葉を踏み折って、その上を巣に見立てて、そこに滞在していました。「ささ」とはマイホーム計画に若干のずれがあるようです。

「ささ」の巣づくり

「カシシ」の巣づくり

「ささ」の変化

地域によって若干異なりますが、ハシビロコウは雨季にペアをつくり、乾季に子育てをします。これは乾季に湿地が小さくなるため、エサであるハイギョやナマズといった大型の淡水魚を捕獲しやすくなることや、雨によって巣が水没する可能性が低くなるためだと考えられています。

当園でも6月ごろに、あいさつや突き合いの闘争が最も多くなりました。この時期は2羽とも飼育員に対する関心が薄れ、双方を強く意識しているようでした。

7月中旬は、「ささ」が「カシシ」に対し、非常に強く関心を示した日がありました。しかし、下旬になると、「ささ」の行動は急激に巣づくりに移行し、屋外展示場に出た日は1日のほとんどを巣の上で過ごすようになりました。「カシシ」は、「ささ」より少し遅れて8月に、頻繁に「ささ」を気にするような様子が観察されました。

屋外展示場には、それぞれが1日ずつ交代で出ています。9月、「カシシ」が屋外に出ていると、「ささ」がテラスでイラついている様子をみせることが多くなりました。また、作業をする飼育員や、展示場周辺で見かける職員への排他的な行動も強くなっていました。ペアリングの時期を過ぎ、巣を守る気持ちが強くなっていたようです。

9月下旬、「ささ」は、植栽帯につくっていたメインの巣より、地面につくったサブの巣への立ち入りが急増しました。ある日、屋外展示場に出ると、真っ先にサブの巣に向かい、地面を確認するようにして座り込み、そのまま1日ほとんど動きませんでした。「ささ」の座っていたところを確認すると、そこには上水の配管の位置を示す「標柱」がありました。「ささ」はどうやらこの標柱を卵に見立てて抱いていたようです。次に屋外展示場に出た日にもサブの巣に直行し、カツカツと標柱を軽く突つき、周りの巣材を整えると座り込み、1日中標柱を抱卵し

「ささ」の抱卵。標柱を卵に見立てて抱いていたようです。

つづけました。

今回、「ささ」がこれまでみられなかった抱卵をするようになったのは、「カシシ」との様々なやりとりが刺激になったためと考えられます。２羽の関係はまだ未成熟ですが、「ささ」には繁殖のリズムが整っていると感じられる出来事でした。

仲介作戦

出会って１年が過ぎようとしている「ささ」と「カシシ」は、格子越しにもめることもあり、すぐに同居できるほど良好な関係とはいえませんが、繁殖期にはお互いを強く意識し、好意的な態度もみられたため、取り付く島もないというわけでもありませんでした。

気候や飼育環境が異なる那須から来たばかりの「カシシ」は、換羽や繁殖にまつわる行動のタイミングが「ささ」より遅かったため、２羽の体内リズムがそろうようにしなければならないと感じました。

気温に関しては、屋外に出ており操作できる部分が限られているので、空調での管理をしつつ、「カシシ」が高知県の気温に慣れるのを待ちました。日の長さについては、これまで操作していませんでした。獣舎の構造上、飼育員が退舎してしまうとほぼ真っ暗になり、生息地と同様の「年間を通して１日12時間」という日長は確保できませんでした。そのせいか、換羽もはっきりとした時期がなく、長期的にダラダラと続く状況でした。換羽の正常化と繁殖に関しても、何らかのよい効果が出ることを期待して、寝室にタイマー付きの照明を設置し、年間を通して１日12時間という日長（7～19時）を確保するようにしました。

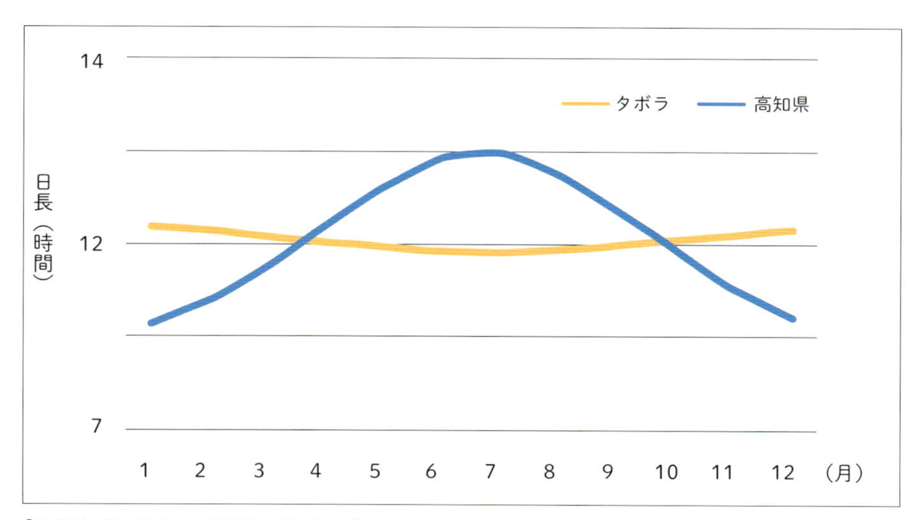

【生息地（タボラ）と高知県の日長比較】
出典：国立天文台 歴計算室より作成

巣で立っている「カシシ」（足元に写っている卵は擬卵）

見守りとサポート

今後は、この１年の２羽の行動と、大学に検査を依頼している繁殖にかかわるホルモンの動態とを照らし合わせながら、同居可能か、同居するならいつがベストであるかを見極めたいと思っています。

こう言ってしまっては元も子もないのですが、ハシビロコウのペアリングは、双方の相性が非常に大きく関係していると考えられます。私たちにできることは、近づきすぎないようにして、２羽の関係の変化をつぶさに観察し、相性を最大限に引き出せるよう環境を整えることだと考えています。「あとは若い２羽に任せて……」と、フェードアウトできる日を信じ、取り組んでいきたいところです。

文・写真：木村夏子
（（公財）高知県のいち動物公園協会）

フンボルトペンギン

Spheniscus humboldti

将来のための繁殖管理

- ペンギン目ペンギン科
- 頭胴長：60cm
- 体重：3.5～5kg
- 生息地：ペルーとチリの太平洋岸
- IUCNレッドリスト：VU

どんな動物？

フンボルトペンギンは、18種に分類されるペンギンのなかでは中型の種です。ペンギンというと、寒いところにすんでいるイメージがあると思いますが、フンボルトペンギンは暖かいペルーとチリの太平洋沿岸に生息しています。定住性が強く、繁殖は、エサが豊富であれば1年中可能ですが、野生では春と秋がピークのようです。土に穴を掘ったり、岩や植物のすき間にもぐったりして巣をつくり、子育てをします。

鳥の換羽は一般的には年2回ですが、ペンギン類はわずかな例外を除いて年1回です。生息地付近には冷たいフンボルト海流が流れていて、エサとなる生物資源が豊富です。野生ではカタクチイワシを中心に、主に小型の魚類を食べているようです。野生での個体数は減少し、現在は3万羽ほどと考えられています。温帯域の人の生活域の近くに生息しているため、人の活動の影響を受けやすいのが減少の理由です。

ペンギンの現状

フンボルトペンギンは、19世紀半ばには100万羽以上いたと考えられていますが、1930年代までに生息地のグアノ*採掘や漁業などの影響で激減しました。そのため、国際自然保護連合（IUCN）のレッドリストでは危急（VU）に選定され、ワシントン条約では国際取引が規制されています（附属書Ⅰ）。また、生息地であるペルーとチリでは保護区が設定され、捕獲や所有が法律で禁止されています。

近年の生息数は1～4万羽程度で推移していますが、エルニーニョ現象による生息環境の悪化や、エサの生物をめぐる人との競合などにより、不安定な状態が続いています。それに加え最近では、高病原性鳥インフルエンザによる大量死も懸念されています。

＊：ペンギンや海鳥などの糞が堆積して化石化した層。リン酸肥料の原料。

ペンギンの繁殖学

一夫一妻

フンボルトペンギンは、ペンギンのなかでは定住性が強い種で、エサとなる生物が豊富であれば、ほぼ1年中繁殖が可能です。繁殖時にはコロニー（繁殖のための群れ）を形成し、岩のすき間や植物の根元などに巣をつくります。

オスは求愛のためのディスプレイを行います。つがいが形成されると、鳴き交わしや相互羽づくろいがみられるようになります。一夫一妻であり、交尾ののち数日で2個産卵します。抱卵期間は約40日で、ふ化したヒナには、親が食べてきたものを吐き戻して与えます。ヒナは2カ月半ほどで巣立ちますが、2羽とも育つことは少ないようです。3～4年で性成熟します。

交尾の様子

繁殖は意外と簡単？

フンボルトペンギンは鳥類なので、卵を産んで温め、ヒナがかえったら親が食べ物を与えて育てます。飼育下ではエサが十分にあり、生息環境も安定しているので、夏の換羽期以外はほぼ通年繁殖が可能です。

巣のためにそこまで!?

飼育下では、つがいごとに使う巣が決まっていて、繁殖期になると、主にオスが巣材を運ぶ様子がみられます。巣への執着は非常に強く、ほかの鳥類では考えられないことと思いますが、どんなに巣の中をいじくり回しても放棄することは全くなく、必ず戻ってきます。

強いつがいでは複数の巣を占有していることがあり、巣をもたない若いつがいが物色に来ると、激しい闘争になって頭が血だらけになるほどつつき合うことがあります。つつき合いなんて、生やさしいものではなく、殴り合いのような勢いです。最悪の場合は、巣の奪い合いが原因で死んでしまうこともあります。つがいになったばかりのペアが巣を獲得するのはなかなか難しく、あちこちの巣を覗いては撃退されるのを繰り返して経験を積んだのちに、やっと巣を得ることがで

卵に情報を記載

抱卵中のオス

きます。

巣を得たつがいは交尾後に産卵し、１回の産卵で２個の卵を産みます。といっても、一度にまとめて産むのではなく、１個目を産んだ３～５日後に２個目を産みます。２個産んでしまうと１個目と２個目の判別が難しくなるので、マリンピア日本海（以下、当館）では、卵の殻に油性マジックや鉛筆で「産んだ日」、そのつがいが使っている「巣の番号」、「１個目か２個目か」を記載しています。

卵の温め方

抱卵（卵を抱いて温めること）は、両親が交代でおよそ40日間行い、ヒナは２～３日かけてふ化します。抱卵期間は、20年ほど前までは約42日でしたが、短くなったのは地球温暖化の影響なんですかね……。

抱卵のときは、腹ばいになって卵の上に乗ります。全身が非常に断熱性の高い羽根でびっしりとおおわれているため（実際には羽根と体の間にある空気が断熱層になっているのですが）、単純に乗っかっただけでは体の熱が伝わらず、温めることができません。フンボルトペンギンの下腹部には、「抱卵斑」と呼ばれる

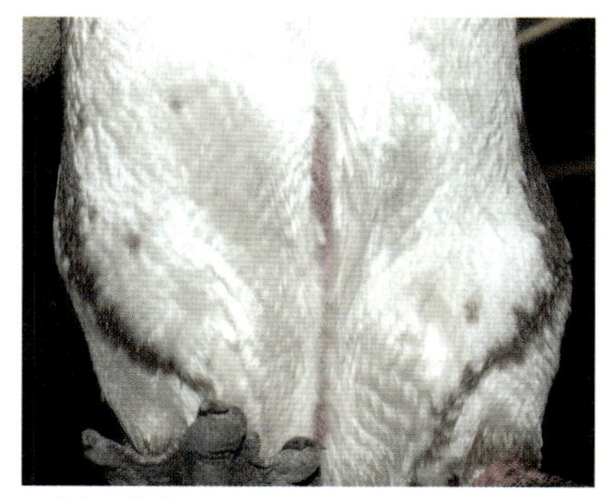
下腹部の抱卵斑

羽根が生えていない部分があります。普段は羽根におおわれていて見ることができませんが、抱卵のときだけ羽根を広げて地肌を露出して卵に当て、体温で温めます。

抱卵は、いつもうまくいくわけではありません。途中で割れてしまったり、親ペンギンの巣をめぐる闘争で踏みつぶされたり、中の胚（発育中のヒナ）が途中で死んでしまったりすることも多くあります。ふ化予定日を過ぎてもなかなかふ化しないので見てみると、中身が腐り、殻から腐った汁がにじみ出ていたり、腐敗ガスが充満して卵に触った瞬間に破裂したりということもありました。

卵の形はニワトリに似ています。大きさは長径が約75mm、短径が約55mm、

口移しでエサを与えます（右がヒナ）。

ふ化直後のヒナ

のどの下に黒い帯模様があるのが成鳥。手前の６羽の中に１羽だけ成鳥が混じっています（矢印）。

重さが約120gですが、殻に開いている小さな穴（気孔）から水分が少しずつ蒸発して、ふ化するころには１割ほど軽くなります。

ヒナの成長

ヒナの食べ物は、両親が交代で運んできます。しかし、多くの鳥のように口にくわえて来るわけではありません。親は、魚やイカなどを食べて胃に収めてきて、ある程度消化されたものを吐き戻して口移しでヒナに与えます。吐き戻すエサはちょうどいい大きさのものを選んでいるわけではなく、「こんなのどう見ても口に入らないよ」というくらい大きな塊をヒナに与えようとすることもあります。

成鳥の群れ

ヒナは、はじめはふわふわの綿毛（綿羽（めんう））が生えていますが、しばらくは体温調節ができないので、親のお腹の下で温められます。生後２カ月～２カ月半ほどで親と同じ羽根に生えかわり、おおむね親と同じ姿形の模様のちがうペンギンになり、巣立ちます。体の模様は、生まれた翌年の夏の換羽の際に、親と同じようになります。

ただし、生まれたすべてのヒナが育つわけではありません。飼育下ではエサが十分にあって外敵もいないため、野生にくらべて多くのペンギンが成鳥にまで育ちますが、それでも、生まれてすぐに親に踏みつぶされて死んでしまうヒナが、毎年ある程度みられます。ヒナの死亡は生後２週間くらいまでが多く、それを超えるまでは「今日は生きているかな……」と毎日ドキドキしながらペンギン舎に行っていました。ヒナを人の手で育てる「人工育雛（いくすう）」をして、そこを乗り越える動物園や水族館もありますが、当館は個体数が多いこと、野生に近い人を恐れるペンギンを残したいことから、育児は親に任せています。

ペアリング

個体と雌雄の見分け方

繁殖させたい雌雄のつがいをつくるためには、個体識別と性判別が必要です。個体識別の方法はいくつかありますが、現在は外見から誰もが客観的にわかるように、翼の付け根に翼帯（タグ）を装着

【ヒナの成長】

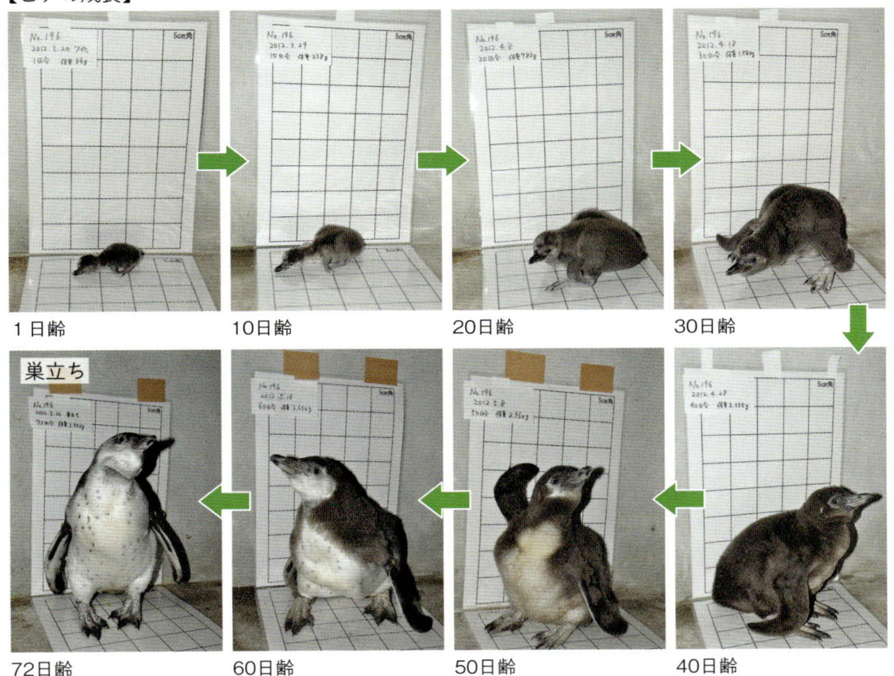

1日齢　10日齢　20日齢　30日齢　40日齢　50日齢　60日齢　72日齢

する方法が多く使われています。翼帯はペンギンごとに色や番号が異なっているため、誰がみても、それこそ遠足に来た子どもたちがみても容易に見分けることができます。何十年も前には、体の模様や特徴などで見分けていることもありましたが、人によって見るところがちがったり、飼育員が替わるとわからなくなったりするため、今では必ず何らかのタグを付けるようになっています。

また、タグと併用して、最近ではイヌやネコでも装着が義務づけられるようになった「マイクロチップ」も装着しています。マイクロチップは、ほかと重複しない10～15桁の数字と、アルファベットによる固有の番号が記録されている直径2mm、長さ1cmほどのカプセル状の電子標識器具です。注射器を使って体内に埋め込みます。一度埋め込んでしまえば脱落の心配はほぼなく、取り出すことも困難なので、ペンギンの取り違えを防ぐのに有効です。

フンボルトペンギンは性的二型（オスとメスの外見上のちがい）がほとんどないので、外見からは雌雄を判別することができません。以前は繁殖行動から性別を推定していて、それでほぼ間違いなかったのですが（飼育員の観察力はすごいんです）、客観的に判別できるようにと、30年ほど前から、様々な方法が検討されてきました。くちばしのサイズがオスとメスでちがうことに着目して、計測値を計算式に当てはめて数字の大小をみたり、オスとメスでちがう総排泄腔内を観察したりして、判別の正答率はおおむね8割でした。現在では遺伝子工学の発達により、性染色体をみることでオスとメスを判別できるようになったため、それが主流になっています。

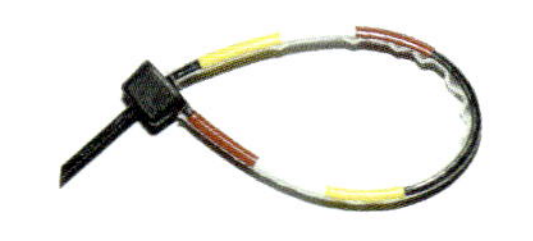

翼帯(上)とマイクロチップ(下)

実は一途

ペアリングや子育ては、当館では基本的に「ペンギン任せ」です。つがいになっていないペンギンが複数いても、よほど相性が悪くなければそのペンギン同士でつがいになります。つがいになる年齢は早いと1歳前後で、体の模様もまだ子どものままです。一度つがいになると解消するのはまれで、相手が死んでしまったり、ほかの施設へ移ったりしない限りは、ほぼずっと同じ相手とつがいでいます。ただし例外もあり、2羽のメスの間をフラフラするオス、2羽のオスの巣をそれぞれ適当な周期で訪れるメスもいます。また、オス·メスの数に偏りがある場合、例えば、オスの方が多くて余っているような状況だと、同性の「オス×オス」のつがいもできます。

増えすぎても困る……

先ほどは「ペンギン任せ」といいましたが、完全にペンギン任せにしてしまうと増えすぎてしまいます。当館には40ほどのつがいがいます。それが無条件に繁殖すれば、全部がうまく育つと仮定すると、単純計算で「一度の産卵で２羽×それが年に２回×40つがい＝毎年160羽増えてしまう」ことになります。もちろん、全部がうまく育つわけではないのですが、仮に半分でも80羽、４分の１でも40羽になります。

ペンギンの寿命は25年くらいで、長いと30年を超えることもあります。野生では生後１～２年のうちに多くが死亡してしまうのですが、大人になると生存率が非常に高いようです。飼育下では、野生よりも生存を脅かす要因が少ないために、長生きする傾向にあります。死亡するよりも成育するペンギンの方が圧倒的に多いと、あっという間に施設の収容限界個体数に達してしまうため、ある程度は繁殖を制限する必要があります。しかも、当館のペンギンの多くに血縁があるので、増えれば増えるほど遺伝子の多様性が失われてしまいます。

したがって、繁殖させるつがいは互いに血縁がなく、当館内で血縁のペンギンが少ないつがい１～２組に限定し、１つがいあたり年間１～２羽程度の繁殖にとどめています。

偽物の卵!?

ふ化する前に卵を取り除くことでも、繁殖の制限を行っています。しかし、ほぼ年中繁殖期であるため、卵を取り除いても１カ月ほどでまた産んでしまいます。次から次へと産卵するのでは、メスの体に負担がかかってしまいます。抱卵している間は産卵しない習性を利用し、産卵と産卵の間隔を延ばすために、石膏でつくった「偽物の卵」（擬卵もしくは偽卵）を抱かせます。卵と同じくらいの大きさの白っぽいものであれば、ペンギンはほぼ疑うことなく抱卵します。ときには、人形の頭を抱いていたこともありました。

本来の抱卵期間である40～50日ほど偽卵を抱卵させると、その分、産卵回数を減らすことができます。偽卵をつくるのは、もちろん飼育員です。本物の卵を使ってシリコン樹脂で型を取り、その型に石膏を流し込んでつくります。一度、型をつくってしまえば量産することができるので、繁殖期前にはたくさんつくっておきます。

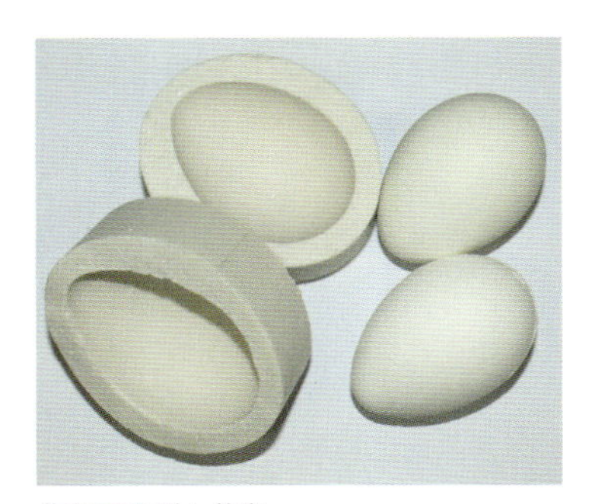

作製用の型と偽卵

卵から得られる情報

生まれた卵の大半を取り除くことになりますが、ただ単に「取り除いて終わり」というわけではありません。その卵からも有益な情報を取り出します。まずは、卵の大きさを測ります。フンボルトペンギンの卵はニワトリの卵と形がほぼ一緒ですが、重さは2倍くらいあります。卵の長径と短径、重量を測って集計することにより、フンボルトペンギンの卵の平均的な大きさを知ることができます。高齢になると卵が小さくなったり、卵殻が薄くなったり、そもそも卵殻がなくて中身だけ生んだりということも起こります。

次に検卵をして、受精の有無を確認します。産卵から4日ほどは肉眼的に胚に変化はみられませんが、5日目くらいから血管ができはじめます。7～10日ほどすると、胚の周りを囲うように10円玉くらいの血管の円ができます。それがあるかないか、真っ暗な部屋で卵にライトを当てて確認します（検卵といいます）。昔は明るいライトがなく、よく見えず苦労したのですが、最近は安価なLEDライトがあり十分な光量を得られるので、ずいぶんと簡単な作業になりました。検卵により、オスの繁殖能力の有無や、オスが繁殖能力を失う年齢を知ることができます。また、全つがいの卵の受精率も知ることができ、繁殖適齢期にあるオスがどれくらいの割合いるのかも知ることができます。

検卵

つがいの組みかえ

ペアリングをペンギン任せにしていると、当然こちらが望まない組み合わせのつがいもできてきます。親子や兄弟姉妹のような血縁のあるつがいです。野生からの導入が途絶えておよそ40年……。しかも、各施設のペンギンの数が多いわけではないので、飼育下のペンギンだけで繁殖を繰り返すことで、あっという間に施設内の全ペンギンが血縁関係になります。血縁のあるペンギン同士の繁殖（近親交配）の弊害が証明されているわけではありませんが、血縁があると遺伝子配列が似たようなものになるため、生存に有害もしくは不利になるように組み合わさってしまう可能性が高くなります。これを防ぐために、ペアリングを人が操作できないかと考えました。

ペンギンはつがいの相手がいなくなると、すぐに新しい相手を探してつがいになる習性があります。それと同じ状況をつくり出せば、こちらが望む組み合わせのつがいができるのではないか、と考えました。ということで、2009年に試してみました。実際にやってみると非常に

鳴き交わし

相互羽づくろい

単純なことで、結果は成功でした。一番簡単な方法は、つがいにしたい血縁のないオスとメスを、ほかのペンギンとは接触しないように隔離しておくというものです。この方法で、早いと１カ月もしないうちに鳴き交わしや相互羽づくろいがみられて一緒にいるようになり、つがいにすることができました。

ただし、どうしても相性が悪くてつがいにならない組み合わせもあります。また、つがいになったようにみえても、元の相手が新たにつがいを形成していない状態で元の場所に戻したら、元々のつがいに戻ってしまったとか、三角関係になってしまった、などということもあります。

個体群管理

日本で飼育されている約1,800羽のフンボルトペンギンほぼすべてが、日本動物園水族館協会（JAZA）のフンボルトペンギン種別計画管理者により、血統登録されています。血統登録とは、個体の情報を集めて記録することで、性別、生年月日、両親の情報、個体識別情報、移動履歴などが記載されています。種別計画管理者は、これをもとに動物の施設間移動やペアリング等の相談に応じ、血統の偏りが大きくならないように調整しています。これを「個体群管理」といいます。

個体群管理では、国内で飼育されているほぼすべてのフンボルトペンギンを大きな１つの個体群としてみて、助言や調整をしています。実際には、それぞれの施設に分散して飼育されていて所有権もあるため、簡単に事が運ぶはずもないうえに、各施設の血統管理がしっかりしていないと、全体の個体群管理がうまくいかなくなってしまいます。親子や兄弟姉妹といった近親交配を極力避けて、血縁がないペンギン同士で遺伝子の多様性が高くなるような組み合わせを選んで繁殖するようにしていますが、飼育下のペンギンの数が非常に多いため、その調整は骨の折れる大変な作業です。

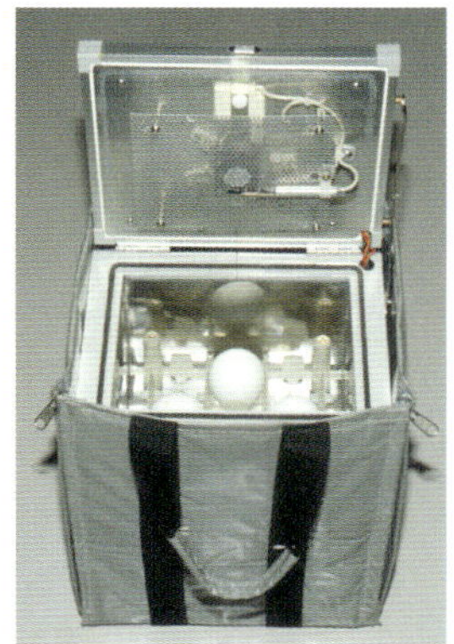

左：ブリーディングローンのために車で輸送中
右：受精卵の運搬装置

また、フンボルトペンギン属の４種（ほかにケープペンギン、マゼランペンギン、ガラパゴスペンギン）は、どの種との間でも交配して雑種ができることが知られているため、動物園や水族館ではそれを防ぐために、種ごとに別々の施設に収容しています。

フンボルトペンギンは、飼育下の動物のなかでは、繁殖が比較的容易な方だと思います。しかし、増えすぎるとあっという間に収容可能数を超えてしまうため、種別計画管理者は、繁殖の制限をある程度しつつ、遺伝的な情報を考慮に入れて繁殖を進めていかなければいけないという、難しい舵取りを任されています。

一方で、現在、繁殖を目的とした動物の貸し借り（ブリーディングローン）や、受精卵の譲り渡しが多く行われるようになっています。これらは、基本的に無償で行われるために経費負担が少なく、国内のフンボルトペンギンの個体群管理のための有用な手段となっています。末永くみなさんに見ていただけるようにするため、飼育員は日々努力を重ねています。

文・写真：山田　篤（新潟市水族館マリンピア日本海）

爬虫類・両生類

ミヤコカナヘビ

Takydromus toyamai

細やかな飼育管理でつなぐ保全

- 有鱗目カナヘビ科
- 全長：20cm（頭胴長：約6cm）、体重：2～3g
- 生息地：沖縄県宮古諸島
- 環境省レッドリスト：CR

どんな動物？

ミヤコカナヘビは、沖縄県宮古諸島にのみ生息するトカゲの仲間です。美しい緑色の体色をもち、尾が長いのが特徴です。全長は20cm程度ですが、3分の2は尾です。ここでいう尾とは、総排泄腔[*1]から尾の先端までを指します。

野生での寿命は1年程度とされています（琉球大学による）。飼育下では、安全かつエサの条件も整っているため、野生よりも寿命は長く5年ほどです。繁殖も3年くらいは可能です。これは多くの野生動物にいえることですが、野生よりも飼育下の方が寿命は大幅に長くなります。

以前、ミヤコカナヘビは島の人にとって身近な存在でしたが、近年では生息数が減少し、特に若い世代には、存在すら知られていないのが現状です。正確な減少理由は不明ですが、以下の4つが考えられています。

①開発による生息地の減少

②農薬による影響

③外来種による捕食

④愛玩目的による捕獲

環境省は、ミヤコカナヘビの絶滅を食い止めるために、保全事業を開始しました。保全の方法は大きく分けると、生息

＊1：直腸、排尿口、生殖口を兼ねる器官の開口部。

ミヤコカナヘビの成体。複数で飼育しても、闘争することはありません。

地の中で実施する「生息域内保全」と、動物園や水族館など飼育下で実施する「生息域外保全」があります。希少動物を守るためには、様々な立場の人たちの連携が必要です。たとえば、生息地での調査や研究を実施する研究者、行政機関、NPOなどの自然保護団体、外来種対策のための地元ハンター、企業、そして、飼育下での繁殖や研究、野生復帰技術の開発を実施する動物園や水族館です。このように希少野生動物の保全では、１つの目的に対し、様々な役割のピースが合わさり、ワンアプローチで対応していくことが重要となります。

日本動物園水族館協会（JAZA）では、ミヤコカナヘビの飼育や繁殖技術の開発のため、生息域外保全に取り組んでいます。2017年より、一般の飼育者から寄贈された産地不明の飼育個体20頭[*2]を、上野動物園と札幌市円山動物園（以下、当園）の２カ所で飼育することとしました。その後、2020年には、保全目

ミヤコカナヘビの繁殖学

背中の傷は交尾の証

ミヤコカナヘビの繁殖期は４～11月の８カ月です。一連の求愛行動は、オスがメスを追尾することからはじまります。メスが受け入れれば、オスはメスの腹部に噛みつき、尾を絡め交尾体制に入ります。交尾時間は長くて90分ほどです。交尾が終わったメスは、背中に噛み傷の「交尾痕」が残ります。このため、交尾を観察できなかったとしても、この傷の有無により交尾をしたか確認することができます。

産卵は、交尾から１カ月以内にはじまります。妊娠したメスはお腹が膨らむため、外見から簡単に判断できます。産卵数は基本的に２個ですが、１個の場合や、まれに３個の場合もあります。卵のサイズは平均長径10.5mm、短径6.6mmで、重さは0.3gです。

交尾後に、メスの体内で精子を生きたまま一定期間貯蔵できる仕組みを「貯精」といい、ミヤコカナヘビをはじめ多くの爬虫類で確認されています。たとえば、北米原産のアメリカハコガメは、１回の交尾で数年間、有精卵を生むことができます。オス・メスの出会いが少なくても、子孫を残す仕組みができているのです。

卵のふ化には、適切な温度と湿度が必要です。温度が高ければふ化日数は短くなり、低温になれば長くなります。なお、17～32℃の範囲であれば、温度の変動があってもふ化します。

交尾

的で新たに生息地で捕獲した野生個体10頭を当園で飼育しはじめました。飼育・繁殖は順調に進み、2024年時点で、7園館で2つの系統を合わせて約450頭を飼育しています。

ミヤコカナヘビの保全

野生動物を守るためには、まずはその動物の生態を知ることが大切です。その方法には、生息地での研究のほかに、飼育下での研究があります。

私たち飼育技師は、24時間365日、飼育下の対象動物を観察できるため、野生ではなかなか得られない多くの知見を集めることができます。飼育技師にとっては日常の風景が、実は野外では確認されたことのない貴重なシーンだったりもするわけです。そのため、大学や専門機関の研究者と連携しながら、どんな知見を集積できるのか、どんな行動を調査すべきなのかを相談しながら、飼育下での研究計画を組み立てていきます。そして、そこから得られた知見を生息地へと直接還元することで、飼育技師の立場から野生動物の保全に貢献することができるのです。

＊2：ミヤコカナヘビは種の保存法（絶滅のおそれのある野生動植物の種の保存に関する法律）に基づく国内希少野生動植物種に指定されており、捕獲や譲渡が原則禁止されているため、現在個人が新たに飼育することはできません。

野生復帰へのハードル

生息域外保全の目的のひとつに、野生復帰があります。野生復帰には、飼育下で繁殖した個体を個体数が減少している場所に放す「補強」と、全くいなくなってしまった場所に放す「再導入」という2つの方法があります。ミヤコカナヘビの場合は「補強」のため、前者になります。

ミヤコカナヘビについては、環境省の保護増殖事業計画が策定されており、そこで野生復帰についても明記されています。生息域外保全では、保全事業に野生復帰、つまり「出口」があることで、そこに向けて計画的に繁殖させていくことができます。さらに、野生復帰に向けての様々な状況を想定した具体的な技術開発にも、リアリティをもって取りかかることができます。

飼育下で繁殖した個体の野生復帰は、特に哺乳類や鳥類では、非常に高いハードルがあります。なぜなら、本来であれば自然下で得られる「刷り込み」や、様々な環境要素への「順化」を、人為的な施設内にて適切に提供することが難しいからです。動物の生存術は、本能的に備わっている部分もありますが、多くは経験と学習によって後天的に習得していきます。また、一部の刷り込みや社会化には「臨界期」があり、この期間内に適切な環境や状況、様々な外的な刺激にさらされないと、獲得できません。

こうした必要条件を理解し、飼育環境下において適切なタイミングで提供していかなければ、様々な環境や状況に適応できない、つまり保全に寄与しない個体を生み出しつづけることになってしまいます。

では、ミヤコカナヘビを含む爬虫類はどうでしょうか。爬虫類は元々、哺乳類や鳥類のように、親兄弟との社会性や、経験・学習によって獲得していく高度な行動様式・狩猟技術は、多くはありません。つまり、後天的な経験値よりも、先天的・本能的な部分に依存して生きているといえます。そのため、野生復帰に向けても、高度なトレーニングは要さないと考えられます。最低限、屋外環境への順化や、外敵への警戒心の獲得は必要と考えられますが、哺乳類や鳥類のようにシビアなものではないため、野生復帰に向けてのハードルは比較的低いといえます。

飼育の実際

野生復帰へのハードルが低いとはいえ、ミヤコカナヘビの生息域外保全が簡単かというと、決してそうではありません。野生動物は、生息地の中で進化・適応してきた存在であり、その繁殖は生息地の季節性の変化に大きく影響されます。特に、環境適応性の低い爬虫類や両生類の繁殖では、生息地に準じた温度、湿度、日長などの変化が提供されないと、継続した繁殖は望めません。恒常的な環境下で飼育を続けても、何も起こらないのです。

そのため、ミヤコカナヘビの繁殖ではまず、生息地である宮古諸島の気候を知ることからはじまります。どの時期に繁殖が起きているのかを推定し、繁殖を誘発している条件を導き出して、それらの条件を飼育環境下に落とし込んでいく、というプロセスを進んでいきます。

ミヤコカナヘビの飼育ケージ

温度のデザイン

宮古諸島は、亜熱帯気候の高温多湿の島ですが、海風の影響で、本州のような猛暑日になることは非常にまれです。季節性変化は緩やかであり、夏は暑すぎず、冬は温暖で過ごしやすい気候です。そのため、飼育下では夏季は25～30℃、冬季は17～20℃程度で管理することで、適切な季節性を提供し、繁殖活動を誘起します。

ミヤコカナヘビの飼育は室内で実施されます。適切な温度管理のためには、たとえば本州の気候では、夏は冷房、冬は暖房が必要です。温度管理された室内空間に、専用ケージや水槽を設置し、飼育するのが一般的です。ケージの上部にはレフランプ*3を設置し、周辺環境より

＊３：電球の内側に反射鏡を取り付け、光を効率よく一方向に集中させる電球。

も高温となるホットスポットをつくることで、変温動物であるミヤコカナヘビが自ら快適な温度帯を選択できるよう、熱環境のデザインをします。また、ホットスポットは夜間に消灯することで、昼夜の温度差を提供できます。

湿度のデザイン

宮古諸島は非常に多湿で、年の平均湿度は約80%です。特に、ミヤコカナヘビが生息する緑地帯の夜間の湿度は100%になるので、温度と同様に湿度のデザインも重要となります。飼育下ではミスト装置や霧吹きを使用し、おおよそ60～100%の範囲で維持することが理想的です。しかし、野外での通風のある多湿と、飼育下での機密性が高い多湿とでは質が異なるため、蒸れでカビや病原菌などがまん延しないよう、状況に応じて調整します。

また、冷暖房による乾燥にも注意を払います。特に冬季は、湿度が20%台まで低下することも珍しくありません。乾燥が進むと、ミヤコカナヘビは脱水して体調を崩したり、脱皮不全になったり、健康上の問題が出てきます。そのため、特に冬季は、ミスト装置や霧吹きを増やしながら、適切な湿度を維持できるように調整します。

光のデザイン

ミヤコカナヘビの飼育には、光も非常に重要です。爬虫類を含む多くの動物は、太陽光の紫外線に含まれるUVB（波

長280～320nm）を浴びることで、体内でビタミンD_3を生成し、カルシウムの吸収を促進しています。そのため、照明には適切なUVBの波長域が含まれる、爬虫類専用のライトを使用します。

また、季節性変化のデザインには、年間を通した日長の変化が必要です。照明はタイマーで管理し、季節に応じて照射時間を変動させます。おおよそ、明期を夏季は13時間、冬季は10時間で管理します。

こうした、「温度」「湿度」「光」という条件は、個別に考えるものではありません。相互に作用させながらバランスよく機能させ、季節性のデザインを実施していくことが重要となります。

エサ

ミヤコカナヘビは、野生下では様々な昆虫類を食べています。飼育下では代用食として、フタホシコオロギやヨーロッパイエコオロギを与えます。ミヤコカナヘビは体も口も小さく、小さなコオロギしか採食できないため、適正サイズのコ

オロギを常時準備しておきます。給餌の頻度は、季節にもよりますが週に２～５回程度で、給餌の際にはカルシウム、ビタミン剤を添加します。

エサ用コオロギの入手法は、専門業者から購入する方法と、自分で養殖する方法の２通りあります。購入する場合は、小さいコオロギをこまめに注文する必要があり、とてもコストがかかります。また、１回に多数を購入してもすぐに大きくなり、エサとしては使用できなくなってしまいます。さらに、適正サイズのコオロギを常時入手できるという保証もありません。いざ必要なときに販売していないこともあり、特に北海道の寒冷地では、冬季はコオロギの輸送ができません。したがって、購入だけに頼ることはできません。

こうしたことから、数百という個体数を維持していく生息域外保全では、コオロギの養殖が現実的な方法です。当園では、爬虫類館の地下にある専用室でコオロギを養殖しています。けれども、実はコオロギの管理は本当に大変です……。室内を 25 ～ 30℃の一定に保つことと、大量の飼育ケースを置くスペースが必要となります。給餌や給水、掃除に２時間くらいかかることから、ミヤコカナヘビよりも、エサのコオロギの世話の方が大変といっても過言ではありません。

このように、生息域外保全はその対象種だけではなく、関連する様々な環境整備も重要になってくるのです。

コオロギの養殖室

繁殖の実際

ミヤコカナヘビの飼育下繁殖は、前述の温度、湿度、光の調整による季節性変化を提供したうえで、オスとメスを一緒に複数頭で飼育することで、順調に進んでいきます。

交尾の誘起

ミヤコカナヘビの飼育下での繁殖は、冬季の低温モードを終え、夏季の高温モードに切り替わったときから開始されます。季節性の設定は各施設の飼育環境によって異なりますが、当園では４～ 11 月を夏季モード、12 ～３月を冬季モードにしています（繁殖期は４～ 11 月）。

交尾は、夏季モード中のミストや霧吹きをかけた直後に多くみられます。雨などの刺激が交尾のきっかけになることは、爬虫類・両生類では一般的で、ミヤコカナヘビも例外ではないようです。

産卵

ふ化した幼体

産卵

産卵が近くなると、メスが快適に産卵できるように産卵床を用意します。産卵床は、ほどよく湿っていて潜れる素材がよいようで、メスは落ち着いて産卵することができます。当園におけるメス1頭の年間の産卵数は、多い個体では35卵、少ない個体では13卵でした。

貯精

貯精とは、交尾後にメスの体内で、精子を生きたまま一定期間貯蔵できる仕組みのことで、ミヤコカナヘビでも確認されています。4月に交尾を確認したペアを分けて単独飼育に切り替えたところ、4～9月、および翌年の5～6月にかけて計12回産卵しました。9月までの産卵は有精卵でしたが、翌年の産卵分は、まさか産むとは思っておらず卵の発見が遅れ、すでに乾燥してカラカラになっていたため、有精卵かどうかは確認できませんでした。ただ、貯精による有精卵の可能性が高かったと思われます。

ふ化

産卵後、卵をすぐに取り出し、湿らせた水苔やバーミキュライトなどを敷いたケースに移し、ふ化を待ちます。産卵からふ化までの期間は温度によって変わりますが、温度25℃、湿度80%でおおよそ50日程度です。温度が高ければふ化日数は短くなり、低温になれば長くなります。

卵からふ化した幼体は、頭胴長25.5mm、体重は0.3gほどです。幼体には、ふ化直後のコオロギを週に5～7

回与えます。成長は早く、早ければ３カ月程度で性成熟し、繁殖を行います。

遺伝的多様性の維持

飼育下で動物の繁殖を進める際には、遺伝的多様性への配慮が必要です。近親交配が進むと、様々な健康的問題が発生する可能性があるからです。さらに、遺伝的多様性が低下した個体群ができてしまうと、野生の個体群の遺伝的組成とかけ離れたものになり、保全としての価値が下がってしまうおそれもあります。

ミヤコカナヘビの近親交配による影響は不明ですが、血統を管理しながら繁殖を進めていく必要があります。ミヤコカナヘビは、大きいケージで同居飼育をすれば、繁殖は難しくありません。しかし、もし特定の個体ばかりに偏って繁殖が進んでしまうと、遺伝的多様性を維持することができません。そのため、血統ごとに繁殖を進めていくことにしました。これを行うには、多くのケージを用意して個体群を小分けにし、管理していく必要があります。

しかし、当園において、特定のオス・メスのペアで飼育を開始したところ、１年目は順調に産卵しましたが、２年目から産卵数が急激に減少し、そのまま産卵が途絶えるという事例が観察されました。つまり、血統管理のために固定したペアで長期間飼育しても、早い段階で交尾しなくなり、繁殖が止まるということです。これは、哺乳類で知られる「クーリッジ効果[*4]」と同様と思われ、飼育下の爬虫類においても一般的にみられる現象です。これを克服するためには、オス・メスの同居は繁殖期だけとし、交尾の確認後に再び分けるという手法を繰り返すことで、大半は解決されます。この手法を数百頭いるミヤコカナヘビで実行していくことは、なかなか大変な作業ですが、遺伝的多様性の維持のためには必要な作業です。

キャパシティの確保

生息域外保全におけるキャパシティとは、動物園などの施設の限界まで飼育できる個体数のことを指します。生息域外保全では、繁殖させて個体数を増やすことが求められますが、実際には各施設の

＊４：何度も交尾をしている特定の個体に対して、性的欲求が低下していく現象。つまり、通年同居している特定のペアの間で、交尾が起きなくなること。

スペースや人員は有限です。そのため、多くの動物園や水族館が保全事業に参加することで、大きなキャパシティを確保することができます。

ミヤコカナヘビでは2024年時点で、7園館が協力していますが、それでもキャパシティは足りていません。なお、2024年からは、生息域外保全の専門施設である野生生物生息域外保全センターと連携することで、キャパシティを最大化させ、合計1,000頭以上を維持できるようになりました。

普及啓発

動物園・水族館の重要な機能のひとつに、普及啓発があります。希少動物の展示を通して、その現状を伝え、来園者の保全意識の醸成を図るのが目的です。

JAZAでは、2020年からミヤコカナヘビの展示を開始し、現在は、上野動物園、鳥羽水族館、日立市かみね動物園、横浜市立野毛山動物園、神戸どうぶつ王国、熊本市動植物園の6園館でみることができます。展示の目的は、ミヤコカナヘビの現状と保全の重要性について伝えることです。また、JAZAと宮古島市で連携し、生息地である宮古島市でも展示を実施しています。希少種を保全するうえで、地元の方々の意思決定と保全意識は重要であるため、宮古島市での展示は非常に意義深いといえます。

今後は、展示を見た来園者に、我々のメッセージがどれくらい伝わっているのかを調査し、科学的に評価していきたいと考えています。

ミヤコカナヘビの保全のために

希少野生動物の保全は、様々な立場、専門領域の相互作用のなかで「統合的」に機能させていくことが重要です。飼育下繁殖のテクニカルな部分も大切ですが、それは枝葉の「部分」に過ぎません。それよりも、実際に飼育下繁殖を継続していくためのキャパシティの確保や、資金・人材の調達、組織としてそれを持続していくための構造整備といった環境整備が必要です。そして、関係機関と調整・連携しながら、専門家として貢献していく覚悟や情熱など、保全の全体性への深い理解こそが、最も大切なことだと思います。我々、飼育技師の立場からミヤコカナヘビの保全に貢献し、動物園・水族館では今後も、社会的役割を果たしていきたいと考えています。

文・写真：本田直也
（札幌市円山動物園〔客員研究員〕、（一社）野生生物生息域外保全センター〔代表理事〕）

アカウミガメ

Caretta caretta

ウミガメを卵で守る

- ウミガメ目ウミガメ科
- 甲長：70〜100cm
- 体重：100kg
- 生息地：世界中の熱帯や温帯海域
- IUCNレッドリスト：VU、環境省レッドリスト：EN

どんな動物？

ウミガメの仲間は7種類（もしくは8種類）いるといわれ、アカウミガメ、アオウミガメ、タイマイ、ヒメウミガメ、ケンプヒメウミガメ、ヒラタウミガメ、オサガメが知られています。クロウミガメをアオウミガメの亜種とするか別種とするかで意見が分かれています。

アカウミガメは頭が比較的大きく、下あごが発達しています。甲羅は、上から見るとハートのような形をしています。全身は褐色で、お腹側はオレンジ色をしています。食性は、動物食の傾向が強く、貝類や軟体動物、甲殻類などを好んで食べます。

なぜ繁殖するの？

海の中で生活するウミガメの生息数を調べるのは困難です。そのため、産卵や上陸[*1]の回数が、生息数を知るための重要な指標になります。日本におけるアカウミガメの産卵回数は1990年代に全国的に大きく減少し、1997〜1998年に最低となりましたが、徐々に回復傾向にありました。しかし、2012年をピークに再び減少しています。千葉県鴨川市の東条海岸でも、産卵・上陸回数の減少がみられていますが、その原因はわかっていません。

日本では、ウミガメの肉や卵は古くから食料の一部として活用されており、縄文時代の貝塚からはウミガメの骨が出土しています。また、昔から長寿の象徴となる縁起のよい動物として、神事や剥製として家の中に飾る風習がありました。タイマイの甲羅は美しく加工が容易なため、伝統工芸の「べっ甲細工」として伝承されてきました。このように、体が大きいものの、魚にくらべ捕獲が比較的簡単なウミガメは、昔から人々の生活に利用されていました。

1980年以降は、高波による浸食や護岸工事、浚渫（しゅんせつ）工事などにより海岸の砂が不足し、ウミガメの産卵場である大切な砂浜が減少していきました。産卵場所の

＊1：産卵のために上陸はするものの、何かしらの原因で産卵せずに海に帰ってしまうこと。

ウミガメの繁殖学

砂浜で産卵

産卵中

産卵前に近海で交尾をした母ガメは、通常は夜間に砂浜に上陸し、波がかぶらないような場所を探して産卵します。まずは、自分の体が入るくらいの「ボディーピット」と呼ばれる直径2m、深さ20cmほどの穴を掘ります。次に、後ろ足で直径20～30cm、深さ50cmほどの穴を掘ってから、そこに卵を産みます。卵はピンポン玉ほど（直径約4cm）の丸い形をしています。通常は100～120個、多いときには150個ほど産みます。その後、後ろ足で砂を埋め戻し、最後に前足を使って産卵場所がわからないようにカモフラージュし、海へと帰っていきます。

日本で産卵が多い海岸は、鹿児島県（屋久島、種子島など）および宮崎県などの南九州で、本州では福島県で産卵の情報があります。母ガメの上陸、産卵、ふ化および幼体の脱出が毎年コンスタントに観察される場所としては、鴨川シーワールド（以下、当館）がある千葉県の房総半島が挙げられ、日本の北限域にあたります。

産み落とされた卵は太陽の熱で温められ、その温度に影響されてふ化します。砂中50cmくらいの温度を毎日足した積算温度が約1,500～1,900℃に達したころ、日数にすると45～75日ほどで、砂の中でふ化します。子ガメは、2日～1週間ほどで砂の表面に一斉に姿を現します（これを脱出といいます）。砂から脱出した子ガメの甲羅の長さは約4cm、体重は15～20gほどです。そのまま一目散に海へと向かい、数日間エサも食べずに泳ぎつづけて沖合の海流まで行きます。その後は、遠くアメリカまで成長しながら回遊するといわれています。

近くを照らす人工的な光は、母ガメが産卵場所を選ぶ妨げになります。砂の中からはい出した赤ちゃんガメは、光の方向に向かって歩く習性（正の走行性）があるため、海にたどり着くことができなくなってしまうこともあります。

また、アウトドアブームで砂浜に入る車もあり、卵への影響が問題視されています。さらには、漁業による混獲（間違って網にかかってしまうこと）で、肺呼吸のウミガメは息ができずに死んでしまうこともあります。混獲事故を防ぐため、最近では、網に入ってしまったウミガメが逃げることのできる仕組みなども考えられています。近年、特に大きな問題となっているのは、ウミガメがプラスチックの容器やビニール袋、釣り針や釣り糸などをエサと間違えて食べてしまい、消化ができずに胃や腸につまって死んでしまう事例が増えていることです。

現在、ウミガメの仲間は、種の保存法（絶滅のおそれのある野生動植物の種の保存に関する法律）において「国際希少野生動物種」に指定されており、生体だけではなく、剥製やその一部の販売・陳列、譲り渡しなども原則禁止されています。それ以外にも、自然公園法や各県の条例などでも規制されており、保護の対象になっています。

「ウミガメの浜」の建設

当館では、ウミガメ類の繁殖を目的とした飼育展示施設「ウミガメの浜」を2001年に建設し、翌2002年から、これまでほとんど手つかずであった鴨川市内のウミガメの産卵調査と保護活動をはじめました。当館の目の前には全長約３kmの海岸（東条海岸）があり、ほぼ毎年６～８月にかけて、アカウミガメが産卵のために上陸してきます。しかしながら、水族館だからといって、法律で保護動物に指定されているアカウミガメを行政の許可なく保護することはできません。このため、なかなかアカウミガメのための活動ができないのが現状でした。

産卵が見たい！

ウミガメの浜はその名のとおり、産卵用の砂浜を有した施設です。房総半島では屋久島のように、最盛期になっても毎日産卵があるわけでもないので、私を含めほとんどの飼育員がウミガメの産卵を見たことがありませんでした。深夜に東条海岸を歩いたこともありますが、産卵はおろかウミガメの姿すら見ることができませんでした。運よく産卵情報があったとしても、自宅が離れていた私はすぐに駆けつけることができず、いまだに産卵を見ることがかなっていません……。

せめて「卵からかえった子ガメが砂から体を現す脱出を観察したい！」ということで、2002年の８月、見守っていた産卵場所の観察を続け、ようやく深夜に子ガメたちが海へと帰っていく姿を見ることができました。まるで何かスイッチが入ったように、子ガメたちが一心不乱に歩いていく姿は今でも脳裏に焼きついています。

ウミガメの浜

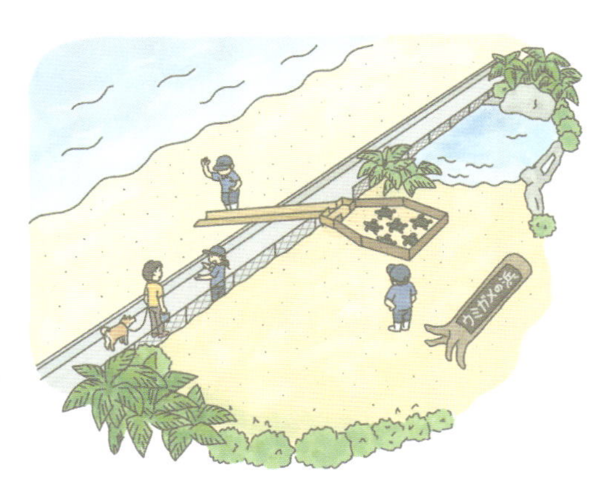

卵の保護

産卵の調査は、2002 ～ 2007 年は、砂浜を毎日散歩していた一般市民の方からウミガメの産卵跡があるとの通報を受けて、調査を行っていました。2008 年以降は、毎朝、飼育員が自転車に乗って上陸・産卵跡を探しました。母ガメの上陸・産卵があると、砂浜に小型の重機でも通ったようなキャタピラー状の跡が砂浜に残ります。この調査は、台風などの荒天の時期を除く、5 月中旬～ 10 月中旬まで毎日行います。

上陸・産卵の跡をみつけたら、卵を産んでいるのか確認します。しかし、大きな産卵跡＊2 から直径 20cm ほどの産卵巣（ウミガメが産卵のために掘った穴）を探すのは、慣れていないと至難の業です。母ガメも産卵巣がわからないようにカモフラージュするので、探す側は母ガメの気持ちになり、なおかつ卵をつぶさないようにスコップや道具などは使わず、素手で探します。

＊2：ボディーピットが 1 つではなく、ダミーを含め 2 ～ 3 カ所存在することもあります。

早ければ数分で見つかることもあります。夏の炎天下での卵探しは危険なので、基本的には朝や夕方に行います。しかし、時には産んでいない場合もあるため、そのようなときが最も大変です。数時間かかることも……。さらには、卵が見つからなかったのに、ある日、すぐ近くの別の場所から子ガメが無事に海に帰っていったこともありました。そのときは、つくづくウミガメたちのたくましさを感じました。

当館では卵を発見した場合、すぐに保護するのではなく、まずその場所が卵にとって安全な場所なのかをよく検討します。安全と思われた場合は、漂着した竹の棒などで柵を設置し、「ウミガメの卵

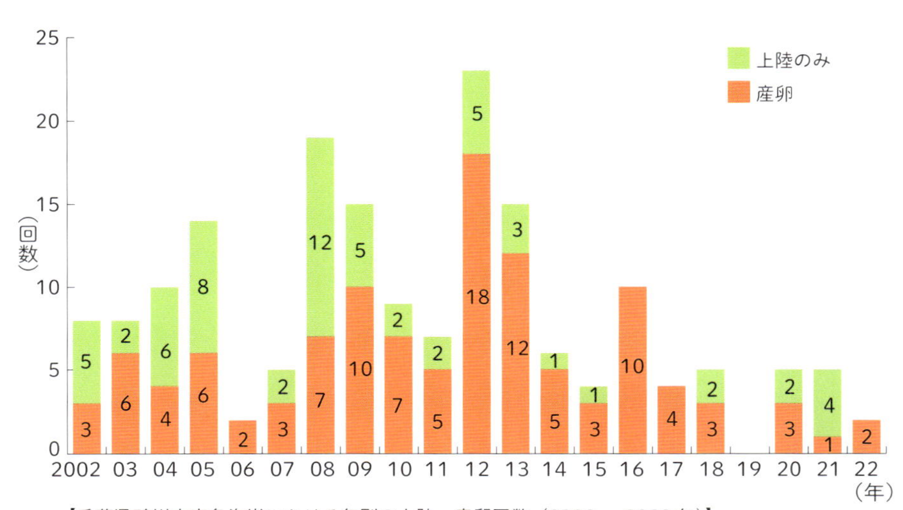

【千葉県鴨川市東条海岸における年別の上陸・産卵回数（2002 ～ 2022 年）】

産卵跡

保護柵

波が来ています。

保護

検卵

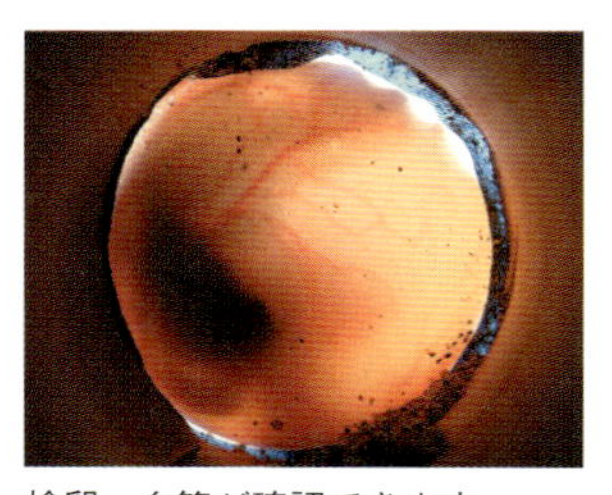
検卵。血管が確認できます。

が埋まっています」と看板を立てて、地域の人たちと一緒に見守っていきます。最初は、いたずらや卵の盗掘なども心配していましたが、そのようなことはありませんでした。

しかしながら、産卵場所が大潮で潮位が高くなって波がかぶってしまう場合や、台風などの高潮や大雨によって付近の河川が増水してしまい、卵が長時間、水や波をかぶってしまう場合、そして産卵場所自体が流されてしまう場合など、卵のふ化に適さないこともあります。そのような場所に産卵してしまった場合には、近くに安全な場所があればそこに移動し、なければウミガメの浜で保護します。

卵の移設や保護にあたっては、千葉県の許可を取ります。産卵場所は母ガメが自分で選んだ場所なので触らないようにし、その後は気象情報や海岸の状況をよく観察し保護するのかを検討します。卵を移動したり保護したりする際には、こちらの体調を考慮して緊急性のある場合を除き、夏の炎天下は避けて午前中や夕刻に行います。

砂の中に産み落とされた卵は、ある期間を過ぎると卵に上下ができます。上下を逆にしてしまうと卵の発生が止まってしまうため、掘り起こして取り上げるときや、移動先に埋めなおすときには、上下をひっくり返さないように１個１個細心の注意を払います。また、作業中に卵の温度が変わらないように、そして転がらないように、卵があった辺りの砂を敷いてクーラーボックスに並べていきます。

移動先が決まったら、母ガメと同じように深さ 50cm ほどの穴をつくり、底に卵をていねいに埋め戻していきます。その後は、付近の深さ 50cm の砂の中の温度を毎日測ります。卵の発生が順調なのかを調べるために、産卵から１カ月程度

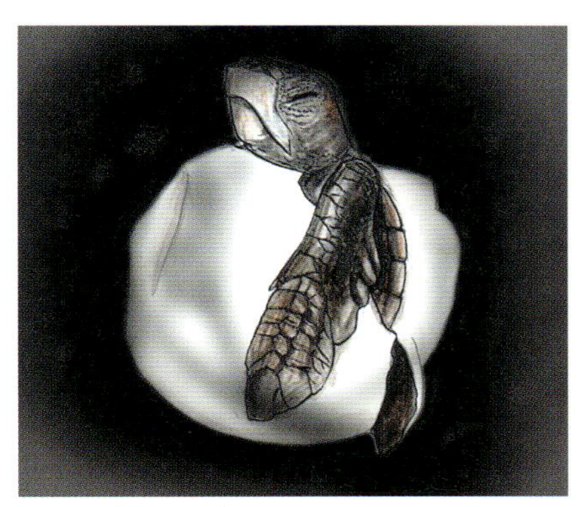

ふ化中（イラスト）

ふ化を観察

経過した時点で卵を透かして観察し、血管を確認します。発生が進むと、中に子ガメが見えることもあります。

子ガメの脱出を予測する

卵のふ化は砂の中で起こるので見ることはできません。また、生まれた子ガメは、モグラのように砂を掘って出てくるわけではありません。子ガメは卵より体積が小さいので、砂の中に空間ができます。ある程度の数がふ化するのを待って、みんなで協力してできた空間の天井を崩して上に向かっていきます。

気象状況などいろいろな条件がありますが、２日～１週間ほどで一斉に砂の上に出てきます。卵の数にもよりますが、多くは出てくる直前には、砂の表面に直径 30cm・深さ 10cm ほどのすり鉢型をしたアリ地獄のようなくぼみができます。

通常、脱出は日中ではなく、砂の表面温度が下がる夕方～夜間に行われます。これは、鳥などの天敵を避けるためでもあります。ウミガメの脱出を見ようと有志を募って、脱出予定日よりもさらに５日くらい前から、夜間、ウミガメの浜に張りついて観察したこともありました。でも、３日目くらいになると、何もない砂表面の観察にも飽きてきて有志の数は徐々に減っていきました。しかし、これにより、近くに人の気配があるようなときには脱出しないことがわかりました。

その後は、より脱出観察の精度を高めるために、砂の中にガラス板を設置しました。ふ化予定日が近づいてきたときに掘り起こし、ガラス越しに観察することによって、ふ化日を特定することが可能になりました。

子ガメを海に帰すために

水族館で生まれた子ガメは、「放流会」というかたちで来館者を招いてイベント的に海に帰すこともありました。教育的には非常に価値のあることですが、これには、脱出した子ガメは数日間、ただただ沖の方に泳いでいくことや、また夕方から夜間にかけて脱出するのを来館者に見てもらうために、日中に開催しないといけないなど、様々な問題がありました。そこで、子ガメをなるべく人の手を介すことなく海へ帰せるように、ウミガメの浜は当館の海側に建設しました。しかし、当館と海岸の間には遊歩道があり、子ガメはそのままでは海に帰ることができませんでした。

そこで、ウミガメの浜と海岸の間に橋を架けることができれば、子ガメは自分の力で歩いて海まで行けるのではないかと考えました。しかし、自然に近い状態で海に帰すためには、子ガメが砂の上に現れるまさにその瞬間に、飼育員が現場にいなければならず、脱出を高い精度で予測することは必須の課題でした。また、それを予測できれば、子ガメが一生懸命海に帰っていくという感動的なシーンを、多くの人に見てもらいたいとも考えました。そのためには、子ガメの砂の中での動きを把握することも必要です。

水槽に海砂を入れその中で卵を保護し、ふ化させて子ガメの動きを確認したり、砂の中にマイクを埋めて子ガメの活動する音を確認したりしました。子ガメはみんなで一定の時間、活発に動きますが、あるときを境に全く動かなくなることがわかりました。そこで、子ガメが生まれた空間の二酸化炭素の濃度を測定してみたところ、濃度がとても高いことがわかりました。空気を送り込んだら呼吸が楽になって、もっと活発に動くのではないかとエアーポンプで空気を送り込んで実験してみましたが、そんなに簡単なことではありませんでした。

また、来館者に生で見てもらうのは難しくとも、せめて映像だけでも記録したいと、陥没場所のより近いところにビデオカメラを設置し、脱出に備えたこともありました。しかし、一晩たっても脱出はみられず、二晩目の深夜、試しにビデオカメラの電源を切ってみたところ一斉に脱出がはじまるなど、脱出予測の難しさを痛感しました。

脱出

子ガメを海に帰す

砂の中から脱出した子ガメは、迷わず海に向かって歩いていきます。これは光の方向に向かう習性によるもので、月明りや、夜間の白く見える波打ち際を頼りにしているからといわれています。このため、脱出が近くなると、ウミガメの浜付近の夜間照明は消しています。非常に珍しいのですが、まだ明るい夕方に子ガメが脱出したことがありました。

ウミガメの浜のすぐ横にはウミガメの成体が飼育されているプールがありますが、子ガメはそこには目もくれず、時折、頭を上げて見たこともない海をまるでわかっているかのように、１匹も迷わず海に向かって歩いていきます。変なところに歩いていくと困るので、脱出が近くなると、丸太を転がして柵の代わりにします。柵に沿って歩くことは少なく、多くは海に向かって歩いていきます。

脱出すると、海側に近い場所に設置された箱にカメたちがたまる仕組みになっています。その間に飼育員は、雨どいを箱から海まで伸ばして橋にしていきます。箱にはゲートがついていて、開くと子ガメは橋を歩いて、時には滑りながら海岸に到着し、自力で海に帰っていきます。小さな姿でたくましく帰っていく姿は、何度見ても応援したくなります。

砂の色が性別に影響することも

ウミガメの浜の建設当初（20年以上前）、ウミガメのことを何も知らない私たちは、少しでも施設の雰囲気をよくしようと、砂浜に白い砂を引きました。その後の勉強で、ウミガメ類は「温度依存性決定」と呼ばれる性質があることがわかりました。これは、性別が元から決まっているわけではなく、産卵後の発生途中の砂の中の温度で決まるという特徴で、ウミガメ類では全種で確認されています。アカウミガメの場合は、29℃を境にそれ以上だとメス、それ以下だとオスとなります。

このことを知り、「もしかしたら保護することで性比が偏ってしまったのではないか」と考えました。実際、白い砂とそうでない砂の中の温度差は１℃ほどありました。当館の前の砂浜から砂を取ればよいのですが、簡単にはできなかった

左：橋を架けています。
右：海に帰っていく子ガメ

ため、業者に前の海岸と同じような色の海砂を手配してもらい、すべての砂を交換しました。これにより、前の海岸とほぼ同じ温度を維持することができ、この問題は解決しました。大変な思いをして保護活動をしていたのに、勉強不足が原因で見栄えだけを重視したことが、ウミガメの性別を変えてしまったかもしれないと、とても後悔しました。

ウミガメ移動教室

当館では、子どもたちを対象に「ウミガメ移動教室」を行っています。当館で実施してきた卵の保護活動を通じで収集された記録をもとに、身近な海岸で毎年くり返されているウミガメの産卵の様子や、自然保護への関心を地域の子どもたちにもってもらおうと実施しています。きっかけは2011年3月11日に起きた東日本大震災でした。震災後、多くの学校が海の近くにある水族館への学習旅行を取りやめました。また、甚大な被害を伝える映像や被災者の状況を伝えた報道に接することで、私たちは、子どもたちが知らないうちに海に対して恐怖を感じるようになってしまったのではないかと懸念するようになりました。

アカウミガメが産卵にやってくる千葉県の自然豊かな海にもう一度目を向け、その大切さを知ってもらうために、2012年6月から千葉県内の幼稚園、保育園、小学校、中学校、特別支援学校を対象に、ウミガメの生態と当館での保護活動について解説し、ふれあい体験を行っています。希望は多く、2022年(2020～2021年は新型コロナウイルス感染症のため中止）までに幼稚園、保育園を含めた各種学校で延べ219回、参加者2万232名、企業や行政非営利団体開催のイベントでのアウトリーチで延べ31回、参加者3,131名の実績を残しています。

2015年には、船の科学館「海の学びミュージアムサポート」の支援を利用して、実物大の母ガメ、子ガメや卵の模型を作製し、「ウミガメ移動教室」や館内レクチャーでの説明に活用しています。本物そっくりの模型が加わったことで、子どもたちの興味も一段と増しました。

ウミガメの現状を伝えていく

2019年に発生した新型コロナウイルス感染症の影響で、好評だったウミガメ移動教室やサマースクール、ジュニアトレーナーなど、教育普及活動の多くを中止せざるを得なくなりました。2020年の緊急事態宣言解除後の冬にはウィンタースクール、2021年の夏にはサマースクールを、参加人数を減らしたり昼食を廃止したりと、感染症対策に十分注意しながら行いました。正直、当初は「こんな時期にやらなくても」と思いましたが、実際にやってみると多くのニーズがあり、何より参加した子どもたちの笑顔を見ることができました。こんな時期だからこそ、子どもたちに何か伝えることができないかと考えることは非常に重要だと、改めて感じました。

繁殖や保護活動は、動物園や水族館の

左上:ウミガメ移動教室（レクチャー）
右上：子ガメとのふれあい
右下：模型

重要な使命のひとつですが、絶滅の危機にある動物を展示・紹介したり動物レクチャーを行ったりと、１人でも多くの人にその動物の現状を伝えることは、非常に重要な活動であると思います。

海へと旅立った子ガメが大人になれる確率は、5,000 分の１といわれています。鴨川の海に旅立った子ガメが、厳しい生存競争を生き抜いて帰ってくるその日まで、この美しい環境を残しておきたいと、日々活動しています。

文・写真：齋藤純康（鴨川シーワールド）

コモドオオトカゲ
（別名：コモドドラゴン）
Varanus komodoensis

日本で遅れている トカゲの繁殖

- 有鱗目オオトカゲ科
- 全長：2～3m（頭胴長：70～130cm）、体重：最大100kg以上
- 生息地：インドネシアの小スンダ列島の一部
- IUCNレッドリスト：EN

どんな動物？

多様な爬虫類

現在、名前が付けられている爬虫類は約1万2,000種で、脊椎動物のなかでは魚類に次ぐ大きなグループです。爬虫類はカメ目、ワニ目、ムカシトカゲ目、そしてトカゲやヘビの仲間である有鱗目に分けられますが、その内訳は均等ではなく、およそ97%を有鱗目が占めます。

トカゲ類は、南極以外のすべての大陸と、熱帯・亜熱帯のほとんどの島に分布しています。また、森林、草原、砂漠、水辺、海岸などのあらゆる環境に適応しています。食性も、昆虫、ネズミ、小鳥などの小動物を食べるもの、植物を食べるもの、雑食のもの、アリや他種のトカゲなど特定のエサのみを食べるものなど多様です。

形態も多様であり、コモドオオトカゲのように全長3m、体重100kgを超える大型のものから、コノハカメレオンの仲間のように、尾を含めても3cmに満たない小さな種も知られています。

オオトカゲとは？

オオトカゲ科は、アフリカ、西アジア、南アジア、東南アジア、オセアニアに分布し、現在85種います。オオトカゲはまさに「大きいトカゲ」という意味ですが、これは必ずしも特徴をとらえているわけではありません。

確かに、コモドオオトカゲなどの何種かは、世界最大級のトカゲです。しかし、なかには決して大きいとはいえない種もいます。特にオーストラリアに分布するオオトカゲは小型種が多く、たとえばチビオオトカゲは、私たちにとって身近なニホントカゲやヒガシニホントカゲよりも少し大きい程度にしかなりません。

一方、最大で全長1.8m程度にまで成長するグリーンイグアナのような、オオトカゲ以外の「大きいトカゲ」も多くいます。つまり、オオトカゲ科は「大きなトカゲも含む」ととらえるのが正確でしょう。

オオトカゲ科の形態的な特徴としては、比較的小さい頭部、長い首、発達した四肢、長い胴、長く筋肉質な尾、丈夫

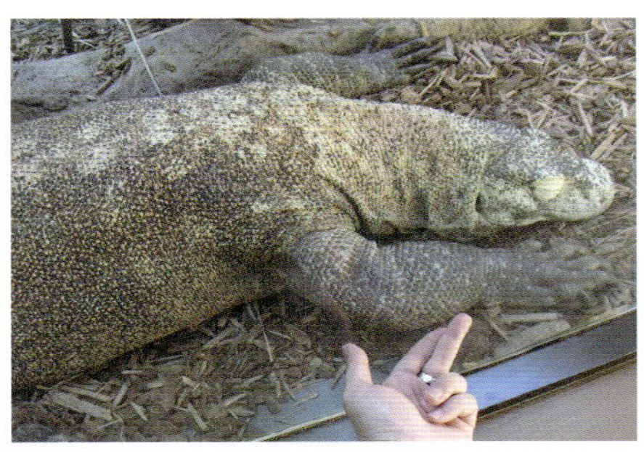

コモドオオトカゲ

なあご、湾曲した鋭い歯、先端が二股に分かれた長い舌などが挙げられます。

また、ウロコが細かく、皮下骨（一部のトカゲ類がもつウロコの下にある骨）があまり発達していないことも特徴のひとつです。そのため、オオトカゲの皮はしなやかで、ワニやヘビとともに、革製品の原材料として利用されることもあります。

コモドオオトカゲの生態

コモドオオトカゲは、サバンナ、モンスーン林、マングローブ林、沿岸部など様々な環境に生息しています。生後１年以内の幼体は樹の上で暮らし、エサとなる昆虫を活発に探索して捕食します。成体は地上で暮らし、シカ、ブタ、スイギュウなどを待ち伏せして、襲って食べます。コモドオオトカゲが非常に大きなトカゲであることを考慮しても、これほど大きい動物をエサとしているのは驚くべきことです。

それが可能なのは、咬みついたときに毒を注入するためだと考えられています。咬まれた獲物は、傷からの出血とともに、毒により血圧が低下して動きが鈍くなります。以前は、口の中の有毒なバクテリアによって獲物が弱ると考えられていましたが、この説は最近の研究で否定されています。

狭い分布域と生息数の減少

コモドオオトカゲの分布域はインドネシアの小スンダ列島の一部に限られ、大型肉食動物のなかで最も分布域が狭い種とされます。現在は8つの集団に分断され、フローレス島に3集団、コモド国立公園内のコモド島、パダール島、リンチャ島、ギリ・モタ島、ヌサ・コデ（ギリ・ダサミ）島にそれぞれ1集団が生息しています。パダール島の個体群は1970年代にいなくなりましたが、その後の人為的な移入により現在は少数が生息しています。現在の個体数は、成体が約1,400頭（幼体の個体数は推定約3,500頭）であり、比較的安定しています。

しかし、8つの集団の個体数はいずれも500頭以下で、集団間の遺伝的な交流は非常に少ないとされます。また、気候変動の予測モデルでは、2010年から40年間の生息環境の縮小により、個体数が30%以上減少することが示唆されています。さらに、フローレス島では、農地開拓による生息環境の減少、コモドオオトカゲのエサとなる野生動物の人による捕獲、家畜をめぐる人との対立などにより、個体数の減少が進行していると考えられています。

このような状況を踏まえ、国際自然保護連合（IUCN）では、2021年にコモドオオトカゲをレッドリストの危機（EN）としました。前回（1996年）の危急（VU）から危険性が1ランク上がったことになります。

Column どちらが大きい？ コモドオオトカゲvsハナブトオオトカゲ

コモドオオトカゲは全長が最大3mを超える、世界最大のトカゲとして有名です。一方で、長さとしてはハナブトオオトカゲの方が大きく、全長は最大4mを超えるともいわれています。しかし、4m超えについての信憑性の高い証拠はなく、存在が疑問視されています。確実な最大記録は、ドイツの博物館に収蔵されている全長2.55mの個体で、飼育下でも2.5mを超えることはまれなようです。

体重については、間違いなくコモドオオトカゲの方が重いといえます。コモドオオトカゲは、幼体の時期以外は地上で暮らすため、がっちりとした体型で、尾の長さは頭胴長と同じくらいしかありません。そのため、比較的体重が重く、全長2.5m程度の平均体重は47kgというデータがあります。大きな個体では100kgを超えることが知られています。一方、ハナブトオオトカゲは樹上での暮らしに適応し、比較的スレンダーな体型と、頭胴長の2倍以上の長い尾をもっています。野生個体の体重のデータは乏しいですが、専門家によると、成体の体重はオスで5～6kg、メスで2.5～3kgが適正とされています。

オオトカゲと「大きいトカゲ」
A：コガネオオトカゲ（長く筋肉質な尾に注目）
B：ミズオオトカゲ（長い舌に注目）
C：ミズオオトカゲ（長い首に注目）
D：オルリオオトカゲ
E：トゲオオオトカゲ（全長 60cm 程度にしかなりません）
F：ミドリホソオオトカゲ
G：グリーンイグアナ（オオトカゲではない大きいトカゲ）

コモドオオトカゲの繁殖学

雌雄の見分け

求愛行動は１～10月までみられますが、交尾に至るのは６～９月です。７～９月に、最大30個（平均18個程度）の卵を土の中に産みます。28℃の条件下では、産卵から約220日で全長40cm、体重80g程度の赤ちゃんがふ化します。ほかのオオトカゲと同様に、幼体は成体よりも体の模様が鮮明で、首には明瞭な黒い帯状の模様が、背中と四肢には黄色っぽい斑紋が目立ちます。野生では、メスは生後７～８年で性成熟し、オスは体重が17kgに達すると性成熟します。

ニホンカナヘビのヘミペニス。この写真は死体のヘミペニスを露出させているので白っぽいですが、生きているときのヘミペニスはピンク色をしています。

動物の雌雄を見分けることは、野生個体の調査を行ううえでも、飼育下繁殖の計画を立てるうえでも、非常に重要です。しかし、トカゲ類の性別を外見から見分けるのは、たいていの場合困難です。トカゲ類の性判別でよく行われるのは、外部生殖器を見る方法です。トカゲ類のオスは、尾の根元に「ヘミペニス」（半陰茎）と呼ばれる１対（２本）の外部生殖器をもっています。ヘミペニスは有鱗目だけの特徴で、カメやワニにはありません。ヘミペニスは、普段は体の内側に収められていますが、交尾のときには左右どちらかのヘミペニスを総排泄孔（直腸、排尿口、生殖口を兼ねる器官の開口部）から出し、メスに精液を送り込むのに使います。小型のトカゲでは、尾の根元を指で押し、ヘミペニスを総排泄孔から強制的に露出させることで、性判別を行うことができます。しかし、大型のトカゲでは尾の筋肉が発達しているためか、この方法はうまくいきません。この場合、内視鏡でメスの卵巣を確認する方法や、X線検査で収納されているヘミペニスを確認する方法で判別します。しかし、どちらも麻酔をかけたり、動かないように体を固定したりする必要があるため、トカゲの負担が大きいのが難点です。

コモドオオトカゲに関していえば、外見上の雌雄差も存在します。オスはメスとくらべて体や頭部が大きい、頭部が幅広くて黒っぽい、前足ががっちりしているといった傾向があります。しかし、外見による性判別を行うためには、たくさんのコモドオオトカゲを見た経験が必要で、その精度は実施者の経験値に左右されることになります。また、幼体には外見的な雌雄差がほとんどありません。このほか、オスには総排泄孔の左右に、ロゼット状（花びらのような円形状）の特殊なウロコの配列があることが古くから知られています。しかし、このウロコも不明瞭な場合があり、やはり確実な判別には使えないようです。

遺伝子から性判別をする方法もあります。わずかな血液サンプルから精度の高い性判別ができ、メリットが大きい方法です。コモドオオトカゲ用の検査手法が確立された現在では、遺伝子検査が一般的な方法になっています。

動物園での飼育下繁殖

1980年代前半まで、動物園で飼育されるコモドオオトカゲが長生きすることはまれでした。インドネシアからの輸送方法が悪かったこと、展示の見栄えがよい大きな（若くない）個体が選ばれたため、飼育環境に馴染むのが難しかったこと、適切な飼育環境が整っていなかったことなどが原因と考えられていたそうです。

1992年にアメリカのスミソニアン国立動物園が、インドネシア以外での飼育下繁殖にはじめて成功しました。その後、欧米の動物園を中心に飼育下繁殖が進み、現在動物園で飼育されているほぼすべての個体が飼育下繁殖の個体です。また、ここ10年間の飼育頭数は220頭前後で安定しています。

メスだけで繁殖!?

動物園での飼育下繁殖が進むなか、コモドオオトカゲの生態に関していろいろなことがわかってきました。そのなかでも大きな発見だったのが「単為生殖」です。単為生殖とは、メスが単独で子孫を残すことです。人がそうであるように、大部分の脊椎動物にはオス·メスがいて、精子と卵子の受精によって子どもを残します。しかし、一部の動物ではオスが存在せず、メスだけで繁殖し、自身のクローンを次世代に残します。

日本のトカゲ類では、小笠原諸島、沖縄諸島などに分布するオガサワラヤモリ、八重山諸島、宮古諸島に分布するキノボリヤモリが単為生殖を行います。これらの種ではオスが存在しないため、古くから単為生殖をすることがわかっていました。それとはちがい、通常はオス・メスで繁殖するものの、時としてメスだけで子孫を残すというケースが、最近になって次々とみつかるようになりました。

コモドオオトカゲについても、イギリスのチェスター動物園とロンドン動物園で飼育されていた2頭のメスが、交尾をすることなく産卵し、その一部がふ化しました。これに関する論文は、2006年に科学雑誌『Nature』に掲載されました（Watts PC, et al. Parthenogenesis in Komodo dragons. Nature. 2006;444(7122):1021-2）。また、単為生殖で生まれたコモドオオトカゲは、必ずオスであることもわかりました。この論文は「世界最大のトカゲの単為生殖」として大変話題になりましたが、それ以外にもヒャクメオオトカゲ、ナイルオオトカゲなどでも、メスだけで繁殖したことが報告されています。

単為生殖することがわかったオオトカゲ同士が系統的に近縁というわけでもないことから、すべてのオオトカゲが単為生殖を行う可能性も示唆されています。余談ですが、「世界最大のヘビ」であるオオアナコンダも、時として単為生殖することが明らかになっています。

日本の動物園では

日本でのコモドオオトカゲの飼育例はごくわずかです。上野動物園は、国内で唯一コモドオオトカゲを飼育している動物園でしたが、2008年に最後の１頭をシンガポール動物園に搬出し、それ以降は飼育をしていません。この個体はメスで、のちにシンガポール動物園で飼育されていたオスとの間に２頭の子どもを残しました。そのうちの１頭である2011年生まれのオスは、2024年に名古屋市東山動物園に移され、国内でのコモドオオトカゲの展示が再開されることになりました。このほかに、札幌市円山動物園では、2008～2010年まで、インドネシアから借り受けたオスとメスのコモドオオトカゲを飼育していましたが、繁殖に至ることはありませんでした。

私自身は約１年だけ、上野動物園のコモドオオトカゲの飼育にかかわる機会がありました。テレビなどでみるどう猛なイメージとは全く異なり、獣舎の掃除のために同じ空間に入っても、暴れたり攻撃してきたりすることはなく、とても落ち着いていて、おとなしいことに驚きました。オオトカゲはトカゲ類のなかでも知能が高いといわれており、確かに飼育員のことを認識しているように思えました。

残念ながら、日本の動物園における有鱗目の飼育や保全への取り組みは、欧米とくらべて大きく遅れている現状があります。日本動物園水族館協会（JAZA）は、保全の必要性、教育的価値、展示効果などを考慮したうえで、コレクション計画（JAZA Collection Plan：JCP）を策定し、優先的に取り組むべき約300種を選定していますが、ここに含まれる有鱗目はミヤコカナヘビの１種だけです。しかし、ほかの分類群と同じように、有鱗目でも多くの種が絶滅の危機に瀕しています。この興味深く魅力的なグループを守り、伝えるため、日本の動物園ではさらなる努力が求められています。

文・写真：坂田修一
（（公財）東京動物園協会 野生生物保全センター）

オオサンショウウオ

Andrias japonicus

繁殖のカギは巣穴とヌシ？

- 有尾目オオサンショウウオ科
- 全長：30〜150 cm
- 体重：0.5〜44 kg
- 生息地：岐阜県以西の本州、四国、九州の一部。河川の上流〜中流域
- 環境省レッドリスト：VU 、特別天然記念物

どんな動物？

オオサンショウウオは、有尾目オオサンショウウオ科に分類される、日本を代表する両生類です。主な生息地は河川の上流〜中流域と考えられますが、大雨の後などには、下流〜河口域でみつかることもあります。これまで調査されてきた、上流域の田園地帯を流れる川幅数mほどの緩やかな川では、体重2〜3kgほど、全長60〜70 cmの個体がよくみつかります。ただし、最大で全長150.5cm（安佐動物公園〔以下、当園〕で標本展示）、体重44.3kg（鳥取県立博物館で標本展示）という記録もあります。

卵からふ化した「幼生」は、エラ呼吸で水中に溶けている酸素を取りこみます。4年ほどで23cmくらいになると、エラは吸収され、肺呼吸をする「幼体」となります。ただし、変態前の1歳くらいで肺呼吸の様子もみられ、皮膚呼吸の割合も高いと考えられています。その後、10年以上かけて性成熟し、「成体」になります。50年以上飼育された記録もあり、寿命はおそらく100年を超えると想像されます。

当園に展示されている全長150.5cmのオオサンショウウオ（ホルマリン標本）

全長１mを超える
立派な野生個体

オオサンショウウオの

体外受精

オオサンショウウオの産卵は、１頭のメスと複数のオスによって行われます。メスが巣穴の中で卵を産みおとし、オスが出した精子によって「体外受精」をします。メスの産卵とほぼ同時にオスが放精する、という流れです。

産卵後 40 ～ 50 日たつと、幼生がふ化します。その後に数カ月間、巣穴で過ごした幼生は、離散してそれぞれで生きていくことになります。

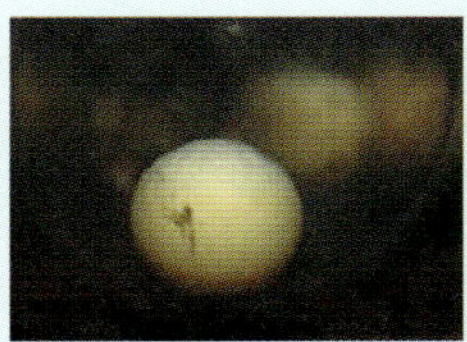

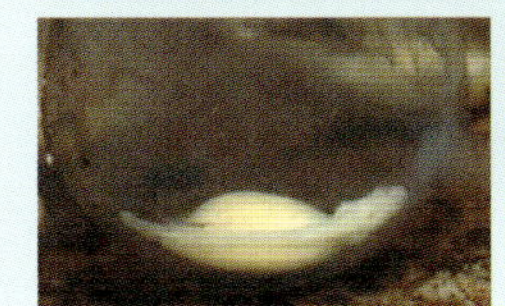

左上から：桑実胚、神経胚、尾芽胚
右：ふ化直後

なぜ繁殖が必要？

オオサンショウウオは、約 2300 万年もの間、ほとんど姿を変えておらず、「生きた化石」と呼ばれています。進化的にも貴重で、世界から大きな注目を集めている動物です。両生類・爬虫類では唯一、国の特別天然記念物に指定されています。また、環境省のレッドリストでは絶滅危惧 II 類（VU）に指定され、国際自然保護連合（IUCN）のレッドリストでも、2022 年に準絶滅危惧（NT）から危急（VU）に格上げされ、絶滅が危惧されています。

オオサンショウウオは、河川の人工化による生息環境の悪化に加え、集中豪雨による影響など、様々な厳しい現状に直面しています。特に、チュウゴクオオサンショウウオとの交雑問題は、深刻な影響を与えています。京都の鴨川水系では９割以上、広島の八幡川水系では８割の個体が交雑種です。活性の高い交雑種が在来種よりも多くのエサを捕食して早く大きくなるため、競争に負けた在来種がいなくなっていると考えられます。2024 年７月に、チュウゴクオオサンショウウオと交雑種は特定外来生物に指定され、早急な対策が求められています。

生息数の減少や、交雑化による在来個体の消失を考えると、飼育下繁殖は重要な意味をもちます。日本の動物園・水族館では、約 30 施設で飼育されていますが（2024 年７月時点）、多くは当園で繁殖した個体です。動物園・水族館で展示し啓発活動をしていくことは、オオサンショウウオの現状や素顔を知ってもらうために大切なことです。また、飼育下繁殖の個体を活用して多様な研究を進めることで、野生個体の保全にも貢献できます。野生では調べることが難しい、年齢や性別、親子関係、飼育歴など、詳細な個体情報を活かした飼育下ならではの研究をすることも可能になります。

まずは生態調査から

当園の初代園長である小原二郎によって、オオサンショウウオ研究チームがつくられた 1971 年の開園当初、オオサンショウウオの繁殖に関する情報はほとんどありませんでした。そもそも、広島県内のどこに行けばオオサンショウウオがみつかるのかもわからない、といったところからスタートしました。

開園前年から、県内の様々な川で夜間調査を続け、成体がみつかるまで、実に２年を要したようです。はじめてみつかったときの様子が写真に残っていますが、今では少し心配になるほどガッシリと保定されていて、ようやくみつかった成体を決して逃がすまいという、当時の荒い鼻息が伝わってきます。

その後、多くのフィールドワークを重ねるなかで、繁殖生態や巣穴に必要な要素の一つひとつが明らかになり、それが応用されて「オオサンショウウオ保護増殖施設」がつくられました。

動物園の秘密基地

まるで秘密基地のような、非公開の保護増殖施設では現在、幼生から成体まで

はじめて野生の成体を発見！
（1972年6月22日）

オオサンショウウオ保護増殖施設

500頭ほどを飼育し、繁殖に取り組んでいます。

繁殖水槽が3槽、10歳以下の幼生や幼体を飼育している水槽が20槽、10歳以上の幼体や成体を飼育している水槽が30槽あります。園内でも涼しい谷地につくられており、谷水と井戸水を使うことができるため、かけ流しにしている水槽がたくさんあります。この施設では1979年の初繁殖以降、継続した繁殖にも成功していますが、課題は少なからず残されています。

ここからは、野外調査をはじめて10年ほどかかった飼育下繁殖成功までの道のりをたどり、今も残されている課題について述べたいと思います。

繁殖成功までの道のり

野外調査と飼育下での試行錯誤

1971年の開園以来、オオサンショウウオを漠然と飼育しているだけでは繁殖には至りませんでした。1973年、現在の保護増殖施設の場所に野外飼育場がつくられました。繁殖に取り組みはじめた1976年、まずは雌雄4ペアを各水槽に同居させるところからスタートしました。しかし、一向に繁殖の徴候はみられませんでした。

一方、ちょうどその年の野外調査で、雌雄複数ずつが集まって産卵する様子や、「ヌシ」と呼ばれる巣穴の入口で番人のように振舞っている大きなオスを観察することができたのです。これにならい、翌1977年には、雌雄複数ずつを同居させ、いろいろなエサを試しました。しかし、産卵はみられませんでした。

その後、1978年には、野外の繁殖巣穴の前で66時間30分にわたり、つぶさに繁殖行動の様子を観察しました。今でこそ、ビデオカメラで長時間の自動撮影も可能ですが、当時は飼育技師がローテーションをしながらずっと観察を続けたということから、繁殖生態の解明への執念を感じとれます。

巣穴の形状も、狭い入口の奥には比較的広い空間があり、奥から少し湧き水が

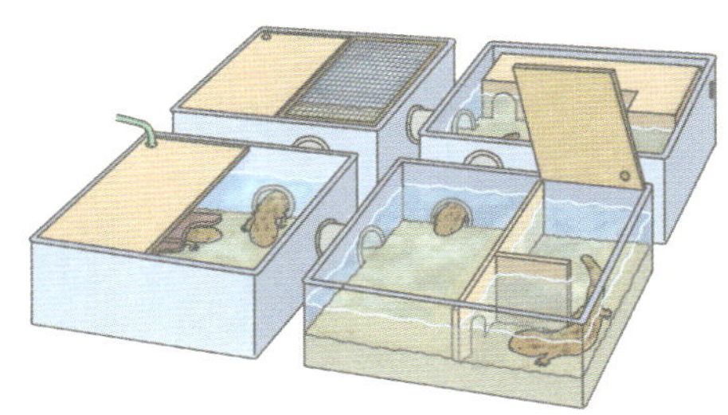

四連繁殖水槽の写真（左）と模式図（右）

出ていることがわかりました。また、繁殖の前に、上流へ遡上していることも明らかになりました。このことから、3つの水槽をパイプで直列につないで遡上を体験させる試みを行いましたが、これではすぐに行き止まりとなってしまうためか、産卵には至りませんでした。

1979年には、4つの水槽を田の字につなげる「四連繁殖水槽」の着想をひねり出し、エンドレスで移動できるように工夫しました。これで、野生個体のように長い距離を移動できるようになったのです。木枠を設けて狭い入口と奥の広間をつくり、入口から奥の広間までの上部は板でおおい暗い環境をつくることで、生息地にある繁殖巣穴の横穴を再現しました。また、入口の外の上部は網目とし、日光を受ける環境をつくって川の中央部を再現しました。

ドジョウを与えたところ、栄養面での改善がみられたからか、繁殖期のオスに特有の「総排出口[*1]周囲の隆起」も顕著にみられるようになりました。川底で待ち伏せをして捕食するオオサンショウウオにとっては、ドジョウは捕食しやすい魚だったのです。

さて、その年の野外の産卵期はとうに終わり、今年の繁殖もダメだったのか……と半ば諦めていた9月28日の朝、水槽を確認した飼育技師が事務所に飛び込んできました。大慌てで水槽へ急行すると、白く美しく輝く卵塊を目の当たりにしたのです。

より自然に近いかたちの繁殖水槽

1979年に初繁殖に成功したあとも、継続的な飼育下繁殖に取り組み、1997年には文化庁の支援を受けて施設がリニューアルされました。前述の四連繁殖水槽に加えて、「河川型繁殖水槽」「三世繁殖水槽」が加わりました。2007年には、野生個体の孫世代にあたる三世繁殖にも成功して、初繁殖以降、合計104例の産卵回数となりました（2024年7月時点）。

三世繁殖水槽は四連繁殖水槽と同様の構造ですが、より野生の環境に近づけたつくりです。ここでは、近年最も繁殖の

＊1：総排泄孔とも呼ばれる、直腸、排尿口、生殖口を兼ねる器官の開口部。

1979年の初産卵

成果を上げている河川型繁殖水槽（次ページ写真と模式図）について解説していきます。

河川型繁殖水槽では、水が流れる中央の河川部の両岸に、形状の異なる６つの巣穴を設置しました。巣穴の入口の数や、入口の角度を変えたり、奥から湧き水を模した井戸水が出てくるようにしたり、半ば実験的にどういった巣穴の環境が繁殖に必要かどうかを試せるようにもなっています。

６つの巣穴のなかで最も繁殖実績があるのは、野外の繁殖巣穴を真似てつくった「５番」巣穴です。ここは狭い入口が１つで、入口の角度は流れに対してやや下流を向いています。また、奥には広い空間があり、伏流水を再現した井戸水が少し流れています。水深は数十cmほどです。これらの環境は、繁殖巣穴を守るヌシにとって必要な要素を満たしているのです。

繁殖巣穴に必要な要素

繁殖巣穴に必要な要素として、①狭い入口が１つあること、②入口の角度が流れに対してやや下流を向いていること、③奥に広い空間があること、④伏流水を再現した井戸水が少量注入していること、⑤水深は数十cmあることが考えられます。繁殖生態を解説してきた今、それぞれの意味に感づかれた方もいらっしゃるのではないでしょうか。

①の狭い入口が１つあることは、ヌシがほかのオスや外敵から巣穴を守るのに重要な意味をもちます。複数の入口があると、巣穴を守るのが難しくなるでしょう。

②の入口の角度が流れに対してやや下流を向いているのは、産卵後の降雨シーズンが関係していると想像されます。台風や秋雨前線による大雨で増水すると、卵が流されてしまうかもしれません。入口がやや下流に向いていることで、巣穴

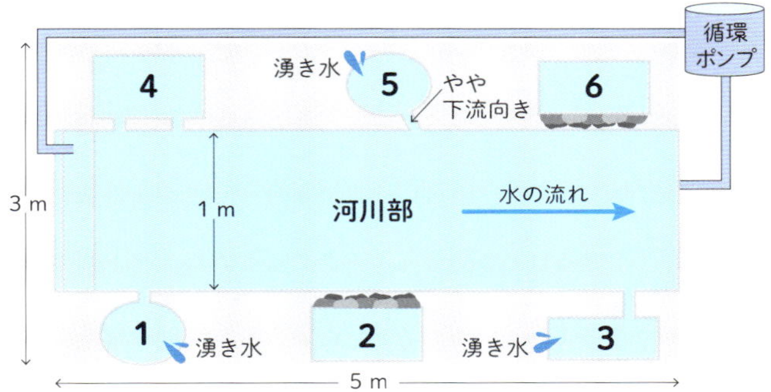

【河川型繁殖水槽の写真（上）と模式図（下）】
・巣穴の入口の数が１つ：１番・３番・５番の巣穴、２つ：４番の巣穴、石積みでたくさんの入口がある：２番・６番の巣穴
・入口の角度が流れに対して直角：１番・３番の巣穴、少し下流へ向いている：５番の巣穴
・奥から湧き水を模した井戸水が出てくるもの：１番・３番・５番の巣穴

内への水流を和らげることができます。

③の奥に広い空間があることは、一度に複数個体が産卵行動に参加する際や、時には1,000個を超える多くの卵をヌシが守るために必要なスペースなのです。卵は５mmくらいの大きさですが、周りのゼリー様部分を含めると30mmを超えます。複数のメスの産卵によって1,000個を超えた卵は、かなりのボリュームになります。

④の伏流水を再現した井戸水の注入は、卵や幼生が４～５カ月過ごすために、きれいな水質を保つことに役立ちます。

⑤の水深を数十cmにするのは、ヌシが巣穴から出なくても、鼻先を水上に出して呼吸しやすいようにするためです。特に、産卵中は参加個体の呼吸の頻度が上がります。

また、繁殖に使う巣穴と非繁殖期に使う巣穴を使い分けたいという性質もあるようです。野生では、非繁殖期に使う生息巣穴から繁殖巣穴まで、数百m以上移動することが知られています。繁殖水槽では、これほどの移動はできませんが、幼生たちが巣立ってヌシの役割を終えると、なぜかヌシは繁殖巣穴を去って別の巣穴で過ごすようになります。

なお、この人工巣穴は、生息地での保全にも適用されました。1985年に、調査していた川が改修されてコンクリート護岸ができる際に、行政に提案して、この人工巣穴を設置してもらったのです。この巣穴は2024年現在も、繁殖巣穴として野生個体に使われています。

様々な観察と試行錯誤によって継続的な繁殖に成功していますが、実は順風満帆、すべて解決、といった状況ではありません。保護増殖施設でも、毎年すべての繁殖個体群で産卵があるわけではなく、また当園のはちゅうるい館にある屋内の繁殖水槽では、いまだ産卵に成功していません。次は、残された課題について解説していきます。

オス２頭、メス１頭で産卵中。水は精子で白く濁っています。

水温変化は重要なトリガー

野生のオオサンショウウオの産卵期は８月下旬～９月中旬ですが、飼育下ではなぜか、２週間ほど遅れた９月上旬～下旬が産卵期となります。オオサンショウウオの産卵には水温変化が大切であり、降雨などにより水温が急に下がったタイミングが産卵のトリガーになると考えられています。

2015年の９月中旬に、河川型繁殖水槽に冷却器を設置して、人為的に水温を急に数℃下げるという実験を行いました。そのことが功を奏したのか、水温を下げた数日後に産卵したのです。また、水温を上げた翌日にまた下げてみると、数日後に産卵しました。同様の操作をしたところ、さらに数日後にも産卵し、３回の産卵がみられました。やはり水温変化は重要な要素だったと確信し、2016年と2017年にも同様の取り組みを実施しました。

しかし、産卵はみられませんでした。直前の水温変化はひとつの大切な要素にはちがいないと思われますが、より長期間での水温変化も、産卵にとっては重要なのかもしれません。

“ヌシ”の存在

夜行性のオオサンショウウオは、昼間は川岸の横穴や大きな石の下に隠れています。「繁殖巣穴」は、このような「生息巣穴」とはちがいます。産卵に用いる繁殖巣穴は、普段の隠れ場所とは異なる、よい条件がそろった川岸の横穴を使います。繁殖巣穴の条件は前述しましたが、なぜそのような条件が生態的に必要なのでしょうか。それを考えるには、オオサンショウウオの繁殖生態をとらえなければいけません。

産卵の１カ月前である８月上旬になると、繁殖巣穴の周辺に一番強いオスがやってきて巣穴を占有します。このオスのことを私たちは「ヌシ」と呼んでいます。このヌシの存在は、オオサンショウウオの繁殖にとって最も重要な要素であるといっても過言ではありません。ヌシは毎年決まった場所を繁殖巣穴として利用し、メスがやってくるまで巣穴を掃除して待ちます。基本的には、入口で頭だけを外に出して定位してメスを待ち、外敵の侵入を許しません。また時々、巣穴の周囲をパトロールして、近づいてきたほかのオスを攻撃して排除しようとします。

ヌシの清掃行動について調査するために、動物園の繁殖巣穴を赤外線ビデオカメラで観察してみました。アメリカのバックネル大学の高橋瑞樹氏との共同研究によって解析したところ、産卵直前まで清掃行動が増えていくことが確認されました。ヌシは、オールをかくように四肢を回転させたり、尾を振ったりして、巣穴内のゴミや有機物を外へ出していると考えられます。

ほかのオスの侵入を許さないヌシですが、一転、巣穴へやってきた産卵メスには攻撃を加えず、迎え入れます。このとき、ヌシはメスの総排出口を確認するような行動をとることに加え、攻撃性をなくしてほかのオスの侵入をも許してしまいます。このような行動から、産卵メスはヌシの攻撃性を抑える“フェロモン”を総排出口から出しているのではないかと想像されます。

複数のオスと１頭のメスは、巣穴の中を動き回りながら、ヌシはメスの体を半ば荒く突き上げるようにして産卵を促します。メスが産卵をはじめると、数珠つながりになった500ほどの卵がメスの総排出口から対となって放出され、オスの出した精子によって受精されます。産卵を終えたメスが巣穴から出ていくと、ヌシの攻撃性は復活し、ほかのオスが巣穴にとどまることはできません。

１つの繁殖巣穴では、時間差で複数のメスが入れ替わりに入ってきて、一連の繁殖行動が繰り返されます。なお、国立科学博物館の吉川夏彦研究員との共同研究により、ヌシ以外のほかのオスの精子とも受精していることが遺伝子から確認されました。

産卵後、産み出された卵の面倒を一身に担うのもヌシです。巣穴の入口から頭だけ外へ出しつつ、時々、尾を左右に振って、巣穴の奥にある卵塊をやさしくかき混ぜます。これは、水中の酸素をいきわたらせるためや、転卵の必要性があるためだと考えられています。産卵から40～50日たつと、30 mmほどの幼生がふ化します。まだ四肢も生えそろっていない状態の弱々しい幼生たちにとって、守ってくれるヌシの存在は必須です。

ふ化した幼生はお腹に大きな卵黄をもっているため、何も食べなくても卵黄を吸収しながら成長することができます。数カ月後、卵黄を使い切って45 mmほどに成長した幼生は、巣穴を出て、独り立ちのときを迎えます。産卵前の清

1,000 個を超える卵を守るヌシ

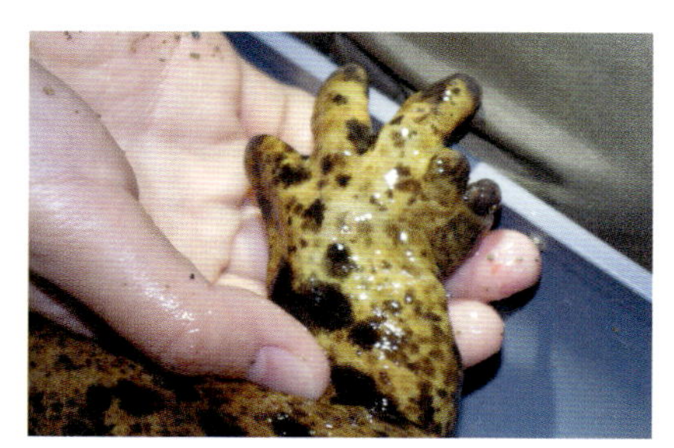
おそらく繁殖期の闘争で指を２本欠損したオスの後ろ足

掃活動からふ化幼生が巣立つまでの約７カ月間、ヌシの役割が繁殖生態の土台となるのです。

ヌシには素質や経験値が必要？

これまで 100 例以上の産卵実績がありますが、実はそのほとんどで、野生個体のオスがヌシを務めています。なぜか飼育下で生まれたオスはヌシになりにくいのです。ヌシは、ほかの個体とくらべて大きな体格をもち、頭の筋肉もガッシリしています。かといって、飼育下で大きく育ったオスがヌシになるかというとそうでもなく、繁殖巣穴をちゃんと守らずに、ふらふらと複数の巣穴を行ったり来たりします。

また､超音波検査（エコー検査）によって卵をもっていると確認されたメスや、複数の産卵実績があるメスと同居させたり、そういったメスが巣穴へやってきたりしても、ずっとメスが巣穴に入ったままで産卵行動が起こらないということもありました。野生由来でヌシになった個体では、飼育下で 10 年近くもヌシを続けた例がいくつかあります。しかし、飼育下で生まれたオスは、ヌシになっても長続きしないといった有様です。

野外では、指が欠損しているオスや、古傷を負ったオスをよく見かけます＊2。30 ～ 40cm とまだまだ小さなオスが、倍近くあるサイズのヌシが守る巣穴に果敢に立ち向かって、全身を咬まれてボロボロになっている例や、60cm を超える比較的大きなオスが頭部や首元を咬み切られて死亡する例もあります。もしかすると、こういった命をかけた多くの経験がヌシをつくりあげていくのではないかと想像しています。経験値の少ない飼育下生まれの個体は、まだまだ若すぎるのかもしれませんね。

＊2：変態前の小さなときに欠損した指は、10 年以上かけて再生したという記録もありますが、成体になると再生速度は遅く、完全に治ることはほとんどありません。特に採餌環境が厳しい野外では、欠損した指はほとんどそのままの状態で、再生しないことが報告されています。

Column オオサンショウウオのことをもっと知りたい方へ

当園は2021年に開園50周年を迎えました。50年間継続してきたオオサンショウウオの調査研究や、飼育・繁殖、保全・啓発活動をまとめた記念誌『オオサンショウウオを知る 守る そして共に』を発行しました。206編の引用文献をまとめた本書には、オオサンショウウオの魅力や動物園における多様な活動、23の共同研究など、より詳細な情報が詰め込まれています。飼育下繁殖を成功に導いたのは、たゆみない調査研究と、それを継続してきた動物園の体制やメンバーの熱意によるものです。これらの歴史を胸に刻み、これからも日々飼育技術を向上させ、生息地での調査も続けつつ、オオサンショウウオの保全に貢献していきたいと思います。

オオサンショウウオのこれから

本種は両生類のなかでも最もよく調査研究されている種のひとつといわれます。当園の飼育下繁殖も、そのことに大きく貢献しました。しかし近年になって、集中豪雨による下流への流出や、交雑問題による在来種の消失など、よりスケールの大きな問題も明るみになってきています。動物園として何をどこまでなし得るのか難しい課題ですが、社会に開かれた組織として、共同研究や地域と協働した保全活動を行っていくことが重要と考えます。

※本稿の内容は広島市安佐動物公園での調査研究によるものです。

参考文献

Terry J, Taguchi Y, Dixon J, Kuwabara K, and Takahashi MK (2018). Preoviposition paternal care in a fully aquatic giant salamander: nest cleaning by a den master. Journal of Zoology 307(1): 36-42.

文・写真：田口勇輝
（元 広島市安佐動物公園、オオサンショウウオ生態保全教育文化研究所）

第3章

これからの動物園・水族館

動物園・水族館を未来につないでいくために

第２章「赤ちゃんの誕生と成長の裏話」では、コアラやパンダなど絶滅のおそれのある動物 24 種について、動物園などの動物飼育施設が行っている飼育繁殖の取り組みを紹介しました。ここでは紹介しきれなかった多くの動物でも、飼育繁殖の努力が行われています。本稿では、絶滅のおそれのある動物＝希少動物を飼育繁殖させるうえでの課題について考えてみたいと思います。

飼育繁殖の課題

動物の移動

希少動物を飼育繁殖させるためには、繁殖に適したオスとメスが必要です。繁殖に適したというのは、動物が繁殖可能な年齢に達していることはもちろん、自然交配がうまくでき、遺伝的な多様性が高く、血縁は遠ければ遠いほどよいことになります。しかし、これらの条件を備えた動物たちを１つの施設で飼育することは簡単ではありません。そこで、別々の施設で飼育している動物の中から繁殖させる個体を選び、オスかメスのどちらかを施設に移動させて繁殖に取り組むことが行われています。

動物園の動物は「物」ではありませんが、その動物園に所属しています。公立動物園なら、購入にあたり税金が使われます。私立動物園なら、動物園を運営した利益から購入します。いずれにしても、動物はその動物園の所有物です。ただし、繁殖させるためとはいえ、動物が移動することで、来園者に見せる動物がいなくなるわけですから、動物を出す側にとっては当面のマイナスになります。受け取る施設も、受け入れ動物の飼育にかかる費用を負担しなければなりません。動物は生きものですから、事故や病気で亡くなってしまう可能性もあります。また、生まれた子どもがどちらの動物園に所属するかという点も問題です。このように、動物を移動させるにあたり事前に了解を得ておく問題は、たくさんあるのです。

これらの困難を乗り越えて希少動物を増やすことが動物園の務めだという思いが、動物の貸し借りを盛んにしています。第１章の「動物園・水族館の繁殖の基本的な流れ」で説明したとおり、繁殖のために動物を貸し借りすることを「繁殖貸与」(ブリーディングローン)と呼びます。繁殖貸与が行われるのは国内だけではなく、外国の動物園との間でも行われます。

ゾウの移動（インド—上野）

動物の情報の管理

動物の性別、年齢、親は誰なのか、兄弟姉妹はいるのか、今までどんな病気にかかったのか、繁殖経験はあるのかといった必要な情報を提供するサービスも充実してきました。世界動物園水族館協会（WAZA）の個体群管理委員会（CPM）では、飼育動物のデータを管理する非営利団体のSpecies360と協力して、希少動物の情報を種や亜種ごとにまとめた「国際血統登録台帳」をつくっています。現在130以上の国際血統登録台帳があり、140以上の種または亜種が記録されています。130以上というと大きな数にみえますが、救いを待つ動物はたくさんいるので十分ではありません。希少動物の飼育繁殖を効果的に進めるためには、動物種を増やし、国際血統登録を発展させていく必要があります。

繁殖個体を増やす工夫

飼育繁殖に用いる動物は、基本的に動物園などの施設で飼われている動物です。施設の収容力の関係から、飼うことのできる動物の数には限りがあるので、常に繁殖に適した動物を選べるわけではありません。時には、血縁が近くても、交配候補とせざるを得ない場合も出てきます。

そこで、遺伝的多様性を保つために、施設同士で動物を貸し借りする「繁殖貸与」が考え出されました。繁殖貸与は飼育個体が対象ですが、野生個体を動物園に連れてきて飼育個体と交配させることも含まれます。一見よさそうな案ですが、野生個体を飼育下にもってくることで、数が少なくなっている野生個体群にダメージを与える可能性があります。では、野生個体群への影響を少なくするには、どうすればよいでしょうか。

１つ目の解決策は、救護個体を繁殖に活用することです。傷ついたキツネやタヌキ、ノウサギなどのほか、イヌワシ、タンチョウ、マナヅル、ツシマヤマネコといった希少動物が、野生動物救護施設に保護されています。動物が元気になると自然に戻されるため、飼育繁殖には利用されませんが、野生に戻す前に、精子や卵子といった生殖細胞を採取して冷凍保存します。飼育個体の遺伝的多様性を高めるために、組織的に活用するのです。動物園で飼育している動物が亡くなったときも、将来の利用を考えて精子や卵子を凍結保存しています。また、生きている個体から採取した精子の凍結保存も行われています。

２つ目の解決策は、野生に暮らすオスの精子の利用です。野生のオスから採取した精子を動物園に運び、動物園で飼われているメスに人工授精します。この方

冷凍動物園。液体窒素が入っている保存容器。中に精子を保存するストローが入っています。
（写真提供：横浜市繁殖センター）

法なら野生の個体数を減らすことはないので、野生への負荷を少なくすることができます。この取り組みは、盛岡市動物公園で実施されています。海外でゾウの人工授精を成功させたドイツの研究者ヒルデブラント博士の協力を得て、野生のアフリカゾウから採取した精子を動物園のメスに人工授精しました。このメスは、多摩動物公園から繁殖のために貸し出された個体です。ここでも、希少動物の繁殖促進として、繁殖貸与というシステムが貢献しています。大人のアフリカゾウのオスの体重は7tにも及びますが、凍結させた精子なら魔法瓶で運ぶことができます。輸送費も安く、検疫にかかる作業も少なく済みます。アフリカゾウを手始めに、ほかの動物種でもこのような取り組みが広がることが期待されます。

繁殖にかかわる技術の発展

少し前までは、飼育下で野生動物を繁殖させる場合、繁殖行動を観察してオスとメスを引き合わせていました。しかし、研究者たちの努力のおかげで、近年は繁殖にかかわるホルモンの測定が簡単にできるようになりました。様々なホルモンを測定できることによって、多くの動物種で、オスとメスを引き合わせるのにちょうどよい時期がわかるようになったのです。血液、糞、尿に含まれるホルモンやその代謝物を測定しますが、測定技術も年々進歩しています。さらに、超音波検査（エコー検査）を行うことで、お腹の中で赤ちゃんが順調に育っているかどうかも、わかるようになりました。

しかし、採血や超音波検査のために動物を押さえつけたり、麻酔をしたりしていては、動物にストレスが溜まってしまいます。動物が検査におとなしく協力してくれることが大切です。これを実現するために、エサなどをご褒美とした「ハズバンダリー・トレーニング」と呼ばれる動物の訓練が行われています。「受診動作訓練」とも呼ばれます。検温や体重測定、採血などを無理強いせずに、自発的に行ってもらえるように訓練することです。より安全に、より科学的に飼育繁殖に取り組むため、また健康管理の面からも、多くの動物がハズバンダリー・ト

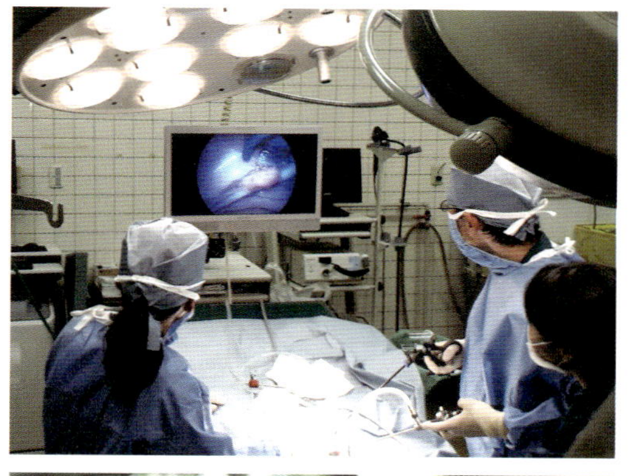

ツシマヤマネコの人工授精
上：腹腔鏡を使用した人工授精の様子
下：人工授精により誕生したツシマヤマネコ
（写真提供：よこはま動物園ズーラシア）

レーニングを受けることになっていくことでしょう。

自然繁殖がうまくいかないときには、人工繁殖の手段を用いることになります。オスから採取した精子をメスに人工的に授精する「人工授精」の方法も進歩しています。イヌ、ネコ、ウシ、ウマといった、愛玩動物や家畜で行われている最新の人工繁殖技術も、野生動物の繁殖に応用されるようになってきました。これからも繁殖に関する技術が発展していくと思います。研究者と連携して最新技術を取り入れながら、より効果的な繁殖を目指すことが必要です。

生息域内保全と生息域外保全の関係

生息地で行う保全活動を「生息域内保全」（域内保全）、動物園など生息地の外にある飼育施設で行う保全活動を「生息域外保全」（域外保全）というのは、第１章の「繁殖への取り組み」で説明したとおりです。では、希少動物を保全するにあたり、域内保全と域外保全をどのように扱えばよいのでしょうか？

第１章でも述べたとおり、希少動物の保全は、その動物が生まれ育った本来の生息地で保全することが大切です。本来の生息地で保全することで、その動物が長い進化の過程で得た様々な能力を発揮できるからです。域外保全の環境は、域内保全とくらべると変化に乏しく、その動物がもっている様々な行動パターンを引き出すことができません。このため、可能なら域内保全を優先させます。しかし、絶滅の危機が迫っており、このまま放っておいては絶滅してしまうような状況では、緊急避難的に動物を飼育下において繁殖させ、次の世代に命をつなげることを優先しなければなりません。絶滅した動物を生き返らせることは、できないからです。人の管理下にあれば、動物に必要なだけエサを与えることができ、病気になっても治療ができ、天敵に襲われるリスクも少なくなると考えられます。

飼育環境に慣らさない

将来、動物を野生に戻す場合に備えて、域外保全で注意しなければならないことがあります。動物が飼育という環境に慣れてしまわないようにすることです。飼育という人工環境下に慣れて繁殖しやすい個体がいる一方、人の管理下では繁殖がうまくいかない個体もいます。飼育繁殖を続けていると、飼育繁殖しやすい遺伝形質ばかりが残り、飼育繁殖しにくい遺伝形質は失われてしまいがちです。飼育繁殖しやすい形質をもった個体を野生に戻した場合、野生ではうまくやっていけない可能性が出てきます。野生に戻すのなら、飼育環境に過度に慣らしてはいけないということになります。

どちらも大切

次ページの図は上が域内保全、下が域外保全を表しています。域内保全では、動物の個体数はエサが豊富にあれば増え、少なければ減ります。個体数の増減は、天候の影響も受けることでしょう。域外保全の場所として、Ａ地域とＢ地域が描かれています。たとえばＡ地域を日本、Ｂ地域を東南アジアとみなすことができます。予算や人員については、大規模飼育施設では多く、小規模飼育施設では少ないと考えられます。このため、主に余裕のある大規模飼育施設間で、繁殖のためのやり取りが行われることになります。小規模飼育施設は、大規模飼育施設から動物を提供してもらうことになります。域外保全のＡ地域とＢ地域の間で、動物や、精子・卵子といった生殖細胞のやり取りがあることで、遺伝的多様性が国際的に保たれます。また、域内保全が行われている地域と、域外保全が行われているＡ地域やＢ地域との間で動物や生殖細胞のやり取りが行われることで、個体数の維持や遺伝的多様性が保たれます。

動物園は、域外保全の場として機能するとともに、その知識と技術を域内保全に活用することが求められます。つまり、域内保全と域外保全は、希少動物を増や

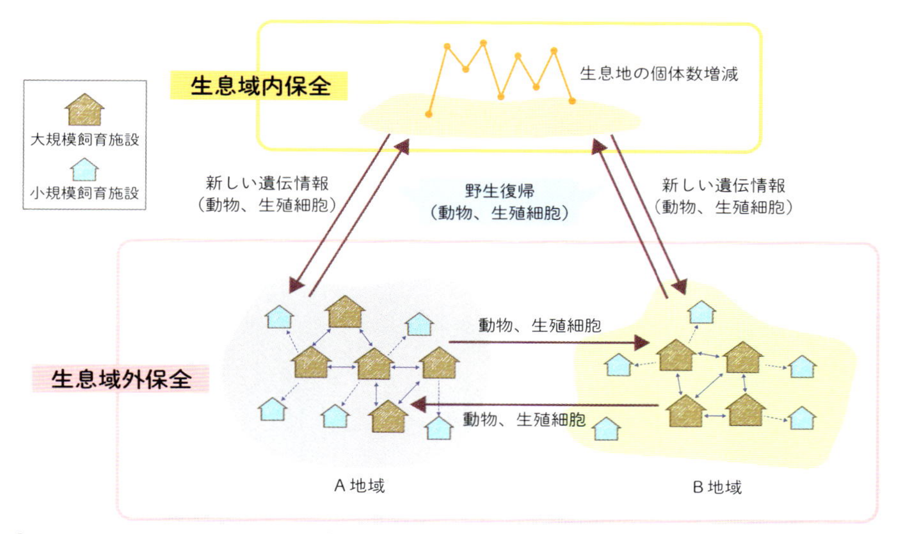

【生息域内保全と生息域外保全の関係】
（WAZACS2005 を改変）

すための車の両輪と考えることができ、どちらが欠けても希少動物の保全はうまくいきません。

動物園の役割の変化

1828 年に開園したイギリスのロンドン動物園は、市民がつくった最初の動物園といわれています。日本では、ロンドン動物園開園から半世紀後の 1882 年、日本最初の動物園である上野動物園が開園しました。19 世紀の動物園の役割は、「生きた自然史の収納棚」として、珍しい動物を集めて研究するとともに、市民に公開することでした。生きた動物のコレクションを収容した施設を「メナジェリー」と呼びますが、19 世紀の動物園はメナジェリーの時代といえます。動物はケージで飼育され、観客は動物を間近に見て楽しんでいました。

20 世紀になると、「生きた博物館」として、動物を生息地の環境に似せた背景で飼育するようになりました。動物園に公園的要素を加えて、「動物公園」と呼称する施設も生まれました。人間の経済活動が野生動物に大きな影響を与えていることの反省から、野生動物の導入を控えるようになった時代でもあります。そして 21 世紀の現在は、動物園を「保全活動の拠点」と位置づけ、希少動物を絶滅から救う活動が動物園の大きな役割であると考えられるようになっています。「保全センター」としての動物園です。

ロンドン動物園開園から現在までおよそ 200 年たちましたが、この間、動物園は野生動物の飼育や繁殖についての知識、経験、技術を蓄積してきました。21 世紀の動物園は、これらの知的財産を活

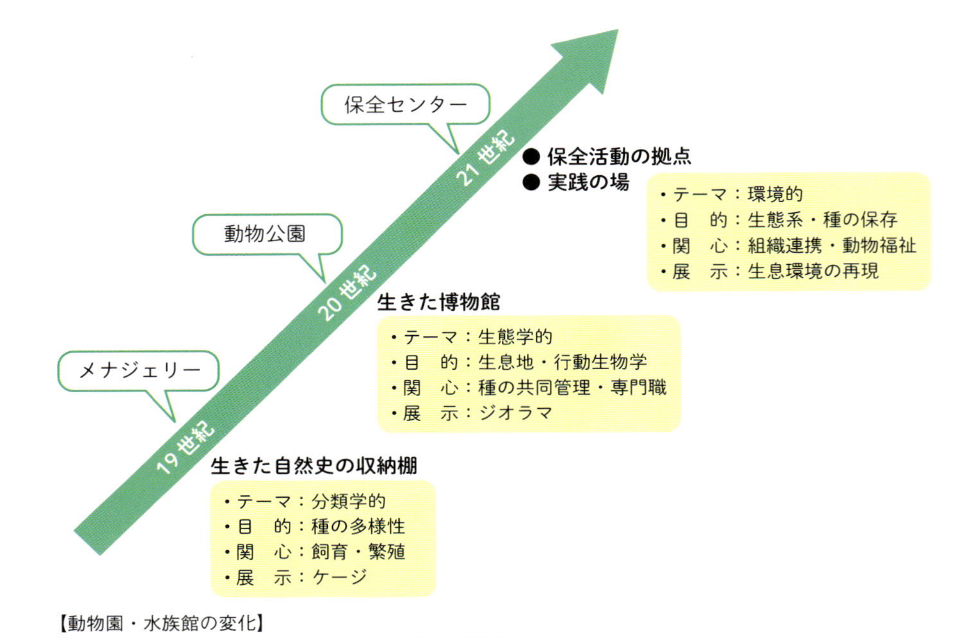

【動物園・水族館の変化】
（The World Zoo Conservation Strategy, 1998 を改変）

用して、まずは動物園で暮らす動物に、より快適に暮らせる飼育環境を提供しなければなりません。別の言葉でいえば、動物園動物の「福祉の水準」を上げることです。そして、私たちの経済活動がもとで数を減らしている野生動物の保全に貢献し、域外保全だけではなく域内保全においても、動物園の持てる力を発揮していくことです。

みなさんに考えてもらいたいこと

動物が生きていくうえで必要なエネルギーは、体重から推定できます。種がちがっても体重が同じなら、生きていくために使うエネルギーは原則同じです。このことから、人とチンパンジーの生物（哺乳類）としての体重が同じなら、使うエネルギー量も同じだといえそうです。しかし、実際はそうではありません。人は暑くなれば冷房を、寒くなれば暖房を使って過ごしやすくします。食べ物も豊富で、食べ残されて捨てられる食料も少なくありません。そのために使われるエネルギーは莫大です。人は暮らしやすいように環境を変えますが、チンパンジーは環境にあわせて暮らしています。この点が、人と動物で大きく異なるところです。環境を変えるには、エネルギーが必要です。冷暖房だけではなく、車や飛行機の燃料、工場製品にもたくさんのエネルギーが使われています。文明が進んだおかげで、私たちは便利な生活を手に入れましたが、その生活を支えるにはたくさんのエネルギーが必要なことを忘れてはなりません。

日本人１人が使うエネルギーは、４ｔのゾウに匹敵するという計算があります。日本の人口はおよそ１億2,500万人ですので、エネルギーでみれば１億2,500万頭のゾウが日本に暮らしていることになります。また、地球には80億人が暮らしています。すべての人が日本人と同じレベルの暮らしをしていると仮定すれば、地球上に80億頭のゾウがいることになります。果たして80億頭の大食漢のゾウを地球は支えることができるのでしょうか？ 直観で考えても無理ですよね。私たちが地球に大きな負担をかけて生きている結果、野生動植物の暮らしを邪魔しているのです。絶滅のおそれのある動物が年々増えていることは、野生動物の責任ではありません。私たちの暮らし方に責任があるのです。

人と野生動物が共存できるかどうかは、私たちが暮らし方を見直すかどうかにかかっています。動物園で絶滅のおそれのある動物を飼育繁殖させて種の保存を図っても、繁殖させた動物を戻す自然がなければ、共存にはなりません。ここまでで紹介したように、動物園は野生動物が安心して暮らせる自然環境ができるまで、動物を預かっているにすぎません。

本書を読んで、動物園・水族館が野生動物の保全に努力していることが、おわかりいただけたかと思います。最後に、私からみなさんにお願いがあります。野生動物が私たちとともに安心して暮らせる地球をつくるには、どうすればよいか考えてくれませんか？ 動物園・水族館に出かけて動物を見ながら考えていただけると、より嬉しいです。

文・写真：成島悦雄

あとがき

『動物園・水族館の子づくり大作戦　希少動物の命をつなぐ飼育員・獣医師たちの奮闘記』、いかがでしたか？ 本書に登場する施設には、公開を前提としていない飼育繁殖施設も含まれていますが、便宜上、動物園・水族館として扱いました。本書を読まれて、動物を絶滅から救うために、動物園や水族館がいろいろな努力を続けていることがおわかりいただけたと思います。

たとえば、動物園でパンダを見て興味をもつことを手始めに、パンダのどこに惹かれるのか、パンダはどのような場所に暮らしているのか、数を減らしていると聞くが、それはなぜなのかと、思いを巡らせてみてください。そうすることで、パンダを取りまくいろいろなことがみえてきます。パンダは人々の保全の努力が実って生息状況が改善し、2016 年に絶滅危惧種（EN）から危急種（VU）にランクダウンされました。幼若個体を除いた野生のパンダの個体数は、500 ～ 1,000 頭と推定されています。飼育下のパンダは 10 年前の 2 倍にあたる約 730 頭に増えました。まだ安心はできませんが、人々の努力でパンダを絶滅から救うことができそうです。絶滅が心配されている、希少動物と呼ばれるほかの動物たちにも同じことがいえます。

本書では、希少動物 24 種について、飼育・繁殖に直接携わっている方々に、その取り組みを紹介していただきました。説明に添えられた臨場感あふれる写真も貴重なものばかりで、写真に見入った方も多いのではないでしょうか。

ここで紹介した 24 種以外にも、救いを待っている動物はたくさんいます。本書の制作にあたり、どの動物を取り上げればよいか迷いましたが、心強い相談相手になってくれたのが、佐藤哲也さんでした。佐藤さんは那須どうぶつ王国や神戸どうぶつ王国の園長を務めるかたわら、日本動物園水族館協会（JAZA）の生物多様性委員長として、希少動物の飼育・繁殖を進める重要な仕事をしていました。ニホンライチョウやツシマヤマネコといった、日本産希少動物の飼育・繁殖にも熱心に取り組んでいました。本書でも、ニホンライチョウの共同執筆者となっています。しかし、2024 年 3 月、志半ばで病魔に倒れ、亡くなられました。残念でたまりません。佐藤さんには、希少動物の保全でもっともっと活躍してほしかったと思います。

第 2 章でも触れましたが、佐藤さんが熱心に取り組んでいたニホンライチョウの保全は、動物園で飼育・繁殖させた結果、2022年に22羽が中央アルプスにはじめて戻されました。2024年にも、動物園生まれのヒナ7羽が中央アルプスへ放たれました。このことは、生息域外保全と生息域内保全の連携がいかに大切かを教えてくれる好例だと思います。

動物は、自分を取りまく環境にうまく適応するように進化してきました。一方、人はほかの動物とは異なり、自分が暮らしやすいように環境を変えて生きています。第3章でも述べましたが、日本人1人が使用するエネルギー量は、4tのゾウと同じといわれています。大食漢であるゾウ1億2,400万頭を日本の国土で養うことができるのか、はなはだ疑問です。日本は、必要とするエネルギーの大半を外国から輸入することで便利な暮らしを得ています。

私たち人間は快適な環境を得ましたが、野生動物には暮らしにくい環境をつくってしまいました。しかし、今の暮らしをちょっと見直すだけで、野生動物と共存することができるはずです。

そして、読者のみなさんにお願いがあります。動物園や水族館で動物を見て、動物たちの未来のために私たちにできることは何かということを考えてくれませんか。家族や友達と意見を交換することも、自分の考えを深めることに役立つはずです。

末筆ながら、本書を制作するにあたり、貴重な情報や写真を提供していただいた、希少動物の飼育・繁殖に関係する施設のみなさまに、この場をお借りして御礼申し上げます。おかげさまで、読み応えのある内容になったと自負しています。本書を読んで、動物園・水族館の地道な活動を知っていただければ、こんな嬉しいことはありません。

2024年秋

編著者　成島悦雄

執筆者一覧（五十音順）

飯間裕子　　釧路市動物園

第２章・タンチョウ…… 203 ～ 211 ページ

石和田研二　　元 横浜市立よこはま動物園（ズーラシア）

第２章・オカピ…… 123 ～ 132 ページ

磯　哲雄　　宇都宮動物園

第２章・キリン Column アメリカから来たメイ…… 141 ～ 142 ページ

大橋直哉　　公益財団法人 東京動物園協会 多摩動物公園教育普及課

第１章・動物園・水族館の繁殖の基本的な流れ…… 20 ～ 25 ページ

乙津和歌　　東京都立大島公園

第２章・アジアゾウ…… 58 ～ 67 ページ

勝俣悦子　　鴨川シーワールド

第２章・シャチ…… 144 ～ 152 ページ

金子良則　　トキふれあいプラザ

第２章・トキ…… 177 ～ 184 ページ

木村夏子　公益財団法人 高知県のいち動物公園協会

齋藤純康　鴨川シーワールド

坂田修一　公益財団法人 東京動物園協会
野生生物保全センター

桜井普子　鹿児島市平川動物公園

佐藤哲也　那須どうぶつ王国

清水　勲　多摩動物公園

高木嘉彦　埼玉県こども動物自然公園

田口勇輝

元 広島市安佐動物公園
オオサンショウウオ生態保全教育文化研究所

第２章・オオサンショウウオ…… 259 ～ 269 ページ

田島日出男

井の頭自然文化園

第２章・ツシマヤマネコ…… 35 ～ 47 ページ

中尾建子

アドベンチャーワールド

第２章・ジャイアントパンダ…… 68 ～ 76 ページ

中村千穂

環境水族館アクアマリンふくしま
（公益財団法人 ふくしま海洋科学館）

第２章・ユーラシアカワウソ…… 85 ～ 92 ページ

成島悦雄

第１章・動物園・水族館の役割…… 10 ～ 15 ページ、繁殖への取り組み…… 16 ～ 19 ページ、Check 知っておきたい 動物の繁殖学…… 26 ～ 30 ページ
第２章・ニシローランドゴリラ Column モモタロウの誕生…… 111 ページ
第３章・動物園・水族館を未来につないでいくために…… 272 ～ 279 ページ

畑瀬　淳

広島市安佐動物公園

第２章・クロサイ…… 112 ～ 122 ページ

原藤芽衣　那須どうぶつ王国

藤本　智　釧路市動物園

本田直也　札幌市円山動物園
一般社団法人 野生生物生息域外保全センター

真壁正江　沖縄美ら海水族館

松井由希子　井の頭自然文化園

三浦匡哉　秋田市大森山動物園

安井早紀　京都市動物園

山田　篤　新潟市水族館マリンピア日本海

執筆・写真提供協力団体
（五十音順）

※本文中に記載した協力者の氏名は除く

秋田市大森山動物園
秋田県秋田市浜田字潟端 154 番地

アドベンチャーワールド
和歌山県西牟婁郡白浜町堅田 2399 番地

井の頭自然文化園
東京都武蔵野市御殿山 1-17-6

宇都宮動物園
栃木県宇都宮市上金井町 552-2

オオサンショウウオ生態保全教育文化研究所
広島県広島市安佐北区あさひが丘 2-14-31

沖縄美ら海水族館
沖縄県国頭郡本部町石川 424 番地

鹿児島市平川動物公園
鹿児島県鹿児島市平川町 5669-1

鴨川シーワールド
千葉県鴨川市東町 1464-18

環境水族館アクアマリンふくしま
（公益財団法人 ふくしま海洋科学館）
福島県いわき市小名浜字辰巳町 50

京都市動物園
京都府京都市左京区岡崎法勝寺町岡崎公園内

釧路市動物園
北海道釧路市阿寒町下仁々志別 11 番

公益財団法人 高知県のいち動物公園協会
高知県香南市野市町大谷 738 番地

埼玉県こども動物自然公園
埼玉県東松山市岩殿 554 番地

札幌市円山動物園
北海道札幌市中央区宮ヶ丘 3-1

多摩動物公園
東京都日野市程久保 7-1-1

対馬野生生物保護センター
長崎県対馬市上県町棹崎公園

公益財団法人 東京動物園協会
東京都台東区池之端 2-9-7

東京都立大島公園
東京都大島町泉津字福重 2 号

トキふれあいプラザ
新潟県佐渡市新穂長畝 383-2

那須どうぶつ王国
栃木県那須郡那須町大島 1042-1

新潟市水族館マリンピア日本海
新潟県新潟市中央区西船見町 5932-445

日本動物園水族館協会（JAZA）
東京都台東区台東 4-23-10-402

広島市安佐動物公園
広島県広島市安佐北区安佐町大字動物園

宮崎市フェニックス自然動物園
宮崎県宮崎市大字塩路字浜山 3083-42

八木山動物公園フジサキの杜（仙台市八木山動物公園）
宮城県仙台市太白区八木山本町 1-43

一般社団法人 野生生物生息域外保全センター
北海道恵庭市恵み野西 5-10-4

横浜市立よこはま動物園（ズーラシア）
神奈川県横浜市旭区上白根町 1175-1

横浜市繁殖センター
神奈川県横浜市旭区川井宿町 155-1

編著者

成島悦雄（なるしま・えつお）

獣医師。東京農工大学農学部獣医学科を卒業後、上野動物園、多摩動物公園の動物病院に勤務。2010 ～ 2015 年まで井の頭自然文化園園長を務める。その他、公益社団法人日本動物園水族館協会専務理事、日本獣医生命科学大学客員教授、日本野生動物医学会評議員など歴任。著書に『進化のたまもの！どうぶつのタマタマ学』（監修、緑書房）、『ヤバいけどおいしい⁉ せいぶつ図鑑』（監修、世界文化社）、『驚きの身体能力！ アスリートな動物図鑑』（監修、ナツメ社）、『これだけは知っておきたい どうぶつ図鑑』（監修、パイインターナショナル）、『自然散策が楽しくなる！ 日本の生きもの図鑑』（監修、池田書店）、『どうぶつカード』（監修、永岡書店）、『小学館の図鑑 NEO［新版］動物 DVD つき』（共監修、小学館）、『珍獣図鑑』（執筆、ハッピーオウル社）、『動物園学入門』（共編著、朝倉書店）など。

動物園・水族館の子づくり大作戦

希少動物の命をつなぐ
飼育員・獣医師たちの奮闘記

2024 年 12 月 1 日　　第 1 刷発行

編 著 者 ……… 成島悦雄
発 行 者 ……… 森田浩平
発 行 所 ……… 株式会社 緑書房
〒 103-0004
東京都中央区東日本橋 3 丁目 4 番 14 号
ＴＥＬ　03-6833-0560
https://www.midorishobo.co.jp
編　　集 ……… 加藤友里恵、池田俊之
組　　版 ……… 泉沢弘介
印 刷 所 ……… シナノグラフィックス

© Etsuo Narushima
ISBN978-4-89531-995-9　Printed in Japan
落丁、乱丁本は弊社送料負担にてお取り替えいたします。

本書の複写にかかる複製、上映、譲渡、公衆送信（送信可能化を含む）の各権利は、株式会社 緑書房が管理の委託を受けています。

JCOPY 〈（一社）出版者著作権管理機構 委託出版物〉

本書を無断で複写複製（電子化を含む）することは、著作権法上での例外を除き、禁じられています。本書を複写される場合は、そのつど事前に、（一社）出版者著作権管理機構（電話 03-5244-5088、FAX03-5244-5089、e-mail : info@jcopy.or.jp）の許諾を得てください。また本書を代行業者等の第三者に依頼してスキャンやデジタル化することは、たとえ個人や家庭内の利用であっても一切認められておりません。